"十三五"高等职业教育专业核心课程规划教材

计算机网络基础与电子商务

主　编　张军强

副主编　李希敏　陈春谋

参　编　张沛强　李　秦　田文利

主　审　曹耀辉

西安交通大学出版社

XI'AN JIAOTONG UNIVERSITY PRESS

图书在版编目(CIP)数据

计算机网络基础与电子商务/张军强主编.—西安:
西安交通大学出版社,2015.7(2016.2 重印)
　ISBN 978 - 7 - 5605 - 7519 - 3

　Ⅰ.①计… 　Ⅱ.①张… 　Ⅲ.①计算机网络-高等学校
-教材②电子商务-高等学校-教材　Ⅳ.①TP393
②F713.36

中国版本图书馆 CIP 数据核字(2015)第 141104 号

书　　名	计算机网络基础与电子商务	
主　　编	张军强	
责任编辑	杨　璠	
文字编辑	明政珠	
责任校对	李　文	
出版发行	西安交通大学出版社	
	(西安市兴庆南路 10 号　邮政编码 710049)	
网　　址	http://www.xjtupress.com	
电　　话	(029)82668357　82667874(发行中心)	
	(029)82668315(总编办)	
传　　真	(029)82668280	
印　　刷	陕西丰源印务有限公司	
开　　本	787mm×1092mm　1/16　　印张 19　　字数 459 千字	
版次印次	2015 年 8 月第 1 版　　2016 年 2 月第 2 次印刷	
书　　号	ISBN 978 - 7 - 5605 - 7519 - 3/TP·671	
定　　价	53.00 元	

读者购书、书店添货,如发现印装质量问题,请与本社发行中心联系、调换。
订购热线:(029)82665248　(029)82665249
投稿热线:(029)82669097　QQ:8377981
读者信箱:lg_book@163.com

版权所有　侵权必究

计算机网络基础与电子商务 前言
FOREWORD

21世纪是人类全面进入网络信息化社会的世纪,网络技术的飞速发展及广泛应用,使得企业会计信息化已成为不可阻挡的趋势。会计信息化是在网络环境下企业领导者获取信息的主要渠道,有助于增强企业的竞争力、规范企业会计业务、解决会计电算化存在的"孤岛"现象、提高会计管理决策能力和企业管理水平。网络信息技术水平的高低,将直接影响财务人员的职业能力和业务水平。

本书主要面向高职财经类专业学生。我们从实用角度出发,依据学生在网络知识能力接受方面的特点,结合职业环境对学生能力的要求,紧密跟随网络技术的发展现状,针对网络知识及会计信息化教学需求,以模块化任务为驱动,精心选取理论学习内容和实训项目。模块化知识有会计信息化、认知计算机网络、数据通信基础、组建局域网、TCP/IP体系结构、Internet与接入技术、网络操作系统与服务器安装、网络管理及常见故障排除、电子商务基础、电子商务的网上支付。针对职业工作环境确定的实训内容有计算机网络基本组成与结构的认识、局域网资源共享、网络有线介质制作、TCP/IP协议的安装与配置、DHCP服务器安装与配置、交换机连接与简单设置、无线路由器(TP-LINK)的连接与配置、IP地址与子网划分、用友财务软件的安装和卸载、网络常见故障及排除、安装网卡驱动程序、网上银行的使用—在线充值、电子商务综合模拟实训等项目。通过这种方式对内容的组织,既能让学生学习到理论知识,又能掌握一些实用技能,最终使学生达到"知网、建网、用网、管网"的目的。

在编写本书时,作者力求知识内容概念清晰、通俗易懂、实用、实践操作性强;语言简洁、层次清楚、理论联系实际,便于学生理解和自学。希望本书对读者掌握网络应用技术有一定的帮助。

本书由陕西财经职业技术学院张军强任主编,李希敏和陈春谋任副主编,张沛强、李秦和田文利参与了本书的编写工作。张军强负责大纲制定和全书的总体统稿修改工作,李希敏和陈春谋参加了大纲和部分内容的修订工作。张军强编写了模块2、3、5、7和实训1、2、3、6、7的内容;李希敏编写了模块1和实训9的内容;张沛强编写了模块6和实训8的内容;

陈春谋编写了模块 9、10 和实训 12、13 的内容；李秦编写了模块 8 和实训 10、11 的内容；田文利编写了模块 4、7 和实训 4、5、6 的内容。在编写过程中，陕西财经职业技术学院会计二系副主任曹耀辉副教授主审了本书，同时得到了系主任李启明教授的大力支持。

　　本书在编写过程中，借鉴和引用了许多专家和学者的书籍、文章中的数据和观点，亦参考了大量的网络资料，限于篇幅，未能一一注明，在此一并表示感谢，同时感谢西安交通大学出版社在编写过程中的大力帮助。

　　由于编者水平有限，书中难免有疏漏之处，恳请各位专家、读者不吝赐教，敬请批评、指正。

编　者

2015 年 3 月

计算机网络基础与电子商务 目录
CONTENTS

模块 1 会计信息化

模块 2 认知计算机网络

模块 3　数据通信基础

模块 4　组建局域网

模块 5　TCP/IP 体系结构

模块 6　Internet 与接入技术

模块 7　网络操作系统与服务器安装

参考文献

会计信息化

KUAIJIXINXIHUA

任务描述：会计信息化使会计工作越来越多地采用实时管理和在线处理。从传统的手工会计到会计电算化再到会计信息化是会计业务处理的一个必然发展趋势。作为一线会计人员，在网络环境中要能熟练地操作会计软件，使大量会计数据实行无纸化、网络化的报送。对于一个会计人员来讲，具有网络素养和能力，才能适应会计信息化的要求。为了顺应企业信息化发展进程，2013 年 12 月 6 日，财政部颁布了《企业会计信息化工作规范》，会计人员网络信息技术水平的高低，将直接影响他们今后的岗位职业能力。

学习目标：理解什么是会计信息化；理解网络对实现会计信息化的意义；掌握电子商务的应用对企业会计信息化的影响等。

学习重点：会计信息化的概念；网络及电子商务对会计信息化的影响等。

任务 1.1　会计信息系统与会计信息化

21 世纪是网络信息化的世纪，信息化不仅改变了人们日常生活和工作方式，而且正在改变着企业的业务形态和运营方式，也影响和改变着财务管理模式和财会工作方式，一个全新的网络财务时代已经到来。

1999 年 4 月，在深圳举行的"会计信息化理论专家座谈会"上，与会专家提出了"会计信息化"这一概念。会计信息化是采用现代信息技术，对传统会计模型进行重构，并在重构的现代会计基础上建立信息技术与会计高度融合的现代会计信息系统。

会计信息化主要依托于网络技术。一切信息的传递与处理都要通过计算机的操作来实现，这就要求会计人员既是一名高水准的会计师，又是一名出色的计算机操作员；既能熟练掌握各种会计软件，又能有一定的网络基础知识和操作技能。

1.1.1　会计信息系统

1.会计信息系统的发展历程

从数据处理技术的角度来看，会计信息系统的发展经历了手工会计信息系统、机械会计信息系统和计算机会计信息系统三个阶段。我国几乎是从手工阶段直接进入计算机阶段的。

基于计算机会计信息系统的发展可划分为以下几个阶段：

（1）电子数据处理（EDP）阶段。又称为会计数据处理系统。主要目标是用计算机替代手工操作，实现会计核算工作的自动化和半自动化，以提高会计工作效率为主。

（2）会计管理信息系统阶段。主要目标是综合处理发生在企业各业务环境中的各种会计信息,并为企业管理部门提供有关管理和决策辅助信息。

（3）基于互联网的会计信息系统阶段。Internet 和电子商务的迅猛发展使国内会计学术界、实务界及会计软件公司做出了积极反应,特别是会计软件公司相继推出了以远程访问、"会计软件云"（云计算）等方式使用的会计软件。

"会计软件云"是指会计软件未安装在企业本地,而是运行于供应商的远端服务器,会计资料也存储在远端服务器中,用户通过互联网使用软件。是一种依托于高速互联网环境的全新会计软件服务和应用模式,其本质是会计软件和服务器资源的租用。

2. 会计信息系统的体系结构

在《企业会计信息化工作规范》中,会计信息系统是指由会计软件及其运行所信赖的软硬件环境组成的集合体。详细来讲,会计信息系统是一个人机系统,它由硬件系统、软件资源、信息资源、会计人员等基本要素构成,包括财务会计和管理会计两个子系统。其中会计软件是会计信息系统的核心,指企业使用的专门用于会计核算、财务管理的计算机软件、软件系统或者其功能模块。

会计信息系统的应用体系结构就是指对硬件系统、软件资源、数据文件等关键要素集成后的应用结构。目前,企业会计信息系统的体系结构主要采用以下网络结构的应用模式:

1）客户机/服务器（C/S）模式

在 C/S（图 1-1）结构中,为了有效利用系统资源,系统应用被分为前台的客户机和后台的服务器两部分。服务器配备大容量存储器并安装数据库管理系统,负责会计数据的定义、存取、备份和恢复,为客户机提供数据库服务,并将相应的处理结果通过网络反馈给客户机;客户机安装专用的会计软件,负责会计数据的输入、处理和输出,根据需要向服务器发出数据库服务请求,并将处理结果显示给用户。

C/S 模式的优点是技术成熟、响应速度快,有较高的安全性、稳定性、灵活性和可靠性,适合处理大量数据。缺点是所有客户端都要安装客户机软件,安装、维护和升级工作量较大,且数据库的使用一般仅限于局域网内。

2）浏览器/服务器（B/S）模式

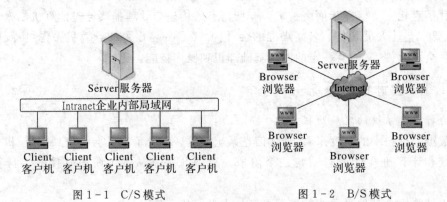

图 1-1　C/S模式　　　　图 1-2　B/S模式

B/S 模式（图 1-2）由 C/S 模式发展而来,客户端采用运行浏览器的体系结构。该模式下的服务器是实现会计软件功能的核心部分,客户机上只需要安装一个浏览器（Browser）,用户通过浏览器向分布在网络上的服务器发出请求,服务器对浏览器的请求进行处理后,再将用户所需信息返回到浏览器。

B/S模式的优点是用户不必关心网络的细节，具有良好的可扩展性；系统的升级和维护容易实现，只需要维护好服务器就行；运行成本低。但是，因为几乎所有的运算都在服务器上完成，所以该模式对服务器要求较高，服务器负荷较重，系统安全性较弱。

1.1.2　会计信息化

1.会计信息化是企业信息化的重要组成部分

企业信息化是指利用计算机、网络和通讯技术支持企业产品的研发、生产、销售、服务等诸多环节，实现信息采集、加工和管理的系统化、网络化、集成化以及信息流通的高效化和实时化，最终实现全面供应链管理和电子商务。

《会计信息化工作规范》指出，会计信息化是指企业利用计算机、网络通信等现代信息技术手段开展会计核算，以及利用上述技术手段将会计核算与其他经营管理活动有机结合的过程。会计信息化是未来会计的发展方向。

任何企业的经营管理活动都需要有不同的信息系统提供大量的、各种类型的信息，会计信息系统就是其中的一个组成部分。如果会计信息系统能集会计核算、会计管理与会计决策支持于一体，并与管理信息系统中的其他子系统和企业外部的相关经济信息系统实现无缝连接，达到物流、资金流、信息流和业务流的融合，则可以说企业实现了会计信息化。

2.会计信息化的基本特征

(1)以实现会计业务的信息化管理为目标，对传统会计组织和业务流程进行改造，根据现代信息技术环境重构会计模型，支持"虚拟企业""网络公司"等新的组织形式和管理模式。

(2)按现代管理信息系统的思想来构建会计信息系统。横向上与管理信息系统的其他子系统有机结合，信息资源高度共享；纵向上不仅包含基本的会计核算系统，而且还包含会计管理子系统和更高层次的会计决策子系统。

3.会计信息化与会计信息系统

会计信息化是会计与信息技术高度融合的过程，其关键是利用现代信息技术对传统会计进行重构和优化，建立开放的会计信息系统，以实现资源的高度共享。同时，信息系统的高度共享和开放性将使会计信息的处理与披露由传统的及时性提升为主动性和实时性，使企业内部人人都可能成为会计信息的处理者和使用者。会计信息将通过网络系统接受企业会计信息使用者的随时监督，传统以簿记为主的会计组织将会改变，甚至不复存在。

4.会计信息化的发展趋势

1)向管理一体化方向扩展

企业信息化的目的首先在于实现生产过程中的自动化，即通过电子、信息技术对生产过程的设计、制造、测量和控制实现自动化。因此，企业采用计算机辅助设计(CAD)、计算机辅助制造(CAM)以及其他自动控制技术来控制设计和生产过程，以减轻人们的劳动强度，提高产品的质量。另外，企业信息化是通过网络使企业内部信息交流畅通、监控物流的整个过程，以实现计划、财务、人事、物资、办公等方面的管理自动化。

作为企业管理信息系统重要子系统之一，会计信息系统(AIS)产生的信息占企业所有信息的70%以上，在企业管理中发挥着极其重要的作用。不实现会计工作的信息化，企业管理的信息化就无从谈起。因此,会计信息化作为企业信息化的一个重要组成部分,它将逐步与其他业务部门的信息化工作相结合,由单纯的会计业务电算化向财务、统计信息综合数据库、综合利用会计信息的方向发展。

2)软件技术与管理组织措施日趋结合

会计信息系统是一个人机系统,良好的软件加上一套与之紧密结合的组织措施,才能充分发挥其作用,保证会计信息的安全和可靠。同时,会计信息化的宏观管理将向规范化和标准化过渡。

3)会计软件呈现高度模块化、面向电子商务应用、多语种支持等发展趋势

会计软件模块化适应于会计信息的多元性,可以满足不同行业会计的要求,以及企业会计信息化不同阶段选择性地进行某些模块更新的要求。电子商务使得企业内部的各种商务活动通过互联网形成信息一体化,因此,会计软件的开放性更高。经济全球化的趋势使得企业越来越多地参与国际竞争,如很多大公司在海外上市,其财务报告还要提供给国外的投资者用来决策,国际化趋势需要会计软件支持多语种、多币种等。

4)逐步建立为宏观管理服务的各级会计信息中心

会计信息化从主要为微观经济服务开始转向到同时为宏观经济服务。建立以微观会计信息为基础、计算机为手段,搜集、处理和利用会计信息的从中央到地方的各级会计信息中心势在必行。

5.可扩展商业报告语言 XBRL(eXtensible Business Reporting Language)

XBRL 是一种基于互联网,跨平台操作,专门应用于财务报告编制、披露和使用的计算机语言。它通过给财务会计报告等业务报告中的数据增加特定标记、定义相互关系,使计算机能够"读懂"这些报告,并进行符合业务逻辑的处理。通过定义统一的数据格式标准,规定了企业报告信息的表达方法。会计信息发出者和使用者可以通过 XBRL 在互联网上有效处理各种信息,并且迅速将信息转化成各种形式的文件。

XBRL 的主要作用在于将财务和商业数据电子化,促进了财务和商业信息的显示、分析和传递。它使数据一次输入、多次使用和信息共享成为可能,从根本上实现了数据的集成与最大化利用。XBRL 技术的应用,可以避免人工操作报告数据的重复性录入、报送、传输、转换、比对等,大幅提高数据生产、传递、使用效率和信息化水平。因此,推进 XBRL 在我国的应用,有利于促进财务会计报告等业务报告信息的深度分析利用,提高监管效能。

我国的 XBRL 发展始于证券领域。为了方便企业会计信息化所提供的会计信息的再开发和再利用,财政部积极研究构建会计信息化的社会平台,于 2006 年在中国会计准则委员会下设立了 XBRL 组织,2008 年 11 月正式成立的"中国会计信息化委员会暨 XBRL 中国地区组织"标志着中国会计信息化建设迈上了一个新台阶,2010 年 10 月 19 日,国家标准化管理委员会和财政部颁布了 XBRL 技术规范系列国家标准和企业会计准则通用分类标准,这是我国 XBRL 发展历程中的一个里程碑,XBRL 应用已成为我国会计信息化重点工作之一。

1.1.3 企业资源计划 ERP

ERP(Enterprise Resource Planning)是建立在信息技术基础上的,以系统化的管理思想为基础,为企业决策层及员工提供决策运行手段的管理平台。它集信息技术和先进的管理

思想于一体,目的是整合并优化企业资源。

ERP能将企业内部所有资源进行科学规划,还能将企业与其相关的供应商、客户等市场要素有机结合,实现对企业的物资(物流)、人力(人流)、财务(财流)和信息(信息流)等资源进行一体化管理(即"四流合一"),其重要思想之一就是集成,其中的信息集成要求"来源唯一,实时共享",即任何数据均由一个部门、一个员工从一个应用程序录入,录入的数据存入统一的数据库,通过给相关人员授权,使他们能及时获得所需的、不断变化的信息,快速且有效地执行业务或做出决策。

ERP系统实现了企业内部甚至企业间的业务集成,其中集成了非常重要的会计信息系统子系统。在功能层次上,除了最核心的财务、分销和生产管理等管理功能,还集成了人力资源、质量管理、决策支持等其他管理功能。

任务 1.2 计算机网络和会计信息系统

1.2.1 网络对会计基础理论的影响

计算机网络对会计基础理论的影响主要体现在对会计核算的基本假设、权责发生制原则等方面。

网络技术的应用,特别是"虚拟公司"的出现,使会计基础理论之一的会计主体假设产生了动摇。

虚拟公司通过网络把数以百计或数以千计的个人联合在一起工作,等业务完成后立即解散。它与传统的实体公司在组织形式和业务经营上存在着明显差别,但在网络上它又确实是一个经营着业务的公司,所以必须要对其经营的业务进行反映。因此,有必要将传统的会计主体假设转变为多重主体假设。同样,由于虚拟公司是临时性组织,时分时合,经营期间具有不确定性,所以对持续经营假设、会计分期假设以及权责发生制原则、历史成本原则等会计基础理论都将产生强烈冲击。

1.2.2 网络对会计数据管理的影响

网络技术的发展对会计数据的输入形式、生成与使用、存储、处理组织以及企业的内部控制产生深刻影响。

1. 会计数据的输入形式

企业信息化环境下的会计数据输入形式发生了很大变化:一是电子数据在很多情况下取代了书面形式的原始凭证,如电子商务产生的交易凭证、商场收款机采集的销售凭证、计算机集成制造系统(CIMS)自动记录的生产数据等等;二是大多数情况下,原始凭证的输入点在产生数据的业务部门,如采购部门、销售部门以及办公自动化环境中;三是大多数记账凭证将由会计信息系统自动产生。会计数据输入形式的改变将对传统会计岗位的设置、数据处理流程、会计数据资料的生成与管理带来一系列的变革。

2. 会计数据的生成与使用

在信息化环境下,基于书面资料的会计数据生成与管理办法将过渡到基于电子数据的会计数据生成和管理办法。一是由于集成系统处理总是以最基本的交易事项为处理单元的，因此记账凭证的数量将会十几倍的增加；二是书面形式的原始凭证可能不存在或分散在企业的业务源头；三是会计信息的查询、使用以及财务报表的发布将越来越趋向于网上在线的形式。

3. 会计数据的存储

网络或多用户环境下的企业信息化环境实现了信息共享和集中处理，其中的会计数据将存储在中心数据库中，以实现会计信息的跨年度储存和利用，为整个企业信息系统共享。另外，基于互联网的会计信息系统的发展，使远程处理、实时监控成为可能。

4. 会计数据的处理流程

企业信息化环境下的数据处理流程较之以前有两点不同：一是凭证输入点扩展至企业的业务源头，从而使进入系统的业务数据的准确性直接关系到系统数据处理的准确与否；二是日常的会计数据处理和信息输出均由计算机网络系统自动进行，只要保证输入的正确性，就保证了处理和输出的正确性。

随着企业信息化的逐步深入，功能高度集中、数据充分共享、业务处理高度协同的 ERP系统的实施使得会计的原始数据更多的由数据发生的业务部门直接完成采集，会计共享即可，从而简化了会计业务的处理步骤。

5. 会计数据的处理组织

会计信息系统将完全融入整个企业信息系统中，企业内部传统的部门界线、数据处理职能分隔将越来越模糊，因而，会导致企业会计组织内部及整个企业组织内部的岗位职责都需要重新定义和组合。

6. 内部控制

企业信息化环境下的会计数据更多地表现为电子数据形式。通过建立内部控制制度，如人员职责分工制度、凭证传递审核制度、软硬件管理制度等来保证计算机信息系统安全。此外，还可以利用计算机软硬件技术来实施内部控制措施，如人员操作口令控制、软件和数据的加密技术、会计数据自动检测程序等。当发展到基于互联网的应用层次时，内部会计控制的范围将会从会计组织内部扩展到整个企业组织乃至全社会。

任务 1.3　会计信息化与电子商务

电子商务使反映企业价值链活动的有关合同、单据、发票等书面记录被数字化，从而使企业运作得以实现交易的无纸化和直接化。

1.3.1　电子商务对会计职能的影响

1. 电子商务对核算职能的影响

电子商务凭借网络直接面对开放的全球市场，大多数采用信用卡、电子支票、电子现金和电子钱包等形式进行网上支付，同时，有银行、信用卡公司以及保险公司等金融单位提供电子账户管理等网上操作的金融服务，使得整个交易过程处于一个虚拟的交易现场，在网络上以简单的数字完成商业交易活动。这种以实物在网上进行虚拟交易的过程最终都会在网上记录下来,每一笔交易的时间、地点,都会一一列出。在期末,根据会计人员需要,自动将各期的财务活动进行汇总,编辑出财务报表。

2.电子商务对控制职能的影响

它打破了时空限制,免去了中间商这一环节,拉近了企业与消费者的距离,并将交易各环节包括企业内部生产过程实行电子化,集中统一管理,从而使企业运营的速度大大加快。

3.电子商务对决策职能的影响

电子商务环境下会计的决策职能以会计理论和方式方法为基础,辅之以会计信息,对经营过程进行分析,从而得出正确的结论。这种决策职能可以使决策者更加准确地确定企业的发展目标和方向。

1.3.2　电子商务环境中会计信息的主要特征

1.会计信息资源充分共享

信息使用者通过访问有关电子商务网站搜寻自己所需要的会计信息、资料,同时也可以在有关网站上了解会计领域内的最新研究成果以及会计的最新发展动态,完全突破了地域、时空的限制,最大限度地实现了会计信息资源共享性,提高了会计信息的使用效率。

会计信息的供给方也根据已达成的契约、协议,为需求者源源不断地输送自己所掌握或拥有的会计信息资源,最大限度地披露其所要发布的会计信息,实现了电子商务环境下会计信息资源的自由流动。

2.会计信息处理电子化、传递网络化

日常会计工作中,所有的账务处理,如凭证的取得、填制到有关的账项调整,再到最后的会计报表生成、财务报告的发布等均在网络上进行,最大范围地实现了信息处理电子化,降低了纸张、资源的消耗,也将有关会计人员从繁忙的工作中解脱出来。

3.会计账务处理真正实现了同步和及时化

通过建立电子商务平台,用虚拟的数字世界模拟现实的商务运作,从而提高了会计核算的效率,实现了账务处理的及时性。

4.会计信息交易成本经济化

节约了搜寻会计信息通讯费及财会文件的邮递费,减少了财会人员对会计信息的搜寻、等待成本以及与有关单位、个人的联络费用,节约了人力、减轻了劳动强度,以最少的投入获取了最高质量的会计信息。

1.3.3　网络会计

目前,网络已经成为经济的"新战场"。网络经济的兴起,出现了许多没有经营场地、没有物理实体、没有确切办公地点的"虚拟企业"和"网络公司",它们只要在 Internet 的一个结点上租用一定的空间,经过认证,便可在网上进行接受订单、寻找货源等买卖活动,从而使传统的企业模式和交易方式发生了根本变化。

电子商务是网络经济的重要内容,它使企业的经济环境、经营方式、管理模式等发生了巨大变化,并着力解决两大问题:一是进行电子单据处理和电子货币的结算;二是实现远程操作、动态会计核算和在线管理。传统会计对此无能为力,而基于网络的网络会计(又称为电子商务会计)不仅可以处理传统的会计业务,还可以处理电子单据和电子货币结算等网络经营业务。网络会计既是对传统会计的继承,又是对传统会计的发展。

作为电子商务的组成部分,网络财务是基于网络计算技术,以整合实现企业电子商务为目标,能够提供互联网环境下财务管理模式、财会工作方式及其各项功能的财务管理系统。

1. 网络会计概念

网络会计是会计信息系统和网络经济相结合的产物。它能将企业发生的原始财务信息通过互联网直接送入会计信息系统,在会计核算的主要环节上实现了自动化处理,并通过互联网实现了电子原始凭证的确认和记账凭证的自动生成,从而将企业内部会计核算与外部传入的与会计相关的信息相结合,实现了会计核算的智能化和自动化。

网络会计的发展趋势是使会计信息系统与电子商务紧密结合,逐渐形成一个协同平台。从长远发展来看,企业实行信息化,适应电子商务的发展,是经济全球化、网络化发展的必然结果。

2. 网络会计的特点

1)信息共享

在电子商务环境下,会计信息供需双方直接通过电子商务网站进行交流,不受时空的限制,使有关的会计信息能实现最大限度的自由流动,从而大大提高了会计信息的使用效率,降低了获取会计信息的成本。

2)记录无纸化

网络会计使电子商务活动的记录、计量以及最后生成报表的过程始终都在网络上进行。

3)计量手段多样化

企业的业务活动在电子商务环境下都是在网上进行的,交易更加迅速。传统单一的货币计量已经不适应电子商务活动,电子现金、电子支票、电子信用卡等网上结算手段成为主流。

4)成本最小化

网络会计能充分发挥网络快速、方便的优势,缩短各种会计信息的查找时间,极大降低了各种会计信息的搜集成本、交易成本、纳税申报成本等。

习 题

一、选择题

1. 会计信息化是( )的重要组成部分。

A. 组织信息化　　　B. 部门信息化　　　C. 会计电算化　　　D. 国家信息化

2. 下列关于会计信息化的规范中,错误的是( )。

A. 企业应当充分重视会计信息化工作,加强组织领导和人才培养,不断推进会计信息化在本企业的应用。

B. 大型企业、企业集团开展会计信息化工作,应当注重整体规划,统一技术标准、编码规则和系统参数,实现各系统的有机整合,消除"信息孤岛"。

C. 企业通过委托外部单位开发、购买等方式配备会计软件,应当在有关合同中约定操作培训、软件升级、故障解决等服务事项。

D.企业进行会计信息化系统前端系统的建设和改造不需要负责会计信息化工作的专门机构或者岗位参与。

3.以下叙述错误的是（　　）。

A.局域网通常分为客户机/服务器结构和浏览器/服务器结构两种结构

B.客户机/服务器结构模式下,只要在客户机上安装浏览器就可以了

C.客户机/服务器结构的技术成熟、响应速度快、适合处理大量数据

D.浏览器/服务器结构的维护和升级方式简单,运行成本低

4.会计信息系统的目标是（　　）。

A.处理信息　　　　　　　　　B.存储信息

C.收集、存储、提供信息　　　D.收集、处理、提供信息

5.2010年10月,（　　）的发布是我国的又一重大系统工程,标志着我国以XBRL应用为先导的会计信息化时代的来临,在中国会计信息化建设史上具有里程碑意义。

A.企业会计准则

B.内部控制规范

C.国家审计准则

D.国家标准化管理委员会发布的XBRL技术规范系列国家标准与财政部发布的基于企业会计准则的可扩展商业报告语言(XBRL)通用分类标准

6.目前,我国很多企业还停留在（　　）阶段,企业会计信息化水平亟待提高。

A.决策支持信息化　　　　　　B.财务管理信息化

C.会计核算信息化　　　　　　D.会计管理信息化

7.不属于会计信息系统组成部分的是（　　）。

A.会计软件　　　　　　　　　B.会计软件运行所依赖的软件环境

C.会计软件运行所依赖的硬件环境　D.操作会计软件的人

8.会计信息化是哪一年提出的（　　）?

A.1999年　　　B.1989年　　　　C.1981年　　　　D.1990年

9.会计信息化的基本内容是（　　）。（多项选择题）

A.强化会计控制系统和审计系统的功能

B.深入研究传统手工条件下的会计模式等理论问题

C.优化财务会计软件功能,保证其信息输出的可靠性与安全性

D.建立面向决策的网络化、无纸化、实时性的会计信息系统

10.会计信息化的产生（　　）。（多项选择题）

A.是会计数据处理手段的变革

B.对会计理论和实务产生了深远的影响

C.对手工会计处理的冲击不是很明显

D.没有什么实际意义

11.XBRL是什么的简称（　　）。

A.网络财务报告　　　　　　　B.可扩展商业报告语言

C. 商业语言   D. 业务财务一体化

12. 网络会计的技术基础包括(   )。(多项选择题)

A. 大型数据库技术   B. 安全技术

C. 三层结构技术和组件开发技术   D. 网络技术

13. 企业在互联网上设置网站,向信息使用者提供随时更新的财务报告,称为(   )。

A. 互联网财务报告   B. 实时财务报告

C. 在线财务报告   D. 网络财务报告

14. 网络会计的特点是(   )。(多项选择题)

A. 计量手段多样化   B. 记录无纸化

C. 成本最小化   D. 突破了企业的限制

15.《企业会计信息化工作规范》(财会[2013]20 号)的规范对象包括(   )。(多项选择题)

A. 企业   B. 行政事业单位

C. 会计软件供应商   D. 财政部门

二、思考题

1. 什么是会计信息化、会计信息系统?简述两者之间的关系。

2. 大中型企业主要采用会计信息系统的哪两种网络结构的配置模式?简述其特点。

3. 什么是 ERP?简述它和会计信息系统之间的联系。

4. 简述企业应用 XBRL 的优势。

5. 什么是"会计软件云"?其优缺点是什么?

6. 简述电子商务对企业会计信息化的影响。

模块 2

认知计算机网络

任务描述：某财务公司有 30 台计算机，1 台文件服务器，3 台共享打印机，在文件服务器上安装了常用的财务软件。如何要求计算机能够使用这些会计软件，并且能够使用共享的打印机？

学习目标：掌握计算机网络的概念、功能和计算机网络组成；理解计算机网络拓扑结构；了解计算机网络分类和应用。

学习重点：计算机网络定义及其组成部分；计算机网络功能；计算机网络按覆盖范围的分类。

任务 2.1 计算机网络概念

计算机网络，是指将地理位置不同的具有独立功能的多台计算机及其外部设备，通过通信线路连接起来，在网络操作系统、网络管理软件及网络通信协议的管理和协调下，实现资源共享和数据通信的计算机系统。它融合了信息采集、存储、传输、处理和利用等一切先进的信息技术，是具有新功能的新系统。

从逻辑功能上看，计算机网络是以传输信息为基础目的，用通信线路将多个计算机连接起来的计算机系统的集合，一个计算机网络组成包括传输介质和通信设备（如图 2-1 所示）。

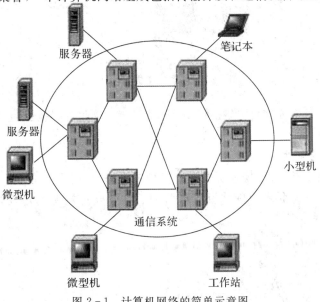

图 2-1 计算机网络的简单示意图

任务2.2　计算机网络的功能

1.资源共享

资源,指的是网络中所有的软件、硬件和数据资源。共享,指的是网络中的用户都能够部分或全部地享受这些资源。共享不但可以节约不必要的开支,降低使用成本,也可以保证数据的完整性和一致性。例如,某些地区或单位的数据库(如飞机机票、饭店客房等)可供全网使用;某些单位设计的软件可供需要的地方有偿调用或办理一定手续后调用;一些外部设备如打印机,可面向用户,使不具有这些设备的地方也能使用这些硬件设备。如果不能实现资源共享,各地区都需要有完整的一套软、硬件及数据资源,那么将大大地增加全系统的投资费用。

(1)硬件资源:各种类型的计算机、大容量存储设备、计算机外部设备,如打印机(如图2-2所示)、绘图仪等。

(2)软件资源:各种应用软件、工具软件、系统开发所用的支撑软件、语言处理程序、数据库管理系统等。

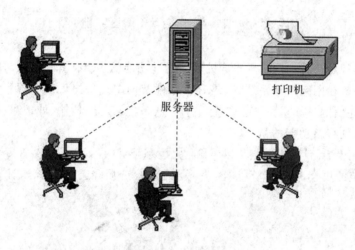

图2-2　共享打印机等硬件设备

(3)数据资源:数据库文件、数据库、办公文档资料、企业生产报表等(如图2-3所示)数据资源共享。

(4)资源共享的益处:

①硬件资源共享益处:对硬件资源进行有效的共享,降低了设备的闲置率,提高了整体硬件设备的工作效率。联网前硬件资源与联网后共享硬件资源的比较如图2-4、图2-5所示。

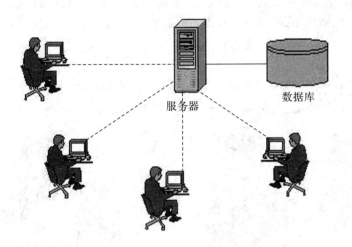

图 2-3　数据资源共享

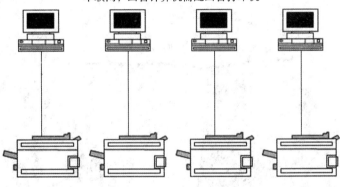

图 2-4　联网前

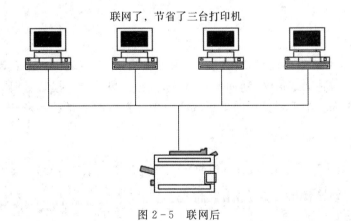

图 2-5　联网后

②软件(数据)资源共享益处：软件(数据)资源共享,可以提高网络信息的安全性和传输效率,联网前资源与联网后共享软件(数据)资源的比较如图2-6、图2-7所示。

图2-6　联网前

图2-7　联网后

2.数据通信

为网络用户提供强有力的通信手段。它用来快速传送计算机与终端、计算机与计算机之间的各种信息,包括文字信件、新闻消息、咨询信息、图片资料、报纸版面等。利用这一特点,可实现将分散在各个地理位置的单位或部门用计算机网络联系起来,进行统一的调配、控制和管理。

3.分布处理

当某台计算机负担过重时,或该计算机正在处理某项工作时,网络可将新任务转交给空闲的计算机来完成,这样处理能均衡各计算机的负载,提高处理问题的实时性;对大型综合性问题,可将问题各部分交给不同的计算机分头处理,充分利用网络资源,扩大计算机的处理能力,即增强实用性。

任务 2.3　计算机网络的分类

1.按照其覆盖的地理范围,计算机网络可以分为广域网(WAN,Wide Area Network)、城域网(MAN, Metropolitan Area Network)和局域网(LAN,Local Area Network)。

1)广域网

广域网也称为远程网,为规模最大的网络。它所覆盖的地理范围从几十千米到几千千米。可以覆盖一个国家、一个地区或横跨几个洲,形成国际性的计算机网络。广域网通常可以利用公用网络(如公用数据网、公用电话网、卫星通信等)进行组建,将分布在不同国家和地区的计算机系统连接起来,达到资源共享的目的。例如:大型企业在全球各城市都设立分公司,把各分公司的局域网相互连接,即形成广域网。但广域网的连线距离很远,连接速度通常低于局域网或城域网,使用的设备也相当昂贵。

2)城域网

城域网的设计目的是满足几十千米范围内的大型企业、机关、公司共享资源的需要,从而可以使大量用户之间进行高效的数据、语音、图形图像以及视频等多种信息的传输。城域网可视为多个局域网相连而成。例如:一所大学的各个校区分布在城市各处,将这些网络相互连接起来,便形成一个城域网。

3)局域网

局域网用于将有限范围内(如一个实验室、一幢大楼、一个校园)的各种计算机、终端与外部设备互联成网。根据采用的技术和协议标准的不同,局域网分为共享式局域网与交换式局域。局域网技术的应用十分广泛,是计算机网络中最活跃的领域之一。

2.按传输介质分类

传输介质是指数据传输系统中发送装置和接收装置间的物理媒体,按其物理形态,可以划分为有线网和无线网两大类。

1)有线网

传输介质采用有线介质连接的网络称为有线网,常用的有线传输介质有双绞线、同轴电缆和光纤光缆。双绞线和同轴电缆属于铜质线缆。光纤光缆内层是由具有高折射率的玻璃单根纤维体组成的,外层包一层折射率较低的材料,使用光信号。光纤光缆的优点是不会受到电磁的干扰;传输的距离也比电缆远,传输速率高。光纤光缆的安装和维护比较困难,需要专用的设备。

2)无线网

采用无线介质连接的网络称为无线网。目前无线网主要采用 3 种技术:微波通信、红外线通信和激光通信,这 3 种技术都以大气为介质。其中微波通信用途最广,目前的卫星网就是一种特殊形式的微波通信,它利用地球同步卫星作为中继站来转发微波信号,一个同步卫星可以覆盖地球三分之一以上的表面,3 个同步卫星就可以覆盖地球上全部通信区域。

3.从功能上分

计算机网络在逻辑功能上由资源子网和通信子网组成。

1)资源子网

　　资源子网由主计算机、终端、I/O 设备、各种软件资源和数据资源等组成,它提供访问网络和处理数据的能力;负责数据处理、向网络用户提供各种网络资源及网络服务。

　　2)通信子网

　　通信子网由网络节点、通信链路及信号变换器等组成,负责数据在网络中的传输与通信控制,负责数据转发。

任务 2.4　计算机网络组成

　　计算机网络由硬件、软件系统构成,如图 2-8 所示。硬件系统主要包括计算机、互联设备和传输介质 3 大部分。软件系统主要包括网络操作系统、协议软件和应用软件。

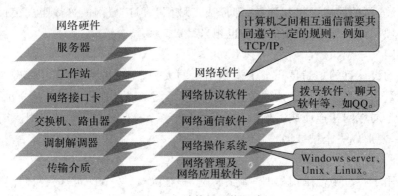

图 2-8　计算机网络组成

2.4.1　网络硬件

　　网络硬件主要包括服务器、工作站、网络接口卡、交换机和路由器、调制解调器、传输介质。根据传输介质和拓扑结构的不同,还需要集线器、交换机、路由器和网关等。

　　1.网络中的计算机

　　1)服务器

　　对于服务器/客户式网络,必须有网络服务器。网络服务器是网络中最重要的计算机设备,一般是由性能较高的专用计算机来担当网络服务器。在网络服务器上运行网络操作系统,负责对网络进行管理、提供服务功能和提供网络资源共享。

　　2)工作站

　　工作站是通过网卡连接到网络上的一台个人计算机,它仍保持原有计算机的功能,作为独立的个人计算机为用户服务,是网络的一部分。工作站之间可以进行通信,可以共享网络的其他资源。

　　2.网络中的接口设备

　　1)网卡

　　网卡也称为网络接口卡 NIC(Network Interface Card),是计算机与传输介质进行数据交互的中间部件,主要进行编码转换。在接收传输介质上传送的信息时,网卡把传来的信息按照网络上信号编码要求和数据帧的格式接收并交给主机处理。在主机向网络发送信息时,网卡把发送的信息按照网络传送的要求装配成帧的格式,然后采用网络编码信号向网络发送出去。选择网卡时,要考虑网卡的通信速度、网卡的总线类型和网络的拓扑结构。

2)水晶头

水晶头也称 RJ-45(双绞线连接器),是由金属片和塑料构成的。特别需要注意的是引脚序号,当金属片面对我们的时候从左至右引脚序号是 1~8,序号作网络连线时非常重要,不能搞错。

3. 网络中的互联设备

1)中继器(Repeater)

是局域网环境下用来延长网络距离的最简单、最廉价的互联设备。它工作在 OSI 的物理层,作用是将传输介质上传输的信号接收后,经过放大和整形,再发送到其他传输介质上。经过中继器连接的两段电缆上的工作站就像是在一条加长的电缆上工作一样。

2)集线器(Hub)

是局域网中的一种连接设备,用双绞线通过集线器将网络中的计算机连接在一起,完成网络的通信功能。集线器只对数据的传输起到同步、放大和整形的作用。工作方式是广播模式,所有的端口共享一条带宽。

3)交换机(Switch)

是将电话网中的交换技术应用到计算机网络中所形成的网络设备,是目前局域网中取代集线器的网络设备。网络交换机不仅有对集线器数据传输起到同步、放大和整形的作用,而且还可以过滤数据传输中的短帧、碎片等。同时采用端口到端口的技术,每一个端口有独占的带宽,可以极大地改善网络的传输性能。

4)路由器(Router)

是在多个网络和介质之间实现网络互联的一种设备。当两个和两个以上的同类网络互联时,必须使用路由器。

5)网关(Gateway)

是用来连接完全不同体系结构的网络或用于连接局域网与主机的设备。网关的主要功能是把不同体系网络的协议、数据格式和传输速率进行转换。

2.4.2 网络软件

计算机网络中的软件包括:网络操作系统、网络通信协议(软件)和网络应用软件。

1. 网络操作系统(NOS)

网络操作系统是计算机网络的核心软件,网络操作系统不仅具有一般操作系统的功能,而且还具有网络的通信功能、网络的管理功能和网络的服务功能,是计算机管理软件和通信控制软件的集合。

网络操作系统常用的主要有:Windows Server 2008、Netware 和 Linux 等。

2. 网络通信协议(Network Communication Protocol)

为连接不同操作系统和不同硬件体系结构的互联网络提供通信支持,是一种网络通用语言。主要是对信息传输的速率、传输代码、代码结构、传输控制步骤、出错控制等制定并遵守的一些规则。协议的实现既可以在硬件上完成，也可以在软件上完成，还可以综合完成。

3.网络应用软件

网络应用软件主要是为了提高网络本身的性能，改善网络管理能力，或者是给用户提供更多的网络应用的软件。网络操作系统集成了许多这样的应用软件，但有些软件是安装、运行在网络客户机上的，因此把这类网络软件也称为网络客户软件。

任务 2.5 网络拓扑结构

2.5.1 网络拓扑结构概念与分类方法

1.概念

网络拓扑是通过网中节点与通信线路之间的几何关系表示网络结构，反映网络中各实体间的逻辑结构关系，主要指通信子网中的拓扑结构。

它隐去了网络的具体物理特性（距离、位置等信息）而抽象出节点之间的关系加以研究。在保障网络的响应时间、吞吐量和可靠性的条件下，选择适当的线路、线路容量和连接方式，可使网络的结构合理，成本低廉。

2.网络拓扑的分类方法

1）通信子网中通信信道类型分

点到点线路通信子网的拓扑和广播信道通信子网的拓扑。

点到点线路通信：每条物理线路连接一对节点，当一个节点发送信息时，只有一个节点才可以接收到，其它节点不能接收。在采用点到点线路的通信子网中，每条物理线路连接一对节点。其基本拓扑结构有星型、环型、树型和网状型。

广播信道通信：一个公共的通信信道被多个网络节点共享，当一个节点发送信息时，其它节点都可以接收到，接收节点可以根据信息标志来认识该信息是发给谁的。在采用广播信道通信子网中，一个公共的通信信道被多个网络节点共享。其基本拓扑构型有总线型、树型、环型和无线通信与卫星通信型。

2）物理与逻辑结构分

物理拓扑结构是网络物理结构上各种部件的外部几何连接形式，即通常意义上的拓扑。物理拓扑图是根据网络设备的实际物理位置而得出，它适合网络设备层管理。通过物理拓扑图，网络中一旦出现故障，物理拓扑结构图会告诉网络管理员是哪一台网络设备出了问题，例如当网络中某台交换机出现了故障，通过物理拓扑图，网管系统可以告诉管理者在网络里众多的交换设备中是哪一台交换机的哪一个端口出现了问题，通过这个端口连接了哪些网络设备，便于网管人员进行维护。

逻辑拓扑结构是节点间的信息流动形式（指信息在通信介质中传输的机制），或者说是传输介质的访问控制方式。逻辑拓扑，更加注重的是应用系统的运行状况，它反映的是实际应用的情况。比方说某个网络是用来制成企业的 OA 系统的，通过逻辑拓扑图可以模仿整个流程的运转情况，将每个节点的情况表现在一张图表里。

一般情况下，网络的拓扑结构指的是物理结构，逻辑结构指的是信号在网络中的通路。

物理拓扑图和逻辑拓扑图从根本的意义上来讲不能区分出优劣和高下,各自有各自的应用。两种结构图没有好坏之分,只是表现形式的不同。

2.5.2 网络拓扑结构类别

1.星型拓扑结构

星型拓扑结构是一种以中央节点为中心,把若干外围节点连接起来的辐射式互联结构,各节点与中央节点通过点与点方式连接,中央节点执行集中式通信控制策略,因此中央节点相当复杂,负荷也重。在局域网中,使用最多的是星型结构。中央节点是交换机和路由器等设备。网络中设备连接与拓扑结构如图2-9和图2-10所示。

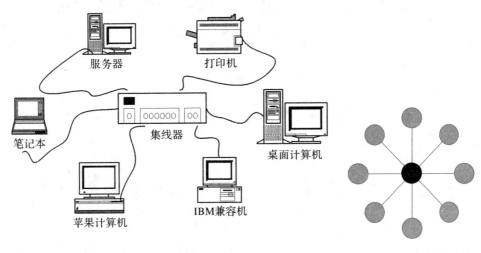

图2-9 星型网络的计算机连接　　　　　图2-10 星型拓扑结构

1)优点

集中控制、结构简单、容易实现、便于管理和维护;故障诊断和隔离容易;方便服务;网络延迟时间短,误码率低。

2)缺点

电缆长度长和安装工作量大;中央节点的负荷较重,容易形成瓶颈;中心节点出现故障会导致网络瘫痪;各站点的分布处理能力较低;网络共享能力较差;通信线路利用率不高。

2.树型结构

树型拓扑可以看成是星型拓扑的扩展,其典型的应用是以太网的交换机级联后组成的网络。物理设备连接与拓扑结构分别如图2-11和图2-12所示。

1)优点

树型拓扑结构与星型拓扑结构类似,都具有易于扩展、故障隔离容易、网络层次清楚等优点。设计合理的树型拓扑比星型拓扑结构节约许多通信线路的投资费用。

2)缺点

树型拓扑结构比星型拓扑结构更为复杂,由于数据在传输过程中要经过多条链路,因此时延较大。另外,要求根节点和各级分支节点都具有较高的可靠性。

3)适用场合

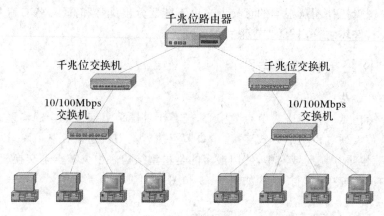

图 2-11　树型网络的计算机连接

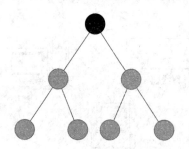

图 2-12　树型拓扑结构

树型拓扑属于集中控制式网络,适用于分级管理的场合或者控制型网络。例如,使用 100 Mb/s 和 1000 Mb/s 交换机组成的 10/100/1000BASE－T 多级智能大厦的分层网络。

注意:树型拓扑实际上是星型拓扑的延伸,星型是树型的特例。

3.总线型拓扑结构

采用单根传输介质作为共用的传输介质,将网络中所有的计算机通过相应的硬件接口和电缆直接连接到共享的总线上,如图 2-13,信息的传输以"共享介质"方式进行。拓扑结构如图 2-14,适用于低负荷以及对输出的实时性要求不高的网络环境。

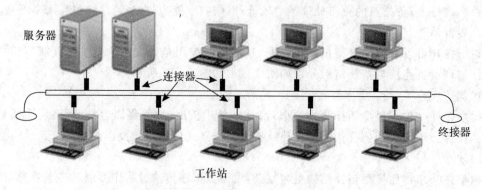

图 2-13　总线网络的计算机连接

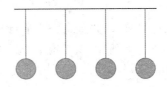

图2-14 总线拓扑结构

(1)优点:结构灵活简单;无源工作,可靠性较高;在低负荷时,网络响应速度较快;硬件设备量和电缆量少,造价低;易于安装、配置,使用和维护方便;共享能力强,适合于一点发送多点接收的场合。

(2)缺点:

①故障隔离和诊断比较困难。总线结构中一个链路故障将会破坏网络上所有节点的通信。当网络电缆故障时,检测工作需要涉及整个网络。

②网络扩充不便,扩展性较差。在总线型网络上增加节点时,需要断开相邻节点,整个网络将停止工作。

③总线传输距离有限,通信范围受到限制。信号随距离的增加而衰减。

④总线型的带宽成为网络的瓶颈。总线型结构上的多个节点在共享总线的同时,也在争用总线,当网络中的节点数目较多时,网络性能下降。

⑤单网段的距离长度受到严格的限制,负载能力有限。

⑥总线型拓扑结构适用于计算机数目相对较少的局域网络,通常这种局域网络的传输速率在100 Mb/s,网络连接用同轴电缆。总线型拓扑结构曾流行了一段时间,典型的总线型局域网有传统以太网。

4.环型拓扑结构

各节点通过环路接口连在一条首尾相连的闭合环形通信线路中,环上任何节点均可请求发送信息,如图2-15所示。拓扑结构如图2-16所示。

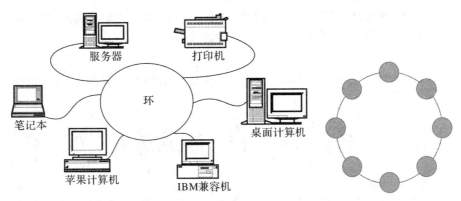

图2-15 环型网络的计算机连接　　　　图2-16 环型拓扑结构

优点:结构简单;容易实现;路径选择简单。

缺点:有一个站点的故障会引起整个网络的瘫痪;不易扩充。

5. 网状拓扑结构

各节点设备通过传输线互联连接起来,并且每一个节点至少与其他两个节点相连,如图2-17所示。网状拓扑结构(如图2-18所示)具有较高的可靠性,但其结构复杂,实现起来费用较高,不易管理和维护,不常用于局域网。主要用于覆盖范围大、入网主机多(机型多)的环境,常用于构造广域网。

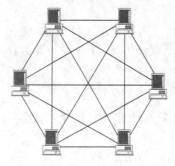

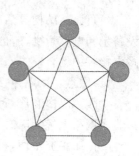

图2-17　网状网络的计算机连接　　　　　图2-18　网状拓扑结构

优点:节点间路径多,可大大减少碰撞和阻塞,传输速率高;容错高;局部的故障不会影响整个网络的正常工作,可靠性高;网络扩充和主机入网比较灵活、简单。

缺点:网络关系结构复杂,网络组建不易,投资费用大,不易于管理。

6. 网络拓扑结构的选择

往往和传输介质的选择、介质访问控制方法的确定等紧密相关。选择拓扑结构时,主要考虑的因素有:

1)费用

不论选用什么样的拓扑结构,都需要进行安装,如电缆布线等。要降低安装费用,就需要对拓扑结构、传输介质、传输距离等相关因素进行分析,选择合理的方案。

2)灵活性

充分考虑安装的相对难易程度、重新配置的难易程度、维护的难易程度;能容易地被重新配置;能方便地处理原有站点的删除、新站点的加入等。

3)可靠性

通信介质发生故障时,受到影响的设备,选择拓扑结构会使故障的检测和隔离较为方便。

任务2.6　计算机网络应用

1. 方便的信息检索

计算机网络使信息检索变得更加高效、快捷,通过网上搜索、WWW浏览、FTP下载可以非常方便地从网络上获得所需要的信息和资料。网上图书馆更是以其信息容量大、检索方便赢得人们的青睐。

2. 现代化的通信方式

电子邮件、QQ、MSN和微信,这些都成为了大家日常生活中必不可少的通信工具。

3.办公自动化

任何企业或者机关,都离不开网络,有了网络,可以节约购买多个外部设备的成本,还可以共享许多办公数据,并且对信息进行计算机综合处理与统计,避免了许多单调重复性的劳动。

4.企(事)业的信息化

各企(事)业的管理信息系统,比如同学们通过网络查询自己的考试成绩,通过网络查询自己在图书馆借的书有没有到期,网上购买火车票,这些都是企(事)业信息化的实例。

5.电子商务与电子政务

计算机网络还推动了电子商务与电子政务的发展。企业与企业之间、企业与个人之间可以通过网络来实现贸易、购物;政府部门则可以通过电子政务工程实施政务公开化,审批程序标准化,提高了政府的办事效率并使之更好地为企业或个人服务。

6.远程教育

网络为我们提供了新的实现自我教育和终身教育的渠道。基于网络的远程教育、网络学习使得我们可以突破时间、空间和身份的限制,方便地获取网络上的教育资源并接受教育。

7.丰富的娱乐和消遣

网络不仅改变了人们的工作与学习方式,也给人们带来新的丰富多彩的娱乐和消遣方式,如网上聊天、网络游戏、网上电影院和网络电视等。

任务2.7　目前计算机网络技术研究的热点

1.移动通信

移动通信是指通信中的移动一方通过无线的方式在移动状态下进行的通信,移动通信是无线通信和有线通信的结合。移动通信的发展先后经历了第一代蜂窝模拟通信,第二代蜂窝数字通信及未来的第三代多媒体传输、无线网等宽带通信,它的最终目标是实现任何人在任何时间、任何地点、以任何方式与任何人进行信息传输的个人通信。移动通信技术现状就目前来讲是3G时代,前景是4G及其以上技术上时代。多媒体业务将向用户提供声、像、图、文并茂的多种业务,使网上的业务量大大增加,将来的移动网必须具有极强的平台功能,能为大量无所不在的终端提供不同的服务。为此,未来的移动通信将是面向全球化、大众化的全球通信。

2.云计算

云计算(Cloud Computing)是分布式处理(Distributed Computing)、并行处理(Parallel Computing)和网格计算(Grid Computing)的发展,厂商通过建立网络服务器群,向各种不同类型客户提供在线软件服务、硬件租借、数据存储、计算分析等不同类型的服务。在云计算模式下,用户所需的应用程序并不运行在用户的个人电脑上,而是运行在互联网上大规模的服务器集群中。"云"模式彻底颠覆了传统应用,包括云计算、云安全等新技术的面世,未来云技术会体现在更多的网络应用上。

3.物联网

物联网把新一代IT技术充分运用在各行各业之中。具体地说,就是把感应器嵌入和装备到各种物体中,然后将物联网与现有的互联网整合起来,实现人类社会与物理系统的整合,在这个整合的网络当中,存在能力超级强大的中心计算机群,能够对整合网络内的人员、机器、设备和基础设施实施实时的管理和控制,在此基础上,人类可以以更加精细和动态的方式管理生产和生活,达到"智慧"状态,提高资源利用率和生产力水平,改善人与自然间的关系。

4. 网络安全与管理

当前网络与信息的安全受到严重的威胁,一方面是由于 Internet 的开放性和安全性不足,另一方面是由于众多的攻击手段的出现。以破坏系统为目标的系统犯罪,以窃取、篡改信息、传播非法信息为目标的信息犯罪,对国家的政治、军事、经济、文化都会造成严重的损害。为了保证网络系统的安全,需要完整的安全保障体系和完善的网络管理机制,使其具有保护功能、检测手段、攻击的反应以及事故恢复功能。

网络安全管理是一种综合型技术,需要来自信息安全、网络管理、分布式计算、人工智能等多个领域研究成果的支持。其目标是充分利用以上领域的技术和方法,解决网络环境造成的计算机应用体系中各种安全技术和产品的统一管理和协调问题,从整体上提高整个网络的防御入侵、抵抗攻击的能力,保持系统及服务的完整性、可靠性和可用性。

5. 下一代 Web 研究

下一代的 Web 研究涉及 4 个重要方向:语义互联网、Web 服务、Web 数据管理和网格。语义互联网是对当前 Web 的一种扩展,其目标是通过使用本体和标准化语言,如 XML(Extensible Markup Language)、RDF(Resource Description Framework)和 DAML(DARPA Agent Markup Language),使 Web 资源的内容能被机器理解,为用户提供智能索引,基于语义内容检索和知识管理等服务。

Web 服务的目标是基于现有的 Web 标准,如 XML、SOAP(Simple Object Access Protocol)、WSDL(Web Services Description Language)和 UDDI(Universal Description Discovery and Integration),为用户提供开发配置、交互式和管理全球分布式电子资源的开放平台。

Web 数据管理是建立在广义数据库理解的基础上,在 Web 环境下,实现对信息方便而准确的查询与发布,以及对复杂信息的有效组织与集成。从技术上讲,Web 数据管理融合了 WWW 技术、数据库技术、信息检索技术、移动计算技术、多媒体技术以及数据挖掘技术,是一门综合性很强的新兴研究领域。

6. IPv6 下一代互联网协议

IPv6 是"Internet Protocol Version 6"的缩写,也被称作下一代互联网协议,它是由 IETF 小组(Internet 工程任务组,Internet Engineering Task Force)设计的用来替代现行的 IPv4(现行的 IP)协议的一种新的 IP 协议。提供丰富的从 IPv4 到 IPv6 的转换和互操作的方法。IPSec(Internet 协议安全性,Internet Protocol Security)在 IPv6 中是强制性的;与 Mobile IP 和 IPSec 保持兼容的移动性和安全性;更简单的头信息,能够使路由器提供更有效率的路由转发。

习 题

一、单选题

1. 计算机网络中可以共享的资源包括(　　)。

A. 硬件、软件、数据、通信信道　　　B. 主机、外设、软件、通信信道

C. 硬件、程序、数据、通信信道　　　D. 主机、程序、数据、通信信道

2. 以下(　　)不是网络上可共享的资源。

A. 文件　　　　　B. 打印机　　　　　C. 内存　　　　　D. 应用程序

3. 广域网的简称是(　　)。

A. LAN　　　　　B. WAN　　　　　C. MAN　　　　　D. CN

4. 计算机网络的主要功能是(　　)。

A. 分布处理　　　　　　　　　　B. 提高计算机的可靠性

C. 将多台计算机连接起来　　　　D. 实现资源的共享

5. 利用双绞线连网的网卡采用的接口是(　　)。

A. AUI　　　　　B. BNC　　　　　C. RJ-45　　　　　D. SC

6. 在下列传输介质中,(　　)错误率最低、速率最快、保密性最好。

A. 同轴电缆　　　　B. 光缆　　　　C. 微波　　　　D. 双绞线

7. 两台计算机利用电话线传输数据信号时,必需的设备是(　　)。

A. 网卡　　　　B. 调制解调器　　　　C. 中继器　　　　D. 同轴电缆

8. 一座大楼内的一个计算机网络系统,属于(　　)。

A. PAN　　　　　B. LAN　　　　　C. MAN　　　　　D. WAN

9. 一个计算机网络是由资源子网和通讯子网构成的,资源子网负责(　　)。

A. 信息传递　　　B. 数据加工　　　C. 信息处理　　　D. 数据变换

10. 以下对计算机网络的描述中,错误的是(　　)。

A. 计算机网络包括资源子网和通信子网

B. 计算机网络的基本功能是实现数据通信和集中式管理

C. 计算机网络按照通信距离可划分为 LAN、MAN 和 WAN

D. 计算机网络是现代计算机技术和通信技术结合的产物

11. 建立一个计算机网络需要有网络硬件设备和(　　)。

A. 体系结构　　　　　　　　　　B. 资源子网

C. 传输介质　　　　　　　　　　D. 网络操作系统及通信协议

12. 属于集中控制方式的网络拓扑结构是(　　)。

A. 星型结构　　　B. 总线结构　　　C. 网状结构　　　D. 环型结构

13. 某网络使用交换机连接时,该网络的逻辑拓扑结构是(　　)。

A. 总线型　　　　B. 星型　　　　C. 环型　　　　D. 混合型

14. 局域网的特点不包括(　　)。

A. 地理范围分布较小　　　　　　B. 数据传输率较低

C. 误码率较低　　　　　　　　　D. 协议简单

15. 以下的网络分类方法中,( )组分类方法有误。

A. 局域网/广域网　　　　　　　　B. 对等网/城域网

C. 环型网/星型网　　　　　　　　D. 有线网/无线网

二、问答题

1. 简述计算机网络的定义及其主要功能。

2. 网络拓扑结构的选择依据以及拓扑结构对网络有什么影响? 简述星型和网状拓扑结构的特点。

3. 通信子网与资源子网分别由哪些主要部分组成? 其主要功能是什么?

4. 就计算机网络相关技术研究热点或前沿(如网络安全、物联网、无线网络等),检索相关文献,阅读其内容。

数据通信基础

SHUJUTONGXINJICHU

任务描述:计算机网络中,网络设备之间要通过传输介质才能够数据通信。那么各个设备之间是如何连接的? 使用什么类型的传输介质? 有线介质又是如何布线的?

学习目标:了解数据通信系统的基本概念;理解数据通信方式;掌握数据通信系统主要技术指标;熟悉网络传输介质的结构、特点和标识方法,掌握双绞线的制作;了解综合布线系统的有关标准与设计方法。

学习重点:传输速率;双绞线制作等。

任务 3.1　数据通信的基本概念

1. 数据(Data)

数据可以理解为信息的数字化形式或数字化的信息形式。狭义的数据通常是指具有一定数字特性的信息,如统计数据、气象数据、测量数据及计算机中区别于程序的计算数据等。但在计算机网络系统中,数据通常被广义地理解为在网络中存储、处理和传输的二进制数字编码。

数据分为模拟数据和数字数据。模拟数据(Analog data)是在某个区间内连续变化的值。例如声音、视频和温度等都是连续变化的值。数字数据(Digital data)也称为数字量,相对于模拟量而言,取值范围是离散的,例如文本信息和整数。

2. 信息(Information)

是人们对现实世界事物存在方式或运动状态的某种认识,信息的载体可以是数字、文字、语音、图形或图像。计算机产生的信息一般是字母、数字、语音、图形或图像的组合,为了传送这些信息,首先要将字母、数字、语音、图形或图像用二进制代码的数据来表示,而为了传输二进制代码的数据,必须将它们用模拟或数字信号编码的方式表示。

3. 信号(Signal)

信号是数据在传输过程中电信号的表示形式,是数据的具体物理表现。数据在信道中是以电信号的形式传送的。

模拟信号(Analog Signal)的信号电平是连续变化的,时间上连续,包含无穷多个值;数字信号(Digital Signal)是用两种不同的电平去表示 0、1 比特序列的电压脉冲信号表示,时间上离散,仅包含有限数目的预定值。与模拟信号相比,数字信号在传输过程中具有更高的抗干扰能力,更远的传输距离,且失真幅度小。人对马的认识是信息,用 horse 书写是数据,用电压表示(0、1 比特序列的高低电压)是信号,如图 3-1 所示。

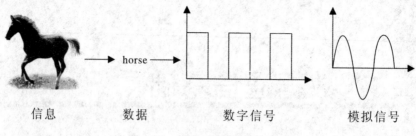

| 信息 | 数据 | 数字信号 | 模拟信号 |

图 3-1　信息、数据与信号关系

4. 信道(Channel)

信道就是通信双方以传输媒介为基础的传递信号的通路。无线网络中,无线信道分为三种:微波信道、红外和激光信道、卫星信道。有线网络中,有线信道分别是双绞线、同轴电缆和光纤信道。

任务 3.2　通信方式

数据通信是通信技术和计算机技术相结合而产生的一种新的通信方式。

3.2.1　按信息传送的方向与时间关系

对于点对点之间的通信,按信息传送的方向与时间关系,通信方式可分为单工通信、半双工通信及全双工通信三种。

1. 单工通信

指信息只能单方向传输的工作方式。单工通信信道是单向信道,发送端和接收端的身份是固定的,发送端只能发送信息,不能接收信息;接收端只能接收信息,不能发送信息,数据信号仅从一端传送到另一端,即信息流是单方向的,如图 3-2(a)所示,例如遥控、遥测,无线电广播和电视。

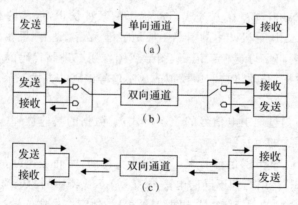

图 3-2　信息传送的方向与时间关系

2. 半双工通信

可以实现双向的通信,但不能在两个方向上同时进行,必须轮流交替地进行。也就是说,通信信道的每一端都可以是发送端,也可以是接收端。但同一时刻里,信息只能有一个传输方向,如图 3-2(b)所示,如对讲机。

3.全双工通信

指在通信的任意时刻,线路上存在 A 到 B 和 B 到 A 的双向信号传输。全双工通信允许数据同时在两个方向上传输,又称为双向同时通信,即通信的双方可以同时发送和接收数据。在全双工方式下,通信系统的每一端都设置了发送器和接收器,因此,能控制数据同时在两个方向上传送,现代电话通信是全双工传送。这种通信方式主要用于计算机与计算机之间的通信,如图 3-2(c)所示。

理论上,全双工传输可以提高网络效率,但是实际上仍是配合其他相关设备才有用。例如必须选用双绞线的网络缆线才可以全双工传输,所连接的集线器(HUB)也要能全双工传输;最后,所采用的网络操作系统也得支持全双工作业,这样才能真正实现全双工传输。

4.三种通信方式的比较

单工方式功能单一,只适应于某些专用场合。

全双工方式效率高,但以增加一条传输通道为代价。若增加的是物理线路,则远距离通信开销太大,若在一条线路上采用多路复用技术,则必须有相应的设备。

半双工方式在软件控制下作方向切换,影响效率,但系统成本低,在实际的异步通信中多用。

3.2.2　按每次传送的数据位数

在数据通信中,按每次传送的数据位数,通信方式可分为:并行通信和串行通信。

1.串行通信

是指使用一条数据线,将数据一位一位地依次传输,每一位数据占据一个固定的时间长度,如图 3-3 所示。

串行通信的优点是:成本低,利用率高;缺点是数据传送效率低,速度慢,需进行串/并转换。这种通信方式适合长距离的信号传输。例如,用电话线进行通信,就使用串行传输方式。

2.并行通信

计算机与 I/O 设备之间通过多条传输线交换数据,数据的各位同时进行传送,如图 3-4 所示。

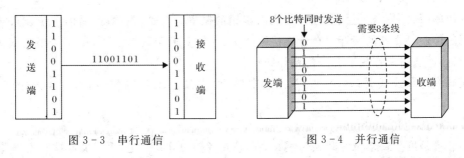

图 3-3　串行通信　　　　　图 3-4　并行通信

并行通信的优点是:速度快,不需串/并转换;缺点是使用的传输设备成本高,通信线路复杂。这种通信方式适合近距离的传输。

任务3.3 数据通信中的几个技术指标

对数据通信系统中的信号传输,主要有两项技术指标:在数量方面,以传输速率进行衡量,即传输率;在质量方面,以数据传输的错误率进行衡量,即可靠性。

1. 数据传输速率(Transmission rate)

数据传输率是指单位时间内传输的信息量,可用"比特率"和"波特率"来表示。比特率是每秒钟传输二进制信息的位数,单位为"位/秒",通常记作 b/s(bps)。主要单位有:kb/s、Mb/s、Gb/s。目前最快的以太局域网理论传输速率(下面介绍的"带宽")为 10 Gb/s。数据传输速率的计算公式如下:

$$S=1/T\log_2 N\text{(b/s)}$$

式中 T 为一个数字脉冲信号的宽度(全宽码)或重复周期(归零码),单位为秒;N 为一个码元所取的离散值个数,通常 $N=2K$(K 为二进制信息的位数)。当 $N=2$ 时,数据传输速率的公式就可简化为:$S=1/T$,表示数据传输速率等于码元脉冲的重复频率。

"波特率"可称为"码元速率""调制速率"或者"信号传输速率",是指每秒传输的码元(符号)数,单位为波特,记作 Baud。若每个码元所含的信息量为 1 比特,则波特率等于比特率。计算公式:$B=1/T\text{(Baud)}$,式中 T 为信号码元的宽度,单位为秒。

由以上两公式可以得出:$S=B\log_2 N\text{(bit/s)}$ 或 $B=S/\log_2 N\text{(Baud)}$

在计算机中,一个符号的含义为高低电平,分别代表逻辑"1"和逻辑"0",所以每个符号所含的信息量刚好为 1 比特,因此在计算机通信中,常将"比特率"称为"波特率",即:1 波特(B)=1 比特(bit)=1 位/秒(1 bit/s)

2. 带宽(Bandwidth)

带宽(Bandwidth)是指每秒传输的最大字节数,也是一个信道的最大数据传输速率,单位也为"位/秒"(b/s)。带宽与数据传输速率是有区别的,前者表示信道的最大数据传输速率,是信道传输数据能力的极限,而后者是实际的数据传输速率。

对于模拟信道而言,带宽通常以每秒传送的周期或频率(Hz)来表示,即传输信号的最高频率与最低频率之差。对于数字信道而言,指单位时间能通过链路的数据量(比特量),用 b/s 来表示。数字信号的速率是数字信道的最重要指标,使用"带宽"作为"传输速率"。

3. 误码率(Biterror)

误码率(P_e)是指二进制数据位传输时出错的概率。它是衡量数据通信系统在正常工作情况下的传输可靠性的指标。在计算机网络中,一般要求误码率低于 10^{-6},若误码率达不到这个指标,可通过差错控制方法检错和纠错。

误码率计算公式为:$P_e=N_e/N$。式中的 N_e 为其中出错的位数,N 为传输的数据总位数。

4. 吞吐量(Throughput)

吞吐量是度量每单位时间经过网络、信道或者接口实际发送了多少数据。吞吐量受带宽或者额定速率的限制,如某以太网的额定速率是 100 Mb/s,这是吞吐量绝对的上限,而经常得到的速率会低一点。

5. 时延(Latency)

时延表示在一个通信信道或者网络上数据传输的计时。一方面是从对数据请求到开始到达所需的时间,另一方面是设备对发送的数据计时进行多大程度的控制,即网络是否能设置成使数据在一段时间内稳定地交付。低时延比高时延好。

任务 3.4　传输介质

网络传输介质是指在网络中传输信息的载体,常用的传输介质分为有线传输介质和无线传输介质两大类。传输介质的特性主要包括物理特性、抗干扰性、地理范围和相对价格等。

3.4.1　有线传输介质

有线传输介质是指在两个通信设备之间实现的物理连接部分,它能将信号从一方传输到另一方,有线传输介质主要有双绞线、同轴电缆和光纤。双绞线和同轴电缆传输电信号,光纤传输光信号。

1. 双绞线(Twisted Pair)

双绞线是综合布线工程中最常用的一种传输介质,把两根绝缘的铜导线按一定密度互相绞在一起,可以降低信号干扰的程度,每一根导线在传输中辐射的电波会被另一根线上发出的电波抵消,"双绞线"的名字也是由此而来。双绞线过去主要是用来传输模拟信号的,现在同样适用于数字信号的传输。

1)双绞线的电气性能类别

双绞线按照电气性能分为一类、二类、三类、四类、五类、超五类、六类、超六类、七类和八类十种类型,数字越大,版本越新,技术越先进,带宽越大,价格越贵。双绞线的标准类型标注方法是按照"CATx"(x 表示数字)方式标注,改进版则按 xe 方式标注,如超五类线就标注为 5e(字母是小写而不是大写)。

①一类线(CAT1):线缆最高频率带宽是 750 kHz,用于报警系统,或只适用于语音传输(一类标准主要用于 20 世纪 80 年代初之前的电话线)。

②二类线(CAT2):线缆最高频率带宽是 1 MHz,用于语音传输和最大传输速率 4 Mb/s 的数据传输。

③三类线(CAT3):目前在 ANSI 和 EIA/TIA568 标准中指定的电缆,该电缆的传输频率 16MHz,最大传输速率为 10 Mb/s(10 Mbit/s),主要应用于语音传输、10 Mb/s 以太网(10 BASE-T)和 4 Mb/s 令牌环,最大网段长度为 100 m,采用 RJ 接口,目前已淡出市场。

④四类线(CAT4):电缆的传输频率为 20 MHz,用于语音传输和最大传输速率 16 Mb/s(16 Mbit/s 令牌环)的数据传输。最大网段长为 100 m,采用 RJ 接口,未被广泛使用。

⑤五类线(CAT5):电缆增加了绕线密度,外套一种高质量的绝缘材料,线缆最高频率带宽为 100 MHz,最大传输率为 100 Mb/s,用于语音传输和最高传输速率为 100 Mb/s 的数据传输。主要用于 100 BASE-T 和 1000 BASE-T 网络,最大网段长为 100 m,采用 RJ 接口,常用在以太网中。在双绞线电缆内,不同线对具有不同的绞距长度。通常 4 对双绞线绞距周

期在 38.1 mm 长度内,按逆时针方向扭绞,一对线对的扭绞长度在 12.7 mm 以内。

⑥超五类线(CAT5e):超五类具有衰减小,串扰少,并且具有更高的衰减与串扰的比值(ACR)和信噪比(Structural Return Loss)、更小的时延误差,性能得到很大提高。超五类线主要用于千兆位以太网(1000 Mb/s)。

⑦六类线(CAT6):电缆的传输频率为 1 MHz～250 MHz,它提供 2 倍于超五类的带宽。六类布线的传输性能远远高于超五类线,最适用于传输速率高于 1 Gb/s 的应用。六类与超五类的一个重要的不同点在于:改善了在串扰以及回波损耗方面的性能。六类线布线标准采用星型拓扑结构,要求布线距离为:永久链路的长度不能超过 90 m,信道长度不能超过 100 m。

⑧超六类或 6A(CAT6a):是六类线的改进版,非屏蔽双绞线电缆,主要应用于千兆位网络中。在传输频率方面与六类线一样,也是最高 250 MHz,最大传输速度也可达到 1000 Mb/s,只是在串扰、衰减和信噪比等方面有较大改善。

⑨七类线(CAT7):是一种 8 芯屏蔽线,可以提供至少 500 MHz 的综合衰减对串扰比和 600 MHz 的整体带宽,是六类线和超六类线的 2 倍以上,传输速率可达 10 Gb/s。每对都有一个屏蔽层,然后 8 根芯外还有一个屏蔽层,接口与现在的 RJ-45 相同。主要为了适应万兆位以太网技术的应用和发展。

⑩八类线(CAT8):目前国际上只对七类线有所定义,但美国的 Siemon 公司宣布于 1999 年开发出了八类线,商标为"Tera",也被称为"tera""tera dor""10Gip"及"megaline 8"等。八类线有 1200 MHz 的带宽,可以同时提供多种服务。

2)有无屏蔽层

双绞线分为屏蔽双绞线(Shielded Twisted Pair,STP)和非屏蔽双绞线(Unshielded Twisted Pair,UTP),如图 3-5、图 3-6 所示。

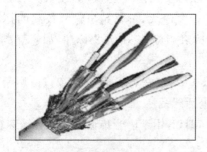 

图 3-5　屏蔽双绞线　　　　　　　　图 3-6　非屏蔽双绞线

屏蔽双绞线在线径上要明显精细于非屏蔽双绞线,它具有较好的屏蔽性能,也具有较好的电气性能,应用的场合有金融机构、电信机构、军事部门、保密级别要求高的政府部门、附近有强电磁辐射的环境等。屏蔽双绞线的价格较非屏蔽双绞线贵,但非屏蔽双绞线的性能对于普通企(事)业单位的局域网来说影响不大,甚至说很难察觉,所以在这样的局域网组建中通常采用非屏蔽双绞线。不过七类双绞线除外,它要实现全双工 10 Gb/s 速率传输,所以只能采用屏蔽双绞线,而没有非屏蔽的七类双绞线。六类双绞线通常也建议采用屏蔽双绞线。

屏蔽双绞线电缆的外层由铝铂包裹,以减小辐射,但并不能完全消除辐射,屏蔽双绞线

价格相对较高,安装时要比非屏蔽双绞线电缆困难。非屏蔽双绞线电缆具有以下优点:

①无屏蔽外套,直径小,节省所占用的空间,成本低。

②重量轻,易弯曲,易安装。

③将串扰减至最小或加以消除。

④具有阻燃性。

⑤具有独立性和灵活性,适用于结构化综合布线。

⑥既可以传输模拟数据也可以传输数字数据。

3)网线质量鉴别

现在市场上假的双绞线比真的还要多,而且假线上同样有和真线一样的标记。除了假线外,市面上有很多用三类线冒充五类线、超五类线的情况。网线的鉴别方法主要有:

①三类线里的线是两对四根线,五类线里的线是四对八根线。

②真线的外胶皮不易燃烧,而假线的外胶皮大部分是易燃的。

③假线在较高温下(40℃以上)外胶皮会变软,真线则不会。

④真线内部的铜芯用料较纯,比较软,有韧性而且不易被拉断。

⑤网线的扭绕方向是逆时针扭绕,而不是顺时针绕的。顺时针绕会对传输速度和距离有影响。

⑥网线里的线对在相互绕时匝数是不一样的,因为匝数一样时,两对线之间的传输信号会互相干扰,使传输距离变短。

⑦屏蔽双绞线的导线与胶皮间有一层金属网和绝缘材料,水晶头外面也被金属所包裹。

⑧找 100 米的双绞线用 Windows 中的"网络监视器"测试,五类线能达到 100 Mb/s,三类线只有 10 Mb/s。

⑨网线标准长度 1000 英尺/箱(大约 305 米/箱)。

4)真假网线辨别方法

①从网线标识上辨别。

网线的塑料包皮上印刷的字符非常清晰、圆滑,基本上没有锯齿状。假的印刷字迹质量较差,有的字体不清晰,有的呈严重锯齿状。

②用手感觉。

双绞线电缆使用铜线做导线芯,比较软(因为有些网络环境可能需要网线进行小角度弯折,如果线材较硬就很容易造成断路)。不法厂商在生产时为了降低成本,在铜中添加了其它的金属元素,做出来的导线比较硬,不易弯曲,使用中容易产生断线。

③用刀割。

用剪刀去掉一小截线外面的塑料包皮,使露出 4 对芯线。通过"看"的方法来进一步判别,看 4 对芯线的绕线密度,真五类/超五类线绕线密度适中,方向是逆时针。假线通常密度很小,方向也可能会是顺时针(比较少),在制作方面比较容易,这样生产成本就小了。

④用火烧。

将双绞线放在高温环境中测试一下,看看在 35℃ 至 40℃ 时,网线外面的胶皮会不会变软,正品网线是不会变软的,假的就不一定了。真的网线外面的胶皮具有阻燃性,而假的有些则不具有阻燃性,不符合安全标准,购买时可以烧烧试一试。

5)性能指标

其性能指标主要有衰减、近端串扰、阻抗特性、分布电容和直流电阻等。

6)RJ-45 插头

RJ-45 插头被称为"水晶头",是因为其外表晶莹透亮。双绞线的两端必须连接 RJ-45 插头与其它设备连接,如交换机、网卡等。"水晶头"虽小,但在网络中很重要,在许多网络故障中有一大部分是因为"水晶头"质量不好造成的。

从外观上判断真伪。首先"水晶头"看起来是亮色透明的,有点像水晶的感觉,质量好的会发现其外部非常光滑,各个部位的材质都一样,不会含有任何杂质,透明度比较高。其次"水晶头"塑料口部分比较结实,用手挤压"水晶头"空心部件有较明显的变形,则说明其质量存在问题。"水晶头"背面的塑料弹片的韧性需要相当的好,可以尝试将其背向弯折,一般能够轻松的弯折 180°左右而不折断,松开后也不会有变形现象。

从铜片上判断真伪。"水晶头"中最重要的部分就是顶端的铜片了,其质量的好坏直接影响着"水晶头"的好坏。在检查铜片时,首先检查金属端子部分的削切边缘是否整齐,劣质产品在制作工艺上肯定不过关,用放大镜观察时就会看到很多金属毛刺。从颜色上看,好的"水晶头"铜片颜色为金黄色,而劣质的产品因采用的材料不同,会有氧化后表面变暗发黑的情况出现。在实际购买过程中,用刀片刮"水晶头"的金属接触片部分,上面的铜若能够轻松的刮掉,而且里面的颜色也比较暗,那肯定是假的;相反,真的"水晶头"表面的铜很难刮掉,即使有少许脱落的部分,观察里面露出的金属触点也是光亮的。用刀尖来撬动金属端子,好的"水晶头"的连接都非常牢固,很难将其撬出来,而假冒的"水晶头"制作工艺不规范,可能轻轻一拨就掉下来了。

RJ-45 对双绞线的规定如下:1、2 用于发送,3、6 用于接收,4、5 用于语音,7、8 是双向线。1 与 2,3 与 6,4 与 5,7 与 8 必须是一对线。

提示:百兆网线实际使用 1&2、3&6(橙和绿)两对线来发送与接收数据,千兆网线使用全部四对线。

2.同轴电缆(Coaxial Cable)

同轴电缆是有两个同心导体,而导体和屏蔽层又共用同一轴心的电缆。其结构是:由内向外分别是中心实体、绝缘层、金属网屏蔽层、黑色保护套,如图 3-7 所示。

同轴电缆根据其直径大小可以分为:粗同轴电缆与细同轴电缆。

粗缆(RG-11)的直径为 1.27 cm,最大传输距离达到 500 m。由于直径粗,因此它的弹性较差,不适合在室内狭窄的环境内架设,而且 RG-11 连接头的制作方式也相对要复杂许多,并不能直接与电脑连接,它需要通过一个转接

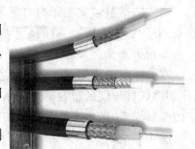

图 3-7　同轴电缆

器转成 AUI 接头,然后再接到计算机上。粗缆的强度较强,最大传输距离比细缆长。粗缆的主要用途是网络主干部分,用来连接数个由细缆所结成的网络。粗缆适用于比较大型的局部网络,它的标准距离长,可靠性高,安装时不需要切断电缆,可以根据需要灵活调整计算机的入网位置,但粗缆网络必须安装收发器电缆,安装难度大,总体造价高。

细缆的直径为 0.26 cm,最大传输距离 185 m,使用时与 50 Ω 终端电阻、T 型连接器、BNC 接头与网卡相连,线材价格和连接头成本都比较便宜,不需要购置交换机等网络设备,适合终端设备较为集中的小型以太网络。缆线总长不要超过 185 m,否则信号将严重衰减。细缆安装比较简单,造价低。安装过程要切断电缆,两头须装上网络连接头(BNC),然后接在 T 型连接器两端,如图 3-8 所示,当接头多时容易产生隐患,这是以太网所发生的最常见故障之一。

图 3-8 同轴电缆接头

3. 光纤(Fiber)

光纤是光导纤维的简写,是一种由玻璃和塑料制成的纤维,可作为光传导工具。传输原理是"光的全反射",如图 3-9 所示。光纤一端的发射装置使用发光二极管(Light Emitting Diode,LED)或一束激光将光脉冲传送至光纤,光纤另一端的接收装置使用光敏元件检测脉冲。

光在光导纤维的传导损耗比电在电线传导的损耗要低得多,光纤被用作长距离的信息传递。通常光纤与光缆两个名词会被混淆,光纤是光缆的核心部分,光纤经过一些构件及其附属保护层的保护就构成了光缆(Optical Fiber Cable)。多数光纤在使用前必须由几层保护结构包覆,包覆后的缆线即被称为光缆。光纤外层的保护层和绝缘层可防止周围环境对光纤的伤害,如水、火、电击等。

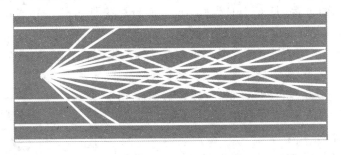

图 3-9 光纤传输原理

1)光纤结构

光纤一般分为三层:中心高折射率玻璃芯(芯径一般为 50 μm 或 62.5 μm),中间为低折射率硅玻璃包层(直径一般为 125 μm),最外是加强用的树脂涂层,如图 3-10 所示。

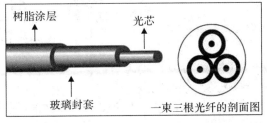

图 3-10 光纤组成

2）光纤分类

根据光在光纤中的传输模式数量分为：单模光纤和多模光纤。

①单模光纤（SMF：Single Mode Fiber）：中心玻璃芯很细（芯径一般为 9 μm 或 10 μm），只能传一种模式的光纤，只有一条单独的光线通路，典型情况下使用激光进行信号传输。与多模光纤比较起来，单模光纤的带宽更大，传输距离远，价格贵，散射率小，传输效能极佳。目前，在有线电视和光通信中，是被广泛应用的光纤。

②多模光纤（MMF，Multi Mode Fiber）：中心玻璃芯较粗（50 μm 或 62.5 μm），可传输多种模式的光。传输距离近，价格便宜，传输效能略差。使用多条光纤通路，由 LED 作为光脉冲的发生器。

3）光纤传输的优缺点

光纤的基本成分是石英，只传光，不导电，优点有：

①光纤频带宽，通信容量大，理论可达 30 亿兆赫兹。

②无中继段长，几十到 100 多千米，铜介质线只有几百米。

③不受电磁场和电磁辐射的影响，抗干扰能力强，信号不易被窃听，利于保密。

④重量轻，体积小。

⑤光纤通信不带电，安全性好，可用于易燃、易爆场所。

⑥使用环境温度范围宽。

⑦抗化学腐蚀，使用寿命长。

⑧成本不断下降。有人提出了新摩尔定律，也叫做光学定律（Optical Law）。该定律指出，光纤传输信息的带宽，每 6 个月增加 1 倍，而价格降低 1 倍。光通信技术的发展，为 Internet 宽带技术的发展奠定了非常好的基础。由于制作光纤的材料（石英）来源十分丰富，随着技术的进步，成本还会进一步降低。而电缆所需的铜原料有限，价格会越来越高。今后光纤传输将占绝对优势，成为最主要传输介质。

缺点是光纤质地脆，机械强度低，要求比较好的切断和连接技术，分路、耦合麻烦，安装困难，价格高。

4）光纤连接器（光纤接口）

光纤连接器俗称活接头（如图 3-11 所示），常见接口有：

ST 卡接式圆形光纤接头；

SC 方型光纤接头；

FC 圆形带螺纹光纤接头；

LC 窄体方形光纤接头；

MT-RJ 收发一体的方型光纤接头。

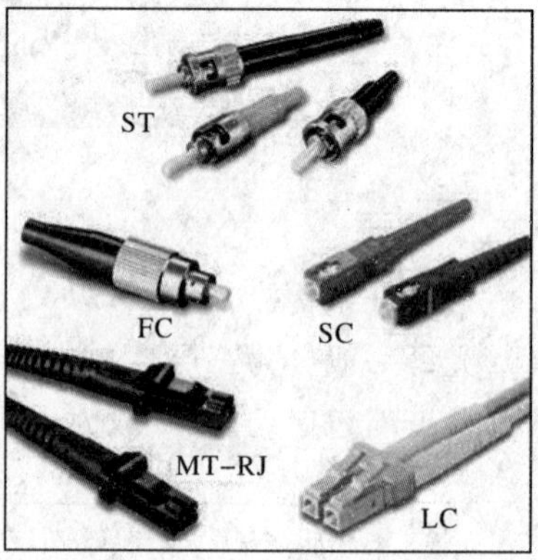

图 3-11　光纤接口

3.4.2　无线传输介质

无线传输介质是利用电磁波通过空间来传输，适合于那些难于铺设电缆的边远地区和沿海岛屿等环境。目前用于计算机网络最常用的无线传输介质有：无线电波、微波、红外线等，如图 3-12 所示。

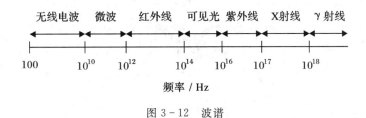

图 3-12 波谱

1. 微波通信（Microwave Communication）

微波通信是使用波长在 1 mm～1 m 之间的电磁波——微波进行的通信。微波同光波一样,是直线传播的,要求两个通信地点(两个微波站)之间没有阻挡,信号才能传到对方,即所谓的视距传播。

微波的频率极高(通常为 300 MHz～300 GHz),波长很短,在空中传播时超过视距后需要中继转发。受地球曲面的影响以及空间传输的损耗,每隔 50 千米左右,需要设置中继站,将电波放大转发而延伸,如图 3-13 所示。利用微波进行通信,具有容量大、质量好并可传至很远的距离的优点,但是会受到地形、地物及气候状况的影响而引起反射、折射、散射和吸收现象,产生传播衰落和传播失真。

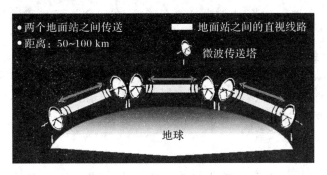

图 3-13 微波通信

2. 卫星通信（Satellite Communication）

卫星通信是地球上(包括地面和低层大气中)的微波通信站间利用卫星作为中继站而进行的通信。卫星通信系统由卫星和地球站两部分组成。

卫星通信的特点是:通信范围大,在卫星发射的电波所覆盖的范围内,任何两点之间都可进行通信;可靠性高,不易受陆地灾害的影响;同时可在多处接收,能经济地实现广播、多址通信;同一信道可用于不同方向或不同区间。卫星通信不足之处是:传输时延大;数据传输可靠性较差;受外界干扰较大。

按工作轨道卫星通信系统有:低轨道卫星通信系统(LEO,Low Earth Orbit),距地面 500～2000 km;中轨道卫星通信系统(MEO,Medium Earth Orbit),距地面 2000～20000 km;高轨道卫星通信系统(GEO,Geostationary Earth Orbit),距地面 36000 km,如同步轨道卫星,如图 3-14 所示。

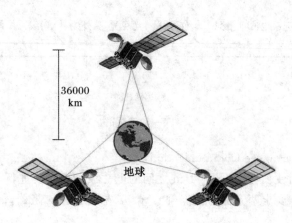

图 3-14 同步卫星

3.无线电（wireless）

无线电波很容易产生，可以传播很远，很容易穿过建筑物，因此被广泛用于通信。不管是室内还是室外，无线电波全方位传播，也就是说它能从源头向任意方位传播，因此其发射和接收装置不必在物理位置上进行很准确的对准。

在 VLF、LF、MF 波段，无线电波沿着地面传播，在较低频率上可在 1000 km 以外检测到，在较高频率上则检测距离要近一些。在这些波段里的无线电波能容易地穿过建筑物。用这些波段来进行数据通信的主要问题是它们的带宽相对较低。

在 HF 和 VHF 波段，地表电波被地球吸收，但是，到达电离层（离地球 100～500 km 高度的带电粒子层）的电波被它反射并送回地球，在某些天气情况下，信号可能被多次反射，因此可以利用这个波段来进行长距离通话。

4.红外线（Infrared）

无导向的红外线被广泛用于短距离通信，电视、空调使用的遥控装置都利用了红外线装置。在发送端设有红外线发送器，接收端有红外线接收器。发送器和接收器可任意安装在室内或室外，但需使它们处于视线范围内，中间不允许有障碍物。红外线通信设备相对便宜，有一定的带宽。红外线通信只能传输数字信号。红外线具有很强的方向性，很难窃听、插入数据和进行干扰，但雨、雾和障碍物等干扰都会妨碍红外线的传播。

红外线不能穿透坚固的墙壁，这意味着一间房屋里的红外系统不会对其它房间里的系统产生串扰。由于这个原因，红外线成为室内无线网的候选对象。在实际应用中，由于红外线具有很高的背景噪声，受日光、环境照明等影响较大，一般要求发射功率较高，而采用现行技术，特别是 LED，很难获得高的比特速率（＞10 Mb/s），尽管如此，红外无线 LAN 仍是目前"100 Mb/s 以上、性能价格比高的网络"唯一可行的选择。

3.4.3 传输介质选择的依据

如何选择传输介质，使之最能满足用户的需要并适合网络应用，主要从以下方面给予考虑。

1.成本

无论选择何种传输介质都受到支付能力的限制。介质越好，成本越高。在选择传输介质时,需认真权衡一次到位与逐次升级的利与弊再做决定,性价比要好。对有线传输介质,其费用的高低依次为光缆、粗同轴电缆、屏蔽双绞线、细同轴电缆、非屏蔽双绞线。无线传输介质中,卫星传输最昂贵。若要价钱便宜,可选用双绞线。

2.安装的难易程度

光缆安装最困难,非屏蔽双绞线安装最简单。要在不适宜铺设电缆的场合通信,可选用无线传输介质等。

3.容量

传输介质的信息传输能力,一般与传输介质的带宽和传输速率有关。如要求传输速率高,可选用电缆。

4.衰减及最大距离

衰减是指信号在传递过程中被衰减或失真的程度。最大网线距离是指在允许的衰减或失真程度上,可用的传输最大距离。

5.抗干扰能力

抗电磁干扰(EMI)。无线传输介质受外界影响较大,一般抗干扰能力较差。有线介质中光缆抗干扰能力最好,非屏蔽双绞线最差。

任务3.5 网络布线

3.5.1 网络布线的问题

在组建有线网络时,就要涉及到有线介质的选择和布线。首要问题是确定合适的有线介质,是选择双绞线还是光纤,要依据具体建立的网络规模、性能来选择。

1.重视网络布线的意义

布线设计与布线质量直接影响网络的正常运行,安装工艺是网络布线的关键,不规范施工以及施工失误导致的故障往往防不胜防。例如网络电缆(尤其是配线箱中)的弯曲角度过于尖锐、捆绑过紧,该处就易产生近端串扰(NEXT)。多个子系统的线路布线如麻,需要相当大的工程施工量和管理经验,否则会造成不堪设想的后果(无法排除的干扰和很低的开通率;没有完整的文档资料,以致日后无法维修)。

2.网络故障与网络布线

布线系统是建筑物的传输网络,应对数据、语音、视频设备都能支持,其投资一般占整个网络投资的5%～7%。很多单位在组建网络时,都重视了网络硬件质量与性能,但经常忽视了线缆,这是导致网络故障最常见的原因之一。网络布线是网络中成本最低的部分,有研究表明,70%的网络故障与劣质网络布线系统有关。

网络故障分为两类:一是连接故障,多是施工工艺或网络意外损伤所致,如接线错误、短路开路,二是电气特性故障,使信号传输达不到设计要求,导致数据的丢失或网络性能的下降。网络链路(线路)的强度取决于最薄弱链接的质量,任何一个系统部件(包括接插件)出现问题,整个系统可能会失去作用。

3.5.2 网络综合布线系统

1.概念

综合布线系统(Premises Distributed System,简称 PDS)是智能化办公室建设数字化信息系统的基础设施,将所有语音、数据等系统进行统一的规划设计的结构化布线系统,为办公提供信息化、智能化的物质介质,支持将来语音、数据、图文、多媒体等综合应用。

2.建立综合布线系统的重要性

(1)信息网络系统变得越来越重要,已经成为一个国家最重要的基础设施,是一个国家经济实力的重要标志。

(2)网络布线是信息网络系统的"神经系统"。

(3)网络布线系统关系到网络的性能、投资、使用和维护等诸多方面,是网络信息系统不可分割的重要组成部分。

(4)网络系统规模越来越大,网络结构越来越复杂,网络功能越来越多,网络管理维护越来越困难,网络故障的影响也越来越大。

3.布线工程设计步骤

(1)调研:询问分析单位用户网络需求,现场勘察建筑,根据建筑平面图等信息来计算线材用量,信息插座的数目和机柜定位、数量,完成布线调研报告。

(2)方案设计:根据勘察数据做出布线材料预算表、工程进度安排表。

(3)土建施工:协调施工单位与建设单位进行职责商谈,提出布线许可,主要是钻孔、布线、信息插座定位、机柜定位、做线缆标识。

(4)技术安装:主要是打信息模块、打配线架、机柜内部安装。

(5)信息点测试:一般测试采用 12 点测试仪,主要测试通断情况;深层测试须用线缆测试仪,根据 TSB—67 标准,对接线图(Wire MAP)、长度(Length)、衰减量(Attenuation)、近端串扰、传播延迟(Propagation Delay)五方面数据测试,再打印出测试报告。

(6)文档管理:编撰材料实际用量表、测试报告、楼层和楼群配线表,为日后维护提供数据依据。

(7)维护:当线路出现故障时,快速响应。

4.综合布线系统的设计原则

PDS 是高科技的复杂系统,投资大,使用期限长。"百年大计,质量为重",一定要科学设计,精心施工,及时维护,才能确保系统达到预期目的。设计时必须考虑以下几点:

1)用户至上原则

企业的结构化综合布线系统的设计原则首先是基于企业对综合布线系统的要求为基础,并以满足用户需求为目标,最大限度满足用户提出的功能需求,并针对业务的特点,确保使用性。

2)先进性

在满足用户需求的前提下,充分考虑信息社会迅猛发展的趋势,在技术上适度超前,使提出的方案保证将布线系统建成先进的、现代化的信息系统。布线产品一般保用期需在 15 年以上。

3)灵活性和可扩展性

充分考虑楼宇内所涉及的各部门信息的集成和共享,保证整个系统的先进性和合理性,实现分散式控制,集中统一式管理。总体结构具有可扩展性和兼容性,可以集成不同厂商不同类型的先进产品,使整个系统可随技术的进步和发展,不断得到充实和提高。在综合布线系统中任何信息点都能连接不同类型的终端设备,当设备数量和位置发生变化时,只需采用简单的插接工序,实用方便,其灵活性和适应性都强。

4)标准化和扩展性

网络结构化综合布线系统的设计依照国际和我国的有关标准进行,考虑采用最符合国际标准、性价比更优越、工艺标准更高的产品。此外根据系统总体结构的要求,各个子系统必须结构化和标准化,并代表当今最新的技术成就。综合布线系统的所有布线部件采用积木式的标准件和模块化设计。因此,部件容易更换,便于排除障碍。且采用集中管理方式,有利于分析、检查、测试和维修。选择实力强大、经验丰富、管理规范、售后服务良好的系统集成商。

5)经济性

在实现先进性、可靠性的前提下,达到功能和经济的优化设计。结构化综合布线系统的设计采用新技术、新材料、新工艺使综合化布线大楼能够满足不同生产厂家终端设备传输信号的需要。综合布线系统各个部分都采用高质量材料和标准化部件,并按照标准施工和严格检测,保证系统技术性能优良可靠,满足目前和今后通信需要,且在维护管理中减少维修工作,节省管理费用。

5.结构化综合布线系统组成

根据国际标准 ISO11801 的定义,结构化综合布线系统由以下 6 个部分组成,如图 3-15 所示。

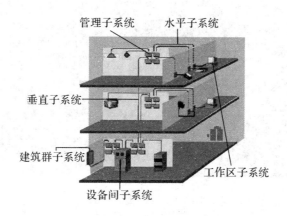

图 3-15 综合布线系统

1)工作区子系统(Work Location subsystem)

实现工作区终端设备与水平子系统之间的连接,由终端设备连接到信息插座的连接线缆、信息插座、插座盒、连接跳线和适配器等组成。工作区子系统的设计主要考虑信息插座和适配器两个方面。

信息插座是工作站与水平子系统连接的接口,为8针模块化信息插座。安装插座时,使插座靠近使用者,还要考虑到电源的位置。信息插座的安装位置距离地面的高度是 30~50 cm。适配器要根据工作区内不同的终端设备来配备相应的终端匹配器。

2)水平子系统(Horizontal subsystem 水平干线子系统)

实现信息插座和管理子系统(跳线架)间的连接,将用户工作区引至管理子系统,并为用户提供一个符合国际标准,满足语音及高速数据传输要求的信息点出口。由一个工作区的信息插座开始,经水平布置到管理区的内侧配线架的线缆所组成。常用的传输介质是 4 对UTP,也可以采用光缆,要求在 90 m 范围内,从楼层接线间的配线架至工作区信息点的实际长度。水平子系统一般采用星型拓扑结构。

3)管理子系统(Administration subsystem 管理间子系统)

由交连、互联配线架组成,交连和互联允许将通讯线路定位或重定位到建筑物的不同部分,以便能更容易地管理通信线路,在移动终端设备时能方便地进行插拔。

4)垂直子系统(Backbone subsystem 垂直干线子系统)

实现计算机设备、程控交换机(PBX)、控制中心与各管理子系统间的连接,是建筑物干线电缆的路由。由建筑物内所有的垂直干线多对数电缆及相关支撑硬件组成,常用介质是大对数双绞线和光缆。

5)设备间子系统(Equipment subsystem)

主要由设备间中的电缆、连接器和有关的支撑硬件组成,作用是将计算机、程控交换机(PBX)等弱电设备互联起来并连接到主配线架上,一个设备间子系统如图 3-16 所示。

图 3-16 设备间子系统

6)建筑群子系统(Campus subsystem)

该子系统将一个建筑物的电缆延伸到建筑群的另外一些建筑物中的通信设备和装置上,是结构化布线系统的一部分,支持提供楼群之间通信所需的硬件。由电缆、光缆和入楼处的过流、过压电气保护设备等硬件组成,最常用介质是光缆。建筑群子系统布线有地下管道敷设、直埋沟内敷设和架空敷设等三种方式。

6.水平子系统布线设计

1)确定插座类型和数量

①根据建筑物结构和用户需求确定传输介质和信息插座的类型。

②根据楼层平面图计算可用空间、信息插座类型、数量。

③确定信息插座安装位置及安装方式。

2)确定线缆类型和数量

在选择确定线缆类型时应遵循以下几个原则：

①比较经济的方案是光纤、双绞线混合的布线方案。

②对于 10 Mb/s 以下低速数据和语音传输及控制信号传输,采用三类或五类双绞线。

③对于 100 Mb/s 的高速数据传输,多采用五类双绞线。

④对于 100 Mb/s 以上宽带的数据和复合信号的传输,采用光纤或六类以上的双绞线。

⑤对于特殊环境,还需采用具有阻燃等特种电缆。

确定线缆的长度时应遵循下述原则：

①确定布线方法和线缆走向。

②确定管理间或楼层配线间所管理的区域。

③确定离配线间最远、最近的信息插座的距离。

④双绞线水平布线长度一般不大于 90 m。加上桌面跳线 6 m,配线跳线 3 m,应小于 100 m。若超过 100 m,需采用其它介质或通过有源设备中继。

⑤多模短波光纤布线长度必须小于 550 m,超过 2 km 必须采用单模光纤。

⑥无论铜缆还是光缆,传输距离与传输速率成反比。

⑦平均电缆长度＝(最远＋最近两条电缆路由总长)÷2

总电缆长度＝(平均电缆长度＋备用部分(平均长度的 10％)＋端接容差(一般设为 6 m))×信息总点数

⑧双绞线一般按箱订购,每箱 305 m(1000 英尺,每圈约 1 m),而且网线不允许接续,即每箱零头要浪费,所以每箱布线根数＝(305÷平均电缆长度),并取整;则所需的总箱数＝(总点数÷每箱布线根数),并向上取整。

⑨也可采用 500 m 或 1000 m 的配盘,光纤皆为盘型。

3)布线方法

水平布线由于量大、分散,需要根据建筑物特点,从路由最短、价格最低、施工方便、布线规范等方面综合考虑。常见的有以下几种布线方法。

①直接埋管法。

在土建施工同时预埋金属管道或 PVC 管(只能用于墙内),超过 30 m 或在转弯等适当位置设分线盒或分线箱,当线较多时,可采用排管铺设。这种布线方法的优点是设计简单、隐蔽;缺点是穿线难度大,金属管易划破双绞线包皮,接口焊接不当易造成堵塞,排管会提高施工难度和造价等。用于新建或新装修的建筑且点数较少的情形。

②先走吊顶内线槽,再走支管到信息插座的方法。

适合布线数量很多的情形,吊顶内线槽(桥架)相当于总线,用钢筋支架吊装。其优点是工程量少,维护方便。

③地面线槽法。

在地面开槽或在地面固定线槽,每隔一定间距设过线盒或出线盒,通过支管到信息插座。适用于大开间办公区或需要隔断的场合。

④墙壁走线槽法。

一般用于旧建筑改造,用大的线槽作总线,小线槽引入到信息插座。由于采用明线布线、施工、维护方便,造价节省。但要注意整洁美观,另外,屏风隔断内也可有走线槽。

布线管道有金属管道和 PVC 两类。金属管道比较好的有双面镀锌管,直径 25 mm,一般走线 7 根,桥架 100 mm×100 mm 的可走 100 根线左右。PVC 管一般用于隐蔽走线,走明线大多采用线槽。

4)布线要点

布线要点可归纳为如下几点:

①双绞线的非扭绞长度,三类小于 13 mm,五类小于 25 mm,最大暴露双绞线长度小于 50 mm。

②采用专用的剥线和打线工具,不能剥伤绝缘层或割伤铜线。

③使用打线工具时,一定要保持用力方向与工作面的垂直,用力要短、快,不要用柔力,以免影响打线质量。

④双绞线在弯折时不要出现尖角,一定要圆滑过渡,并保持走线的一致与美观。屏蔽以及非屏蔽平衡双绞线缆最小安装弯曲半径统一调整为 4 倍于外径(TIA/EIA-568-C 之前标准,UTP 的弯曲半径要大于线外径 4 倍;STP 应大于线外径 6 倍);平衡双绞线跳线弯曲半径为 1 倍于线缆外径,以适应较大的线缆直径;干线双绞线的弯曲半径要大于线外径 10 倍;光缆要大于其线外径 20 倍。

⑤布线时施加到每根双绞线的拉力不要超过 100 N(10 kg),布线后线缆不要存在应力。线缆捆绑时,不要将线缆捆变形,否则使线缆内部双绞线的相对位置改变,将影响线缆的传输性能。

⑥一般工作区出线盒预留线 20 cm,配线间预留线长度为能走线到机柜的最远端的距离,光缆预留线 3~6 m。

⑦必须保证光纤连接器的清洁,每个端接器的衰减小于 1 dB。

7. 综合布线系统的标准规范

设置标准的目的是可以支持多品种、多厂家的商业建筑的综合布线系统,也提供了为商业服务的电信网络产品的设计方向。在建筑建造和改造过程中进行布线系统的安装比建筑落成后实施要大大节省人力、物力、财力。标准确定了各种各样布线系统配置的相关元器件的性能和技术标准。

布线的标准体系主要有:美洲标准、欧洲标准、国际标准和应用标准等。在对布线系统进行设计和测试时,如果不了解相关的标准,就会出现差异,如:布线的现场测试是与布线的设计、硬件、安装等标准要一致的。

美国国家标准局 ANSI 是 ISO 与 IEC(International Electrotechnical Commission)的主要成员,在国际标准化方面是很重要的角色。ANSI 通过组织有资质的工作组来推动标准的建立。布线的美洲标准主要由 TIA/EIA 制订。美国标准 TIA/EIA-568-C 是最新的,TIA/

EIA-568-B 与 TIA/EIA-568A-A5 系列标准被逐步替代。TIA/EIA-568-C 版本系列标准分为 4 个部分:

EIA/TIA-568-C.0:用户建筑物通用布线标准;

EIA/TIA-568-C.1:商业楼宇电信布线标准;

EIA/TIA-568-C.2:布线标准第二部分:平衡双绞线电信布线和连接硬件标准;

EIA/TIA-568-C.3:光纤布线和连接硬件标准;

EIA/EIA-606:商用建筑通讯布线管理标准

由于我国对计算机网络布线方面的标准制定比国外晚些,现在逐步在行业中建立起了相关标准。国内标准主要是:

原建设部发布国家标准 GB50311—2007《综合布线系统工程设计规范》。自 2007 年 10 月 1 日起实施。其中第 7.0.9 条为强制性条文,必须严格执行。原《建筑与建筑群综合布线系统工程设计规范》GB/T50311—2000 同时废止。

原建设部发布国家标准 GB50312—2007《综合布线系统验收规范》。自 2007 年 10 月 1 日起实施。其中第 5.2.5 条为强制性条文,必须严格执行。原《建筑与建筑群综合布线系统工程验收规范》GB/T 50312—2000 同时废止。

习　题

一、选择题

1.双绞线绞合的目的是(　　)。

A.增大抗拉强度　　　B.提高传送速度　　　C.减少干扰　　　D.增大传输距离

2.在同一个信道上的同一时刻,能够进行双向数据传送的通信方式是(　　)。

A.单工　　　　　　B.半双工　　　　　　C.全双工　　　　　D.上述三种均不是

3.(　　)传输信号时,抗干扰性能最强。

A.同轴电缆　　　　B.双绞线　　　　　　C.光纤　　　　　　D.电话线

4.下列传输介质中,(　　)保密性最好?

A.双绞线　　　　　B.同轴电缆　　　　　C.光纤　　　　　　D.同步卫星

5.带宽的单位是(　　)。

A.字节每秒　　　　B.比特每秒　　　　　C.兆每毫秒　　　　D.厘米

6.利用双绞线连网的网卡采用的接口是(　　)。

A.AUI　　　　　　B.BNC　　　　　　C.RJ-45　　　　　　D.SC

7.在数据通信中,表示数据传输"数量"与"质量"的指标分别是(　　)。

A.数据传输速率和误码率　　　　　　　B.系统吞吐率和延迟

C.误码率和数据传输率　　　　　　　　D.信道容量和带宽

8.采用单工通信方式,数据传输的方向性结构为(　　)。

A.可以在两个方向上同时传输

B.只能在一个方向上传输

C.可以在两个方向上传输,但不能同时进行

D. 以上均不对

9. 使用双绞线来连接设备时,连接相同设备及连接不同设备分别是用( )。

A. 交叉线及反转线   B. 直通线及直通线

C. 直通线及反转线   D. 交叉线及直通线

10. 全双工通信的例子是( )。

A. 广播电台   B. 电视台   C. 电话系统   D. 寻呼系统

11. 在以太网中应用光缆作为传输介质的意义在于( )。

A. 增加网络带宽   B. 扩大网络传输距离

C. 降低连接及使用费用   D. A、B、C 都正确

12. 光缆的缆芯是( )。

A. 铜芯   B. 铁芯   C. 玻璃纤维   D. 植物纤维

13. 对于点对点的一条链路,如果采用( )通信方式,则任何时候两个站点都能同时发送数据。

A. 半双工   B. 全双工   C. 单工   D. 以上都不是

14. 结构化布线工程中常采用 4 对 UTP,它使用( )等四种颜色标识。

A. 橙、蓝、紫、绿   B. 紫、黑、蓝、绿

C. 黑、蓝、棕、橙   D. 橙、绿、蓝、棕

15. UTP 对应的 I/O 信息模块有两种标准:即 T568A 和 T568B,它们之间的差别只是( )。

A. "1、2"对线与"3、6"对线位置交换   B. "4、5"对线与"7、8"对线位置交换

C. "1、2"对线与"4、5"对线位置交换   D. "3、6"对线与"7、8"对线位置交换

16. 下列说法( )是正确的?

A. 结构化布线系统包括建筑群子系统、设备间子系统、垂直子系统、管理子系统、水平子系统和工作区子系统

B. 结构化布线系统包括办公自动化系统

C. 结构化布线系统包括办公自动化、通信自动化和楼宇自动化系统

D. 结构化布线系统包括办公自动化、通信自动化、楼宇自动化、消防自动化和信息管理自动化系统

17. ( )情况下,采用 STP 比 UTP 好。

A. 只有很少的电气干扰   B. 考虑成本

C. 有电磁干扰的环境下   D. 远距离传输

18. T568A 的线序为( );T568B 的线序为( )。

A. 蓝   B. 白蓝   C. 橙   D. 白橙   E. 棕   F. 白棕   G. 绿   H. 白绿

19. 以下说法中,( )是光纤的特点。(多项选择题)

A. 价格便宜,易于安装

B. 对 EMI(电磁干扰)和 RFI(射频干扰)天生就免疫

C. 价格昂贵,安装较复杂

D. 易受电子噪音和干扰的影响

E.高度安全,数据不易被窃取

F.不太安全,数据容易被窃取

G.用于远距离传输

H.数据传输速率高

20.水平子系统一般采用( )拓扑结构。

A.环型   B.总线型   C.树型   D.星型

二、思考题

1.综合布线系统有哪几个子系统?

2.综合布线的设计原则是什么?

3.简述双绞线的特点和主要应用环境。

4.以AMP(安普)公司6类双绞线为例,规格是305米/箱线缆。某工程共有650个信息点,布点较均匀,最远的78米,最近的5米。计算:

(1)水平线缆平均长度(m);

(2)水平线缆数量(箱)。

组建局域网

ZUJIANJUYUWANG

任务描述：某企业机构重组，强化了会计部门的会计管理职能。一是增加了会计岗位；二是会计人员办公相对分散。新增加的计算机均要连接到公司的局域网，以便实现办公自动化和资源共享，原先的单交换机局域网由于端口数量的限制已不能满足需求，需要扩建局域网。通过组建虚拟局域网和无线局域网把相对分散的计算机构建在局域网内。

学习目标：了解局域网的定义和特点；理解局域网的标准和模型；理解局域网的拓扑结构；掌握局域网的组成；掌握网络连接设备（交换机）；理解无线局域网组网技术；理解虚拟局域网划分方法。

学习重点：局域网的拓扑结构和组成；常用的网络互联设备（交换机）；无线局域网。

任务 4.1　局域网概述

局域网的研究开始于 20 世纪 70 年代，随着整个计算机网络技术的发展和提高得到充分应用和迅猛发展，现在几乎每个企业和单位都有自己的局域网，许多家庭也都组建了自己的小型无线局域网。目前，世界上有成千上万个局域网在运行着，其使用数量远远超过了广域网。对于局域网的研究是计算机网络学科中的重要内容和热门领域。局域网在计算机数量配置上没有太多的限制，少的可以只有两台，多的可达几百或上千台。

在计算机网络中，局域网是使用最广泛的一种，局域网是所有网络的基础。它不仅具有计算机网络的基本特征，还具有自己的典型特点。局域网通常是指将小范围内的通信设备互联在一起而构成的一种通信网络，其主要作用是在建筑物、办公室和园区内实现数据通信和资源共享，图 4-1 就是很典型的一个局域网。

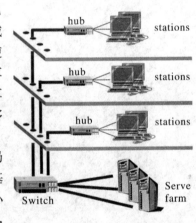

图 4-1　局域网

4.1.1　局域网简介

1.局域网定义

局域网（LAN，Local Area Network）是指在某一区域内由多台计算机互联而成的计算机集合。"某一区域"可指同一办公室、同一建筑物、同一企事业单位等。美国 IEEE 局域网标准委员会把局域网定义为："局域网络中的通信被限制在中等规模的地理范围内，例如一幢办公楼、一座工厂或一所学校,能够使用具有中等或较高数据速率的物理信道,且具有较低的误码率;局域网络是专用的,由单一组织机构使用。"

局域网最基本的目的是为连接在网上的所有计算机或其它设备之间提供一条传输速率较高、误码率较低、价格低廉的通信信道,从而实现相互通信及资源共享。

2.局域网的产生与发展

计算机网络的发展是随着计算机硬件价格的不断下降、计算机应用的日益普及而发展起来的。20世纪70年代末,越来越多的用户对计算机的要求不仅仅局限于自身的功能强弱方面,而且需要与其他计算机共享或交换数据,甚至能共享一些昂贵的硬件或软件资源(可以节省昂贵的外设耗资),由此提出了计算机互联成网的要求。计算机局域网就是在这样的客观需求下应运而生的。局域网是结构较简单的计算机网络,其应用范围非常广泛,从简单的分时服务到复杂的数据库系统、管理信息系统、事务处理系统和分散过程控制系统等,网络结构简单、经济、功能强且灵活性大。

1972年,美国加州大学研制了Newhall环网;1972年,美国施乐(Xerox)公司研制出以太网(Ethernet),以太网与微型机的结合使得微型机局域网得到了快速的发展;1978年,英国剑桥大学研制成功桥环(Cambridge Ring);到了20世纪80年代,各种新型局域网相继推出。由Xerox公司、Intel公司和美国数字设备公司三家联合研制的第二代Ethernet、Corvus公司研制的Omninet,还有plan-2000、plan-5000、3COM公司的Ether-series和3plus等多种局域网络。随着光纤、光器件的发展,20世纪80年代末,光纤局域网开始得到发展。

3.局域网的主要特点及功能

1)局域网的特点

①覆盖的地理范围较小。如一栋大楼、一个工厂、一个学校或一个区域等,通常为一个单位所拥有,由单位或部门内部进行控制管理和使用,一般采用同轴电缆、双绞线、光纤等传输介质建立通信线路;距离通常由通信线路所允许的最大传输距离来决定。

②具有较高的数据传输率(通常为10~1000 Mb/s,高速局域网可达10 Gb/s)。

③具有较低的误码率,一般在10^{-8}~10^{-11}之间。

④具有较低的时延,可靠性较高。

⑤通常使用的拓扑结构为星型、环型和树型。

⑥可支持的工作站数可达几千个,各工作站之间地位平等而非主从关系。

⑦以PC机为主要联网对象。局域网连接的设备可以是计算机、终端和各种外围设备,但计算机是最主要的联网对象。

⑧实用性强,使用广泛。局域网中可采用不同的传输介质,既可以是有线的,也可以是无线的;同时可实现对数据、语音和图像的综合传输。

2)局域网的功能

局域网的功能与网络的基本功能类似,最主要的功能是提供资源共享和相互通信。局域网是封闭型的,可以实现文件管理、应用软件共享、打印机共享、扫描仪共享、电子邮件和传真通信服务等功能。

资源共享包括硬件资源共享、软件资源共享及数据库共享。在局域网上各用户可以共享昂贵的硬件资源,如大型外部存储器、绘图仪、激光打印机、图文扫描仪等特殊外设;网络软件共享可以避免重复投资,即时聊天软件如微信与 QQ 等。数据库资源共享,数据库是一个多用户使用的共享资源,比如优酷网的视频等。

硬件资源共享(打印机)、数据通信(电子邮件)等功能在图 4 - 2 局域网中可以直观看到。

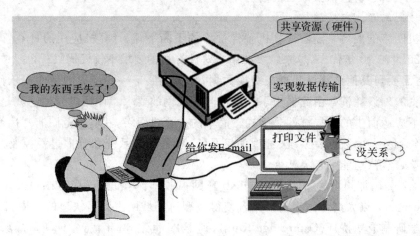

图 4 - 2　局域网功能

4.1.2　局域网的关键技术

决定局域网的主要技术要素有:连接各种设备的拓扑结构、数据传输形式和介质访问控制方式(网络协议)。

1. 拓扑结构(逻辑、物理)

拓扑结构类型有总线型、星型、环型、树型,常用星型和树型。

2. 数据传输形式

基带和宽带。

①基带(Baseband):信源(信息源,也称发射端)发出的没有经过调制(进行频谱搬移和变换)的原始电信号所固有的频带(频率带宽),称为基本频带,简称基带。频带:对基带信号调制后所占用的频率带宽(一个信号所占有的从最低的频率到最高的频率之差)。

②宽带(Broadband):没有很严格的定义。从一般的角度理解,它是能够满足人们感观所能感受到的各种媒体在网络上传输所需要的带宽,因此它也是一个动态的、发展的概念。宽带是一种相对的描述方式,频率的范围愈大,也就是带宽愈高时,能够发送的数据也相对增加。

FCC(Federal Communications Commission,美国联邦通讯委员会)2015 年 1 月 7 日,在年度宽带进程报告中现任主席 Tom Wheeler 对“宽带”进行了重新定义,原定的下行速度 4 Mb/s调整成 25 Mb/s,原定的上行速度 1 Mb/s 调整成 3 Mb/s。美国宽带网新标准是: 25 Mb/s下行,3 Mb/s 上行。经济合作与发展组织(Organization for Economic Co-operation and Development OECD)2006 年报告称,任何传输速率在 256 Kb/s 以上的互联网连接,称为宽带。

3.介质访问方式

介质访问方式是指网络结点如何有序访问共享介的方法或者说如何为各个结点分配信道的方法。传统的局域网介质属于共享信道,即所有结点共享信道资源。根据信道配额分配的方式不同,有以下几种类型:

①固定分配:该方式采用固定频分复用,把信道固定频率分给所有节点,每个节点根据固定的信道配额进行数据传输。在该方式下,没有数据发送的结点所拥有的信道资源将是空闲的,因而带来较多的信道资源浪费。

②随机访问:该方式下,系统建立相应的规则,然后让结点自己争用信道资源。因此在该方式下,信道资源最大地被结点所利用。但由于采用竞争方式,结点间的数据发送冲突也会给信道资源带来一定损失。以太网中采用的载波监听多路访问/冲突检测协议(CSMA/CD)就是一种随机访问方式。

③探询访问:该方式下,系统逐个探询(轮询)每个结点,把信道使用权授予需要数据传输又恰好被探询到的结点。该方式下,相当多的信道资源浪费在逐个探询的时间上。采用令牌机制的环网就属于探询访问。

④适用分配:该方式采用动态频分复用,对信道进行频分复用的情况下,并不把划分好的频段分配给每个结点,而是在各结点有数据发送需要时才随机分配一个频段给结点,提高了信道的利用率。在无线通信中,小灵通就采用了这种信道分配方式。

⑤需要分配:该方式采用统计时分复用,把信道资源分成较小的时隙,每个结点能够在较短的时间内分配到信道时隙,并根据需要进行数据传输。基于预约的面向固定优先权的按需分配 FPODA(Fixed Priority Oriented Demand Assignment)就是一种需要分配方式。

这三种技术决定了局域网传输介质、数据传输类型、网络响应时间、吞吐量、负载特性、利用率以及适用场合等各种网络特征。组建局域网时必须考虑这三个重要技术因素,缺一不可,它们可以决定一个局域网的一切。

4.1.3 局域网常用拓扑结构

局域网的设计首先要解决在给定网络设备的位置及保证一定的网络响应时间、吞吐量以及可靠性的前提下,通过选择适当线路、线路容量、连接方式,使局域网的结构合理,成本低廉。拓扑结构很好地解决了这些问题,它是实现各种网络协议的基础,对网络性能、系统可靠性与通信费用起到决定性作用。

1.局域网拓扑结构的选择依据

网络拓扑结构对网络的性能影响很大。局域网常用拓扑结构有星型、树型、总线型和环型等,实际应用中拓扑结构不是单一某个,而是混合型的。选择网络拓扑结构,首先要考虑采用何种媒体访问控制方法,因为特定的媒体访问控制方法一般仅用于特定的网络拓扑结构;其次要考虑性能、可靠性、成本、扩充灵活性、实现的难易程度及传输媒体的长度等因素。局域网拓扑结构的选择依据是:

(1)既要易于安装,又要易于扩展。

(2)可靠性高。要易于故障诊断和隔离,以使局域网的主体在局部发生故障时仍能正常运行。

（3）传输媒体和媒体访问控制方法的选择，要考虑运行速度和局域网软、硬件接口的复杂性。

2. 星型结构

该结构是局域网中应用最为普遍的一种，在企业网络中几乎都是采用这一结构。星型结构几乎是 Ethernet（以太网）网络的专用。

图 4-3 是某大学校园网结构图，由网控中心、主干网和各楼内的局域网组成。整个校园网采用全星型结构，快速交换以太网，网控中心设在图书馆大楼五楼，主干网传输介质采用 8 芯多膜混合光纤，通过光缆将校内教学、科研和行政办公楼群与校园主干网相联；通过 PSTN 电话网与家庭计算机拨号联网。

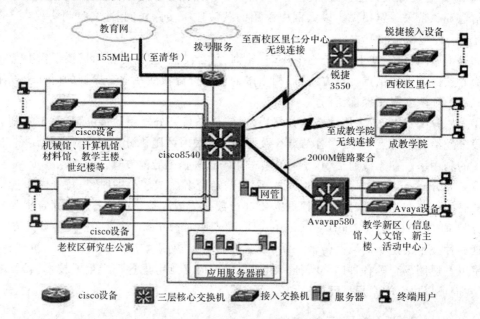

图 4-3　某大学校园网结构

3. 混合型拓扑结构

将两种或几种网络拓扑结构混合起来构成的一种网络拓扑结构称为混合型拓扑结构。星型－总线型拓扑结构（图 4-4）是由星型结构和总线型结构结合在一起的网络结构，它更能满足较大网络的拓展，解决星型网络在传输距离上的局限，同时又解决了总线型网络连接用户数量的限制。这种网络拓扑结构同时兼顾了星型与总线型网络的优点，在缺点方面得到了一定的弥补。在实践中应用也有如图 4-5 星型－环型结构。星型－总线型拓扑结构主要特点是：

（1）应用广泛。解决了星型和总线型拓扑结构的不足，满足了大公司组网的实际需求。

（2）扩展灵活。继承了星型拓扑结构的优点。由于仍采用广播通讯方式，所以在总线长度和节点数量上也会受到限制。

（3）同样具有总线型网络结构的网络速率会随着用户数量的增多而下降的弱点。

（4）较难维护。受到总线型网络拓扑结构的制约，假如总线断，则整个网络也就瘫痪了。

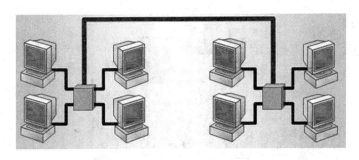

图 4-4　星型—总线型

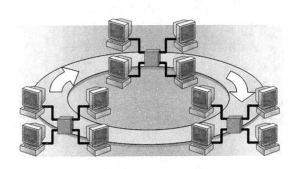

图 4-5　星型—环型

如果是分支网段出了故障,则不影响整个网络的正常运行。总之,整个网络非常复杂,维护起来不容易。

(5)传输速率较快。骨干网采用高速的同轴电缆或光缆,整个网络速率较快。

4.1.4　局域网的组成

局域网由网络硬件(包括网络服务器、网络工作站、网络打印机、网卡、网络互联设备等)和网络传输介质以及网络软件所组成。

1.局域网硬件类别

局域网硬件主要有:服务器、工作站(客户机)、传输介质、网卡和网络连接部件等几部分组成,如图 4-6 中是局域网各种硬件。网络硬件用于实现局域网的物理连接,为局域网上的计算机之间的通信提供一条物理信道和实现局域网间的资源共享。

1)网络服务器

在网络中,把能提供服务的设备称为服务器。服务器是一种高性能、具有高速处理能力、大内存的计算机。服务器在整个网络中主要给客户机提供主要的资源,并对这些资源进行管理。

服务器可分为文件服务器、打印服务器、通信服务器、数据库服务器等。文件服务器是局域网上最基本的服务器,用来管理局域网内的文件资源;打印服务器则为用户提供网络共享打印服务;通信服务器主要负责本地局域网与其它局域网、主机系统或远程工作站的通信;数据库服务器则是为用户提供数据库检索、更新等服务。

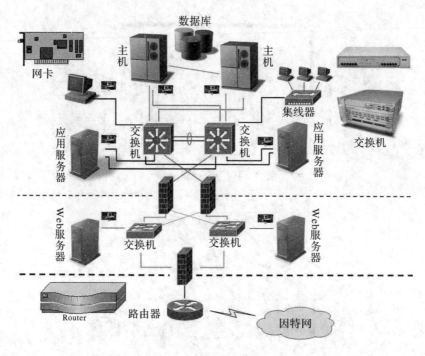

图 4-6 局域网硬件

2）工作站

工作站（Workstation）也称为客户机（Clients），就是普通入网的计算机，个人计算机，也可以是专用电脑（如图形工作站）等。工作站可以有自己的操作系统，独立工作，通过运行工作站的网络软件可以访问服务器共享的资源，目前常见的工作站有 Windows 工作站和 Linux 工作站。

3）传输介质

工作站和服务器之间的连接通过传输介质和网络连接部件来实现。网络传输介质是网络中发送方与接收方之间的物理通路，它对网络的数据通信具有一定的影响。常用的传输介质有有线传输介质和无线传输介质两大类。

4）网络连接部件

网络连接部件主要包括网卡、交换机、路由器和网关等，如图 4-7 所示。

网卡是工作站与网络的接口部件。作为工作站连接入网的物理接口外，还控制数据帧的发送和接收（相当于物理层和数据链路层功能）。

图 4-7 网络各种连接部件

交换机采用交换方式进行工作，能够将多条线路的端点集中连接在一起，并支持端口工作站之间的多个并发连接,实现多个工作站之间数据的并发传输,可以增加局域网带宽,改善局域网的性能和服务质量。路由器和网关是更高端的网络互联设备。

2.局域网软件

网络软件包括网络操作系统、网络管理软件及大量的网络应用软件等。网络操作系统和网络管理软件是整个网络的核心,负责为用户提供各种网络资源和服务,对网络中的软硬件进行管理和控制,实现信息的传送和网络资源的分配与共享。目前常见的网络操作系统主要有 Windows、Linux、Netware 和 Unix 四种。绝大多数的局域网使用的协议都是和 Internet 一样的 TCP/IP 协议。

局域网硬件与软件互相依赖,共同完成局域网的通信功能。

任务4.2 局域网组网技术

4.2.1 局域网标准

1. IEEE802 委员会

电气电子工程师协会 IEEE802 委员会是局域网标准的主要制定者,对于局域网而言,IEEE 对其发展作出了巨大的贡献。该委员会有 3 个分会。

(1)传输介质分会:负责研究对应于 ISO/OSI 模型的物理层功能,主要涉及局域网通信物理传输特性与数据链路层的接口。

(2)信号访问控制分会:负责研究对应于 ISO/OSI 模型的数据链路层功能,主要涉及局域网通信的逻辑链路控制(LLC)协议、介质访问控制(MAC)协议与上(网络)层和下(物理)层的接口。

(3)高层接口分会:负责研究对应于 ISO/OSI 模型的高层(即从网络层到应用层)协议。

2. IEEE802 标准系列

IEEE802 是一个标准体系,为了适应局域网的发展,它不断研究、制定和增加新的标准。现在 IEEE802 标准已被美国国家标准局 ANSI 接收为美国国家标准,1984 年 3 月成为 ISO 的国际标准,称为 ISO8802 系列标准。目前主要标准有:

IEEE802.1 局域网体系结构、寻址、网络互联。

IEEE802.1A 概述和系统结构。

IEEE802.1B 网络管理和网络互联。

IEEE802.2 逻辑链路控制子层(LLC)的定义。

IEEE802.3 以太网介质访问控制协议(CSMA/CD)及物理层技术规范。

IEEE802.4 令牌总线网(Token-Bus)的介质访问控制协议及物理层技术规范。

IEEE802.5 令牌环网(Token-Ring)的介质访问控制协议及物理层技术规范。

IEEE802.6 城域网介质访问控制协议 DQDB(Distributed Queue Dual Bus 分布式队列双总线)及物理层技术规范。

IEEE802.7 宽带局域网访问控制方法与物理层规范。

IEEE802.8FDDI 访问控制方法与物理层规范。

IEEE802.9 综合语音数据的局域网介质访问控制协议及物理层技术规范。

IEEE802.10 网络安全与保密。

IEEE802.11 无线局域网(WLAN)的介质访问控制协议及物理层技术规范。

IEEE802 各个标准应用的关系可用图 4-8 来表示。

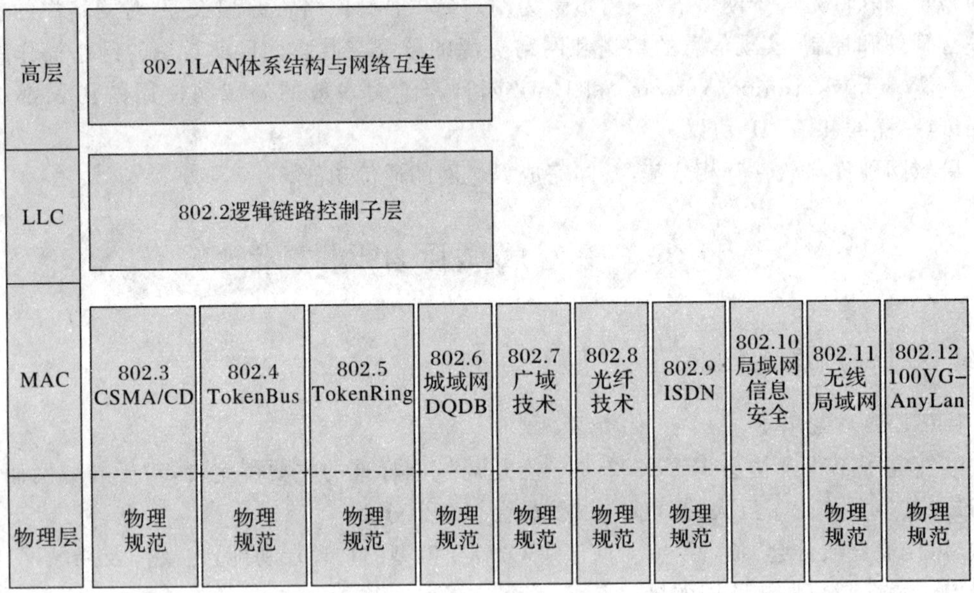

高层	802.1LAN体系结构与网络互连									
LLC	802.2逻辑链路控制子层									
MAC	802.3 CSMA/CD	802.4 TokenBus	802.5 TokenRing	802.6 城域网 DQDB	802.7 广域技术	802.8 光纤技术	802.9 ISDN	802.10 局域网信息安全	802.11 无线局域网	802.12 100VG-AnyLan
物理层	物理规范	物理规范	物理规范	物理规范	物理规范	物理规范	物理规范		物理规范	物理规范

图 4-8 IEEE802 应用关系

4.2.2 以太网

1. 以太网(Ethernet)

以太网最早是由 Xerox(施乐)公司创建,在 1980 年由 DEC、Intel 和 Xerox 三家公司联合开发为一个标准。以太网是应用最为广泛的局域网,包括标准以太网(10 Mb/s)、快速以太网(100 Mb/s)、千兆以太网(1000 Mb/s)和 10 Gb/s 以太网,它们都符合 IEEE802.3 系列标准规范。

1)标准以太网

以太网只有 10 Mb/s 的吞吐量,使用的是 CSMA/CD(带有冲突检测的载波侦听多路访问)的访问控制方法。主要传输介质是双绞线和同轴电缆。以太网都遵循 IEEE802.3 标准,标准中前面的数字表示传输速度,单位是"Mb/s",最后的一个数字(字符)表示单段网线长度(基准单位是 100 m),Base 表示"基带"的意思,Broad 代表"带宽"。

10Base2 使用细同轴电缆,最大网段长度为 185 m,基带传输方法;

10Base5 使用粗同轴电缆,最大网段长度为 500 m,基带传输方法;

10BaseT 使用双绞线电缆,最大网段长度为 100 m,基带传输方法;

10BaseF 使用光纤传输介质,传输速率为 10 Mb/s。

2)快速以太网(Fast Ethernet)

随着网络的发展,标准以太网技术已难以满足日益增长的网络数据流量速度需求。在

1993年10月以前,对于要求10 Mb/s以上数据流量的LAN应用,只有光纤分布式数据接口(FDDI)可供选择,但它是一种价格非常昂贵又基于100 Mb/s光缆的LAN。1993年10月,Grand Junction公司推出了世界上第一台快速以太网集线器FastSwitch10/100和网络接口卡FastNIC100,快速以太网技术正式得以应用。

快速以太网的不足仍是基于载波侦听多路访问和冲突检测(CSMA/CD)技术,当网络负载较重时,会造成效率的降低。

100BASE-TX:使用五类无屏蔽双绞线或屏蔽双绞线的快速以太网技术。使用两对双绞线,一对用于发送,一对用于接收数据。在传输中使用4B/5B编码方式,信号频率为125 MHz。符合EIA586的五类布线标准,使用RJ-45连接器,最大网段长度为100 m,支持全双工的数据传输。

100BASE-FX:使用光缆的快速以太网技术,可使用单模光纤和多模光纤(62.5 μm和125 μm)。多模光纤连接的最大距离为550 m,单模光纤连接的最大距离为3000 m。在传输中使用4B/5B编码方式,信号频率为125 MHz。它使用MIC/FDDI连接器、ST连接器或SC连接器。最大网段长度为150 m、412 m、2000 m或更长至10 km,这与所使用的光纤类型和工作模式有关,支持全双工的数据传输。100BASE-FX特别适合于距离远、有电气干扰和高保密的环境。

100BASE-T4:是一种可使用三、四、五类无屏蔽双绞线或屏蔽双绞线的快速以太网技术。它使用4对双绞线,3对用于传送数据,1对用于检测冲突信号。在传输中使用8B/6T编码,信号频率为25 MHz,符合EIA586结构化布线标准。使用RJ-45接口,最大网段长度为100 m。

3)千兆以太网(1 Gb/s Ethernet)

千兆位以太网是IEEE802.3以太网标准的扩展,传输速度为1 Gb/s。支持交换机之间、交换机与终端之间的全双工连接。采用CSMA/CD协议,同样的帧格式,是现有以太网最自然的升级途径,使用户对以太网原有设备管理工具的投资得以保护。图4-9为千兆以太网组网实例。

在数据、话音、视频等实时业务方面千兆位以太网虽然不能提供真正意义上的服务质量(QoS),但千兆位以太网频宽较高,能克服原以太网的一些弱点,提供服务保证等特性。它是超高速主干网的一种选择方案。千兆位以太网规范有:

1000Base-LX:多模光纤传输距离为550 m;单模光纤传输距离为3000 m。

1000Base-SX:62.5 μm多模光纤传输距离为300 m,50 μm多模光纤传输距离为550米。

1000Base-CX:用于短距离设备的连接,使用高速率双绞铜缆,最大传输距离为25 m。

1000Base-T:五类铜缆传输最大距离为100 m。

4)10G以太网

10 Gb/s以太网标准已经由IEEE 802.3工作组于2000年正式制定,10 G以太网仍使用与以往10 Mb/s和100 Mb/s以太网相同的形式,允许直接升级到高速网络。同样使用IEEE 802.3标准的帧格式、全双工业务和流量控制方式。在半双工方式下,10 G以太网使用基本的CSMA/CD访问方式来解决共享介质的冲突问题。10 G以太网仍然是以太网,只

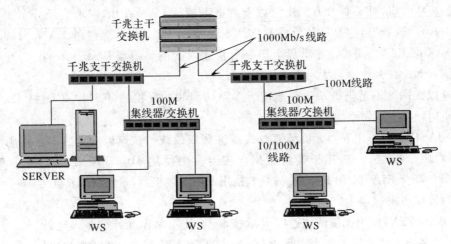

图 4-9 千兆以太网组网

不过更快。但由于 10 G 以太网技术的复杂性及原来传输介质的兼容性问题(目前只能在光纤上传输,与原来常用的双绞线不兼容了),设备造价太高,目前还处于研发的初级阶段,还没有得到实质应用。

4.2.3 无线局域网

1.无线局域网(Wireless Local Area Network,WLAN)

无线局域网采用无线传输介质的局域网,其主要目的是弥补有线局域网存在的不足(某些环境和场合不适合布线或无法布线),提高网络的覆盖面。

无线局域网是采用空气作为传输介质的,最大特点就是自由,只要在网络的覆盖范围内,可以在任何一个地方与服务器及其它工作站连接,不需要重新铺设电缆。还有安装便捷、使用灵活、经济节约和易于扩展等特点。

2.无线局域网标准

无线局域网所采用的是 IEEE802.11 系列标准,802.11b、802.11a、802.11g 和 802.11z,前三个标准都是针对传输速度进行的改进,最开始推出的是 802.11b,它的传输速度为 11 Mb/s,因为它的连接速度比较低,随后推出了 802.11a 标准,它的连接速度可达 54 Mb/s。由于两者互相不兼容,致使一些早已购买 802.11b 标准的无线网络设备在新的 802.11a 网络中不能用,所以推出了兼容 802.11b 与 802.11a 两种标准的 802.11g,这样原有的802.11b 和 802.11a 两种标准的设备都可以在同一网络中使用。802.11z 是无线局域网安全的标准。因为无线局域网的"无线"特点,致使任何进入此网络覆盖区的用户都可以轻松地以临时用户身份进入网络,给网络带来了极大的不安全因素,为此 802.11z 标准专门就无线网络的安全性方面作了明确规定,加强了用户身份论证制度,并对传输的数据进行加密。

3.无线局域网设备

无线局域网硬件设备主要有无线网卡,如图 4-10,它实现信号的接收和数据转换。无线网卡的数据传送介质是无线电波。无线网卡的规格主要有 11 Mb/s、54 Mb/s 以及 108 Mb/s三种传输速率,这三种传输速率分别属于不同的无线网络传输标准。接口有

PCMCIA、PCI 和 USB 等，其中 PCMCIA 用于笔记本电脑。

无线访问接入点（Wireless Access Point，AP），如图 4-11 和图 4-12 所示，进行数据发送和接收的集中设备，相当于有线网络中的交换机。无线路由器，集成了无线 AP 的接入功能和路由器的第三层路径选择功能。AP 用作有线局域网与无线局域网之间的桥梁，任何一台装有无线网卡的计算机（无线节点）均可通过它去访问有线局域网的资源。

图 4-10　笔记本无线网卡　　　图 4-11　室内无线 AP　　　图 4-12　室外无线 AP

4. 无线局域网组网模式

1）自组网络（Ad-Hoc）模式

自组网络又称对等网络，即点对点（Point to Point）网络，是最简单的无线局域网结构，是一种无中心拓扑结构的网络。网络连接的计算机具有平等的通信关系，仅适用于较少数的计算机无线互联（通常是在 5 台主机以内），如图 4-13 所示。该模式的无线对等网就是无线网卡与无线网卡组成的局域网，不需要安装无线 AP 或无线路由器。网络无需经过特殊组合或专人管理，任何两个移动式 PC 之间不需中央服务器就可以相互对通。

优点是配置简单，可实现点对点多点连接；缺点是不能连接外部网络。适用环境是用户数较少的网络。

2）基础结构网络（Infrastucture）模式（以 AP 为中心的网络）

在具有一定数量用户或是需要建立一个稳定的无线网络平台时，一般会采用以 AP 为中心的模式，将有限的"信息点"扩展为"信息区"，这种模式也是无线局域网最为普通的构建模式，即基础结构模式，采用固定基站的模式。在基础结构网络中，要求有一个无线固定基站充当中心站，所有结点对网络的访问均由其控制。访问点 AP 是连接在有线网络上，每一个移动式 PC 都可经服务器与其它移动式 PC 实现网络的互联互通，每个访问点可容纳许多PC 机，如图 4-14 所示。

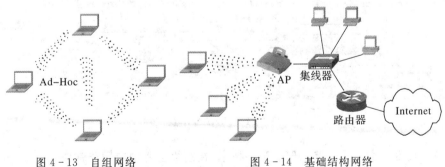

图 4-13　自组网络　　　　　图 4-14　基础结构网络

5. 蓝牙(Bluetooth)技术

蓝牙(IEEE802.15)是一项最新标准,蓝牙比 802.11 更具移动性,802.11 限制在办公室和校园内,蓝牙能把一个设备连接到 LAN 和 WAN,甚至支持全球漫游。蓝牙体积小,可用于更多的设备。

蓝牙主要是短距离的全球无线连接技术标准,点对点的短距离无线发送技术,本质上是无线电或者红外线,目前它的通信距离最高为 10 m。

蓝牙是取代数据电缆的短距离无线通信技术,可以支持物体与物体之间的通信,工作频段是国际电联规定的全球开放的 2.4 GHz,可以同时进行数据和语音传输,传输速率可达10 Mb/s。

蓝牙的优势有全球可用;设备范围大,能够让耳机、笔记本电脑、冰箱等毫不相关的产品紧密结合在一起,实现众多信息设备功能同步;易于使用,是一项即时技术,不要求固定的基础设施,且易于安装和设置。

4.2.4 虚拟局域网

1. 虚拟局域网

VLAN(Virtual Local Area Network)即虚拟局域网,它把物理上相连的网络从逻辑上划分为多个子网(可看做是分离的物理网络),如图 4-15 所示。被划分的每个子网从逻辑上讲是一个独立的网络,它好像是一个真正的网络,所以被称为虚拟局域网。

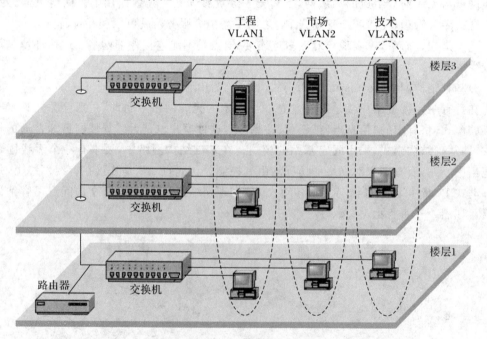

图 4-15　VLAN 示意

VLAN 技术是交换机和路由器的重要技术,在网络工程中应用非常广。

2.VLAN 作用

1)隔离网络广播、提高网络性能

一个 VLAN 就是一个逻辑广播域,通过对 VLAN 的创建,隔离了广播,缩小了广播范围,可以控制广播风暴的产生,从而提高交换式网络的整体性能。

2)分隔网段、确保网络安全

将不同用户群划分在不同 VLAN,可以控制用户访问权限和逻辑网段大小,从而提高交换式网络的安全性。

3)简化网络管理、提高组网灵活性

虚拟的工作组,通过灵活的 VLAN 设置,可以把不同物理地点的用户划分到同一工作组内。简化网络管理,使得网络管理简单而且直观。

3.VLAN 的划分方法

1)基于端口的 VLAN 划分

把一个或多个交换机上的几个端口划分为一个逻辑组,这是最简单、最有效的划分方法。该方法只需网络管理员对网络设备的交换端口进行重新分配即可,不用考虑该端口所连接的设备。

2)基于 MAC 地址的 VLAN 划分

MAC 地址是网卡的标识符,每一块网卡的 MAC 地址都是惟一且固化在网卡上。网络管理员可按 MAC 地址把一些站点划分为一个逻辑子网。

3)基于 IP 组播地址的 VLAN 划分

IP 组播实际上也是一种 VLAN 的定义,即认为一个组播组就是一个 VLAN,这种划分的方法将 VLAN 扩大到了广域网,因此这种方法具有更大的灵活性,而且也很容易通过路由器进行扩展,该方法不适合局域网,主要是效率不高。

4)基于网络层协议的 VLAN 划分

这种划分 VLAN 的方法是根据每个主机的网络层地址或协议类型划分的,虽然这种划分方法是根据网络地址,比如 IP 地址,但它不是路由,与网络层的路由毫无关系。这种按网络层协议来组成的 VLAN,可使广播域跨越多个 VLAN 交换机。

4.VLAN 基本配置

VLAN 配置有两个主要步骤:第一是创建 VLAN,第二是把某个端口加入 VLAN。步骤如下:

switch>	普通模式
switch>enable	进入特权模式
switch#	特权模式
switch#configure t	进入全局配置模式
switch(config)#vlan 2	创建 vlan 2
switch(config-vlan)#name sales	将 vlan 2 命名为 sales
switch(config-vlan)#exit	退出 VLAN 配置模式
switch(config)#interface fastethernet 1/1	进入端口配置
switch(config-if)#switchport access vlan 2	把端口跟 VLAN 关联

switch♯show vlan   显示 VLAN 信息

switch(config)♯no vlan 2   删除 vlan 2

(注:删除某个 vlan 时,应先将属于该 vlan 的端口加入到别的 vlan,再删除它。)

配置 VLAN 时,VLAN 号要从 2 开始,因为默认情况下,也就是还没有配置 VLAN 之前,所有的端口都属于 VLAN 1,所以要从 2 开始配置。

5.使用 VLAN 技术的不足

(1)在使用 MAC 地址定义 VLAN 的技术中,必须进行初始配置。而对大规模的网络进行初始化工作时,需要把成百上千的用户配置到某个虚拟局域网之中,因此,初始工作过于繁琐。

(2)当使用局域网交换机的端口划分 VLAN 成员的方法时,用户从一个交换机的端口移动到另一个端口时,网络管理员必须对 VLAN 的成员重新配置。

(3)需要专职的网络管理员和必要的专业技术支持。

任务 4.3　网络互联与网络设备

4.3.1　网络互联

1.网络互联概述

网络互联是指利用相应的技术和用一种或多种通信处理设备将多个网络或设备连接起来,以构成更大的网络系统,达到更大范围的数据传输和资源共享目的。

互联的网络可以是同类型网络,也可是不同类型网络,或是运行不同协议的设备和系统。

2.网络互联内容与目的

网络互联内容一是将多个独立的、小范围的网络连接起来构成一个较大范围的网络;二是将一个节点多、负载重的大网络分解成若干个小网络,再利用互联技术把这些小网络连接起来。

网络互联的目的是将两个或者两个以上具有独立自治能力的计算机网络通过一个网络互联部件连接起来,实现数据流通,扩大资源共享的范围,或者容纳更多的用户。

3.网络互联必须要解决的问题

在进行网络互联时,必须面对如下一些问题:

(1)如何在物理上把两种不同的网络连接来。

(2)如何实现一种网络与另一种网络的互访与通信。

(3)如何解决两种不同网络之间在协议方面的差异。

(4)如何处理两种网络之间在传输速率方面的差别。

4.网络互联面临的困难

实现一个可操作的互联网络并非是一件易事,要面临许多的困难,特别是在互联、可靠性、网络管理和适应性等方面的困难。在建立高效和高质的互联网络过程中,上述各方面都至关重要。

(1)如何支持不同技术之间的通信。例如不同地理位置或许使用不同的传输介质,或者可能以不同的速度进行操作。

(2)可靠性服务。必须维护任何互联网络。不论是个别用户还是整个组织,都必须始终如一的依赖于可靠的网络资源。

(3)网络管理必须提供集中支持和故障检测能力。为了保证互联网络平滑地运行,必须规范系统结构、安全、运行和其它问题。

(4)适应性问题。适应性对于网络扩充,新增应用和服务都是必需的。

5.网络互联的类型

1)局域网之间的互联(LAN-LAN)

LAN 与 LAN 互联中需使用网络互联设备。常用的设备有交换机(Switch)、路由器(Router)等。LAN 与 LAN 互联时,一般要求较高的通信速度,由于覆盖面积小,用户常采用自己铺设专用线路的方式。

2)局域网与广域网之间的互联(LAN-WAN)

LAN 与 WAN 互联技术中,路由器是一种方便的选择,不同技术档次的路由器可以提供 2～10 个不等的连接,使用不同的协议端口。LAN 与 WAN 互联主要是扩大数据通信网的连通范围,由于协议差异很大,一般采用路由器,使用公共传输系统,如电话网、公共数据网等,通信速度相对较慢。

3)广域网之间的互联(WAN-WAN)

通过路由器和网关将两个或多个广域网互联起来,可以使分别连入各个广域网的主机资源能够实现共享。

4)通过广域网实现局域网之间的互联(LAN-WAN-LAN)

将两个分布在不同地理位置的 LAN 通过 WAN 实现互联,连接设备主要有路由器和网关。

6.网络互联的益处

1)提高系统的可靠性

一个有缺陷的节点会严重破坏网络的运行,通过网络互联,将一个网络分成若干个独立的子网,可以防止因单个节点失常而破坏整个系统。

2)改进系统的性能

一般而言,局域网的性能随着网中站点的增加而下降。有必要将一个逻辑上独立的局域网分为若干个分离的局域网以调节负载,提高系统的性能。

3)增强系统的保密性

通过网络互联设备,拦截无需转发的重要信息,防止信息被窃。

4)建网方便

一个单位在地理位置上可能分散在相距较远的若干个建筑物中,直接铺设电缆比较困难,较方便的方法是在各个建筑物内分别建立局域网,用网络互联设备将若干个局域网连接起来。

5)增加地理覆盖范围

一个单位可以在不同的地点建立多个网络,并希望这些网络具有单一集成的特点,这种网络覆盖范围的扩展可以用网络互联技术实现。

4.3.2 网络适配器

1. 网络适配器(网卡)简介

网络适配器(Network Adapter)又称网络接口卡(Network Interface Card NIC),简称网卡。网卡是网络设备的通信接口,一般安装在每台服务器或者客户机的扩展插槽中,它是网络通信的主要部分,也是网络通信的主要瓶颈之一。它质量的好坏将直接影响网络的性能和网络上运行的软件效果。因此,正确选用、连接和设置网卡,往往是能否正确连通网络的前提和必要条件。

1) 网卡的组成

网卡由 CPU、RAM、ROM 和 I/O 接口等组成。网卡与计算机以并行方式传输信号,而与外部传输介质则是以串行方式传输信号。由于这两种方式的传输速率不相同,因此网卡上必须要有数据存储的缓存芯片。

2) 网卡的连接

网卡与局域网的连接:网卡通过传输介质的接口连接,RJ-45 与双绞线连接,进而与局域网连接。在传输介质中,信号以串行方式传输。

网卡与计算机的连接:网卡通过计算机主板上的 I/O 总线与计算机连接。在计算机的I/O 总线上,信号以并行方式传输。

2. 网卡的基本功能

网卡在 OSI 模型的第二层,它实现物理层和数据链路层的功能。网卡相当于广域网的通信控制处理机,通过它将工作站或服务器连接到网络上,实现网络资源共享和相互通信。网卡还负责工作站与局域网传输介质之间的物理连接和电信号匹配,接收和执行工作站与服务器送来的各种控制命令,完成物理层和数据链路层的功能。

发送端计算机的网卡负责将计算机待发送的数据转换为能够通过传输介质传送的信号,并通过传输介质传递信号到目的设备。接收端计算机的网卡负责接收传输介质传送过来的信号,并将其转换为计算机能够处理的信息。

3. MAC 地址

为了便于区分和管理,每个网卡在出厂时都内置了一个全球唯一的物理地址,即 MAC地址。这个地址固化在网卡中,不会丢失,一般也无法修改。IEEE802.3 标准规定 MAC 地址的长度为 6 个字节,共 48 位。MAC 地址的三种类型:

(1) 单播地址:(I/G=0)。拥有单播地址的数据帧将发送给网络中唯一一个由单播地址指定的站点。属于点对点传输。

(2) 多播地址:(I/G=1)。拥有多播地址的数据帧将发送给网络中由组播地址指定的一组站点。属于点对多点传输。

(3) 广播地址:(全 1 地址,FF-FF-FF-FF-FF-FF)。拥有广播地址的数据帧将发送给网络中所有的站点,属于广播传输。这些分类地址只适用于目的地址。

注:G/L=0 表示全局管理地址;G/L=1 表示本地管理地址(一般不用)。

I/G	G/L	OUI(22位)	EI(24位)

4.选购网络适配器时应考虑的因素

1)网卡的速率

速率是衡量网卡接收和发送数据快慢的指标。目前,常见的低速以太网使用 10 Mb/s 的网卡,其价格较低。在高速共享或交互式以太网、ATM 交换式局域网或宽带局域网中,可根据需要选购 100 Mb/s 或 1000 Mb/s 的以太网网卡、ATM 网卡或其他类型的网卡。

2)根据传输数据信号的位数

可以把网卡分为 16 位、32 位、64 位网卡。

3)计算机总线接口类型

网卡作为 I/O 接口卡插入在计算机主板的扩展卡槽上,因此,购置和安装网卡之前,必须知道计算机内可使用总线插槽类型。计算机中常见的总线插槽类型有 EISA、VESA、PCI 和 PCMCIA 等,所选网卡应当与所插入的计算机的总线类型一致。

①PCI 网卡:当前最流行和应用最广泛的网卡。最常用的是 10 Mb/s、100 Mb/s 和 10/100 Mb/s 自适应的 PCI 网卡。工作站上大多使用 32 位的 PCI 网卡,以 32 位总线传送数据。服务器上常用的是 64 位或增强型(PCI-X)的 PCI 网卡。

②PCMCIA 网卡:用于笔记本上,体积小,一般为 16 位(PCMCIA)和 32 位(Card-Bus)等两种总线类型。

③无线网卡:用于无线网络(WLAN),具有布线容易,移动性强、组网灵活和成本低廉等特点。随着移动数据的普及,无线网络产品大量推出,越来越多的家庭办公室和小型局域网采用无线产品来构建无线局域网。

④通用串行总线(Universal Serial Bus,USB)接口网卡:具有热插拔,不占用计算机的总线插槽,安装和使用方便。

4.3.3 交换机

1.交换机概述

许多新型的 B/S 应用程序以及多媒体技术的出现,导致了传统的共享式网络(Hub 为网络核心设备)远远不能满足要求,就推动了局域网交换机的出现。交换机(Switch)是一种基于 MAC 地址(网卡的硬件地址)识别,能够在通信系统中完成信息交换功能的设备。交换机如图 4-16 所示。

交换机拥有一条很高带宽的背部总线和内部交换矩阵。交换机所有的端口都挂接在这条背部总线上,控制电路收到数据包以后,处理端口会查找内存中的地址对照表以确定目的 MAC(网卡的硬件地址)的 NIC(网卡)挂接在哪个端口上,通过内部交换矩阵迅速将数据包传送到目的端口,目的 MAC 若不存在,广播到所有的端口,接收端口回应后交换机会"学习"并"记忆"新的 MAC 地址,并把它添加到内部 MAC 地址表中。使用交换机也可以把网络"分段",通过对照 IP 地址表,交换机只允许必要的网络流量通过交换机。

局域网交换机拥有许多端口,每个端口有自己的专用带宽,并且可以连接不同的网段。交换机各个端口之间的通信是同时的、并行的,这就大大提高了信息吞吐量。为了进一步提高性能,每个端口还可以连接一个设备。

2.交换机的交换模式

交换机将数据从一个端口转发到另一个端口的处理方式称为交换模式。

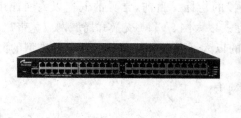

图 4-16　交换机

1)存储转发(Store and Forward)

交换机接收到数据包后,首先将数据包存储到缓冲器中,进行 CRC 循环冗余校验,如果这个数据包有 CRC 错误,则该包将被丢弃;如果数据包完整,交换机查询地址映射表将其转发至相应的端口。没有残缺数据包转发,可减少潜在的不必要的数据转发;转发速率比直通转发方式慢。

存储转发适用于普通链路质量或质量较为恶劣的网络环境,这种方式要对数据包进行处理、延迟和数据帧大小有关。

2)直通交换(Cut-Through)

交换机只读出数据帧的前 6 个字节,即通过地址映射表中查找目标地址,将数据帧传送到相应的端口上。直通交换能够实现较少的延迟,因为在数据帧的目的地址被读出,确定了转发端口后马上开始转发这个数据帧。转发速率快、减少延时和提高整体吞吐率;会给整个交换网络带来许多垃圾通信包。

用在网络链路质量较好、错误数据包较少的网络环境,延迟时间跟数据帧的大小无关。

3)无碎片直通转发(Fragment free cut-through)

介于前两者之间的一种解决方案。它检查数据包的长度是否够 64 个字节,如果小于 64 字节,说明是假数据包,则丢弃该数据包;如果大于等于 64 个字节,则发送该数据包。数据处理速度比存储转发方式快,比直通式慢。应用在一般的通讯链路。

3.交换机与集线器的主要区别

交换机与集线器在工作层次、通讯方式、传输速度和可管理性上,存在差别。目前,交换机(交换式局域网)已经成为组网中普遍使用的网络连接设备,集线器(共享式局域网)逐渐被淘汰。

1)在 OSI/RM 网络体系结构中的工作层次不同

集线器工作在物理层,交换机工作在数据链路层。更高级的交换机可以工作在第三层(网络层)、第四层(传输层)甚至更高层。

2)数据传输方式不同

集线器的数据传输方式是广播(Broadcast)方式,即所有端口处在同一个冲突域中;交换机的数据传输一般只发生在源端口和目的端口之间,即交换机的每个端口处在不同的冲突域。

3) 带宽占用方式不同

集线器所有端口共享集线器的总带宽,交换机的每个端口都具有自己独立的带宽。

4) 传输模式不同

集线器采用半双工方式进行数据传输;交换机采用全双工方式来传输数据。

4. 交换机的分类

1) 应用区域

广域网交换机:主要应用于电信领域,提供通信基础平台。

局域网交换机:应用于局域网络,用于连接终端设备,如 PC 机及网络打印机等。

2) 按组建园区网的网络拓扑结构层次分

核心层交换机:采用机箱式模块化设计,机箱中可承载管理模块、光端口模块、高速电口模块、电源等,具有很高的背板容量。

汇聚层交换机:是机箱式模块化交换机,也可以是固定配置的交换机,具有较高的接入能力和带宽,通常会包含光端口和高速电口等端口。

接入层交换机:是固定配置的交换机,端口密度较大,具有较高的接入能力,以 10/100 Mb/s 端口为主,以固定端口或扩展槽方式提供 1000 Mb/s 的上联端口。

3) 按照交换机工作的协议层次

第二层交换机:基于 MAC 地址工作的第二层交换机最为普遍,用于网络接入层和汇聚层。

第三层交换机:基于 IP 地址和协议进行交换的第三层交换机应用于网络的核心层,也少量应用于汇聚层。部分第三层交换机也同时具有第四层交换功能,可以根据数据帧的协议端口信息进行目标端口判断。

第四层及以上交换机:第四层以上的交换机称之为应用型交换机,主要用于互联网数据中心。

4) 根据是否支持网管功能

交换机是局域网最重要的网络连通设备,局域网的管理大多会涉及交换机的管理。按交换机是否支持网络管理功能,可将交换机划分为"网管型"和"非网管型"。

① 网管型交换机。

网管型交换机的任务就是使所有的网络资源处于良好的状态。网管型交换机提供了基于终端控制口(Console)、基于 Web 页面以及支持 Telnet 远程登录网络等多种网络管理方式。因此网络管理人员可以对该交换机的工作状态、网络运行状况进行本地或远程地实时监控,纵观全局地管理所有交换端口的工作状态和工作模式。

网管型交换机的三大指标是背板带宽、交换容量、包转发率。三者之间是相互关联的,背板带宽高,则交换容量大,包转发率就高。

网管交换机可以对数据的地址、端口、协议类型、服务等进行过滤,通常还有 VLAN 划分功能。

② 非网管型交换机。

非网管交换机相对于网管型交换机(智能交换机)而言,它对数据都是不做处理直接转发的。功能有限,应用于小型网络中;不支持 VLAN 的划分。优点:价格便宜,节省开支;端口数量密集;用户使用灵活。

5. 交换机的主要性能指标

背板带宽和端口速率是衡量交换机交换能力的主要参数。

1)背板带宽和端口速率

背板带宽:指通过交换机所有通信的最大值,交换机接口处理器或接口卡和数据总线间所能吞吐的最大数据量。背板带宽标志了交换机总的数据交换能力,单位为 Gb/s,也叫交换带宽,一般的交换机的背板带宽从几 Gb/s 到上百 Gb/s 不等。一台交换机的背板带宽越高,所能处理数据的能力就越强,但同时设计成本也会越高。计算公式为端口数×相应端口速率×2(全双工模式)。交换机背板带宽是设计值,可以大于等于交换容量。

交换机的端口速率:每秒通过的比特数,速率有 10 Mb/s、100 Mb/s、1000 Mb/s、10000 Mb/s。

2)模块化与固定配置

模块化交换机:具有很强的可扩展性,可在机箱内提供一系列扩展模块,如千兆位以太网模块、FDDI 模块、ATM 模块、快速以太网模块、令牌环模块等,所以能够将具有不同协议、不同拓扑结构的网络连接起来。它的价格一般也比较昂贵。模块化交换机一般作为骨干交换机来使用。

固定配置交换机:具有固定端口配置,比如 Cisco 公司的 Catalyst 1900/2900 交换机,Bay 公司的 BayStack350/450 交换机等。固定配置交换机的可扩充性不如模块化交换机,但是价格要低得多。

3)单/多 MAC 地址类型

单 MAC 交换机:每个端口只有一个 MAC 地址,单 MAC 交换机主要用于连接最终用户、网络共享资源或非桥接路由器,它们不能用于连接集线器或含有多个网络设备的网段。

多 MAC 交换机:每个端口捆绑有多个 MAC 硬件地址,多 MAC 交换机的每个端口可以看作是一个集线器,而多 MAC 交换机可以看做是集线器的集线器。

4)交换容量(最大转发带宽、吞吐量)

系统中用户接口之间交换数据的最大能力,用户数据的交换是由交换矩阵实现的。交换机达到线速时,交换容量等于端口数×相应端口速率×2(全双工模式)。

6. 交换机的接口类型

交换机的接口是随着网络类型的变化和传输介质的发展产生的接口规格,主要有:

(1)双绞线 RJ-45 接口,如图 4-17 所示。数量最多、应用最广的一种接口类型,它属于以太网接口类型。它不仅在最基本的 10Base-T 以太网网络中使用,还在目前主流的 100Base-TX 快速以太网和 1000Base-TX 千兆以太网中使用。

(2)光纤接口,如图 4-18 所示。光纤传输介质发展很快,各种光纤接口也是层出不穷,分别应用于 100Base-FX、1000Base-FX 等网络中。在局域网交换机中,SC 类型是一种常见的光纤接口,SC 接口的芯在接头里面。

图4-17　RJ-45接口

图4-18　光纤接口

（3）AUI与BNC接口，如图4-19所示。AUI接口这是专门用于连接粗同轴电缆的，目前这种网络在局域网中已不多见。现在部分交换机保留了AUI接口。AUI接口是一个15针"D"形接口，类似于显示器接口。这种接口在其他网络设备中也可以见到，如路由器，甚至服务器中。BNC接口这是专门用于连接细同轴电缆的接口，目前提供这种接口的交换机比较少见。个别交换机保留BNC接口，主要是用于与细同轴电缆作为传输介质的令牌网络连接BNC接口的网卡。

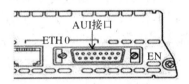
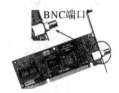

图4-19　AUI与BNC接口

（4）Console接口，如图4-20所示。用于配置交换机而使用的接口。不同交换机的Console接口有所不同，有些与Cisco路由器一样采用RJ-45类型接口，而有的则采用串口作为Console接口。

（5）FDDI接口，如图4-21所示。在早期的100 Mb/s时代，还有一种FDDI网络类型，即"光纤分布式数据接口"，其传输介质是光纤。目前由于它的优势不明显，已经很少见了。

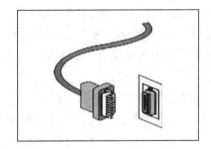

图4-20　Console接口

图4-21　FDDI接口

7.交换机的连接方式

在多交换机的局域网环境中，交换机的级联、堆叠和集群是3种重要的技术。级联技术可以实现多台交换机之间的互联；堆叠技术可以将多台交换机组成一个单元，从而提高更大的端口密度和更高的性能；集群技术可以将相互连接的多台交换机作为一个逻辑设备进行管理,从而大大降低了网络管理成本,简化管理操作。

1)级联

级联是最常见的连接方式,使用网线将两个或两个以上交换机连接起来,连接介质有光纤和双绞线。

光纤连接介质:直接连接的两个交换机端口要保证一致的光纤规格、端口速率,发送信号光纤端口与接收信号光纤端口相连。

双绞线连接介质:分普通端口和使用 Uplink 端口级联两种情况。普通端口之间相连,使用交叉双绞线;一台交换机使用 Uplink 端口相连使用直通双绞线。

交换机间一般是通过普通用户端口进行级联,有些交换机则提供了专门的级联端口(Uplink Port)。普通端口符合 MDIX 标准,而级联端口(或称上行)符合 MDI 标准,造成接线方式不同。当两台交换机都通过普通端口级联时,端口间双绞线采用交叉线(Crossover Cable);当且仅当其中一台通过级联端口时,采用直通线(Straight Through Cable)。

用交换机进行级联时要注意的几个问题。原则上任何厂家、任何型号的以太网交换机均可相互进行级联,但也不排除一些特殊情况下两台交换机无法进行级联;交换机间级联的层数是有一定限度的;成功实现级联的最根本原则,任意两节点之间的距离不能超过媒体段的最大跨度;多台交换机级联时,应保证它们都支持生成树(Spanning-Tree)协议,既要防止网内出现环路,又要允许冗余链路存在。

2)堆叠

堆叠是指将一台以上的交换机组合起来共同工作,以便在有限的空间内提供尽可能多的端口。多台交换机经过堆叠形成一个堆叠单元。只有支持堆叠的交换机之间才可进行堆叠,使用专用的堆叠线,通过交换机上提供的堆叠接口,使用一定的连接方式连接起来。多台交换机的堆叠是靠一个提供背板总线带宽的多口堆叠母模块与单口的堆叠子模块相连实现的,并插入不同的交换机实现交换机的堆叠。

图 4-22 堆叠的交换机

可堆叠的交换机性能指标中有一个"最大可堆叠数"的参数,是指一个堆叠单元中所能堆叠的最大交换机数,代表一个堆叠单元中所能提供的最大端口密度,交换机能够堆叠4~9台,图 4-22 中堆叠了 8 台交换机。

可堆叠交换机中一般同时具有"UP"和"DOWN"堆叠端口。当多个交换机连接在一起时,其作用就像一个模块化交换机一样,堆叠在一起的交换机可以当作一个单元设备来进行管理。一般情况下,当有多个交换机堆叠时,其中存在一个可管理交换机,利用可管理交换机对可堆叠式交换机中的其他"独立型交换机"进行管理。

菊花链式堆叠(如图 4-23 所示)是一种基于级联结构的堆叠技术,用堆叠电缆将几台交换机以环路的方式组建成一个堆叠组。一根从上到下的堆叠电缆只是冗余备份作用,从第一台交换机到最后一台交换机数据包还是要历经中间所有交换机。效率较低,当堆叠层数较多时,堆叠端口会成为严重的系统瓶颈,建议堆叠层数不要太多。对交换机硬件上没有特殊的要求,通过相对高速的端口串接和软件的支持,最终实现构建一个多交换机的层叠结构,通过环路,可以在一定程度上实现冗余。

星型堆叠(如图4-24所示)是一种高级堆叠技术,对交换机而言,需要提供一个独立的或者集成的高速交换中心(堆叠中心),所有的堆叠主机通过专用的(也可以是通用的高速端口)高速堆叠端口上行到统一的堆叠中心。堆叠中心一般是一个基于专用ASIC的硬件交换单元,ASIC交换容量限制了堆叠的层数。适用于要求高效率高密度端口的单节点LAN,星型堆叠模式克服了菊花链式堆叠模式多层次转发时的高时延影响,但需要提供高带宽矩阵,成本较高,而且矩阵接口一般不具有通用性,无论是堆叠中心还是成员交换机的堆叠端口都不能用来连接其他网络设备。

菊花链堆叠方式

图4-23 菊花链式

星型堆叠方式

图4-24 星型

3)集群

集群是将多台互相连接(级联或堆叠)的交换机作为一台逻辑设备进行管理。集群中只有一台起管理作用的交换机(命令交换机),它可以管理若干台其他交换机。在网络中,这些交换机只需要占用一个IP地址(命令交换机需要),节约了宝贵的IP地址。在命令交换机统一管理下,集群中多台交换机协同工作,大大降低了管理强度。

4)堆叠和级联的区别

①连接方式不同:级联是两台交换机通过两个端口互联,而堆叠是交换机通过专门的背板堆叠模块相连。堆叠可以增加设备总带宽,而级联是不能增加设备的总带宽。

②通用性不同:级联可通过光纤或双绞线在任何网络设备厂家的交换机之间进行连接,而堆叠只有在自己厂家的设备之间,且设备必须具有堆叠功能才可实现。

③连接距离不同:级联的设备之间可以有较远的距离(100至几百米),而堆叠的设备之间距离十分有限,必须在几米以内。

交换机的级联、堆叠、集群既有区别又有联系。级联和堆叠是实现集群的前提,集群是级联和堆叠的目的;级联和堆叠是基于硬件实现的;集群是基于软件实现的;级联和堆叠有时很相似(尤其是级联和虚拟堆叠),有时则差别很大(级联和真正堆叠)。

8.交换机的选购

交换机性能的好坏直接决定该网络的性能,在组网选购交换机时要注意的几个方面。

(1)交换机的转发方式。根据网络传输速率要求来选择。

(2)背板带宽、二/三层交换吞吐率,这决定着网络的实际性能,不管交换机功能再多,管理再方便,如果实际吞吐量上不去,网络只会变得拥挤不堪。

(3)管理功能。支持网络管理的协议和方法,需要交换机提供更加方便和集中式的管理。

（4）MAC 地址数。不同档次的交换机每个端口支持的 MAC 数量不同。在交换机的每个端口，都需要足够的缓存来记忆 MAC 地址，缓存容量的大小就决定了相应交换机所能记忆的 MAC 地址数多少。通常交换机能够记忆 1024 个 MAC 地址。

（5）端口数量与类型。不同的应用有不同的需要，应视具体情况而定。

（6）VLAN 类型和数量。一个交换机支持更多的 VLAN 类型和数量，将更加方便地进行网络拓扑的设计与实现。

4.3.4　路由器

1.路由器概述

路由器（Router）是一种连接多个网络或网段的网络设备，可以将不同网络或网段进行连接（交换机实现不了），会根据信道的情况自动选择和设定路由，以最佳路径，对相连的网络发来的数据信息按前后顺序进行翻译和转发，使它们能够彼此接收和识别对方的数据，从而构成一个很大的网络，如图 4-25 是利用四个路由器连接的一个网络。

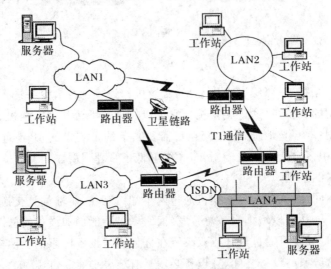

图 4-25　路由器连接的网络结构图

路由器具有判断网络地址和选择 IP 路径的功能，它能在多网络互联环境中，建立灵活的连接，可用完全不同的数据分组和介质访问方法连接各种子网。路由器只接受源站点或其他路由器的信息，属于网络层的一种互联设备。有线路由器如图 4-26 所示，连接主要是有线介质；无线路由器如图 4-27 所示，通过无线介质连接设备。

2.路由器的原理

路由器是互联网络的枢纽，连接多个逻辑上分开的网络，它的主要作用是连接多个网络和多种介质，最突出的特点是路径选择功能。

路由器是通过数据包中的网络层地址（如 IP 地址）来转发数据包的，路由器的内存中有一个表，叫做路由表（Routing Table），其中记录的是数据包地址（网络层地址）和物理端口号的对应关系。路由器根据路由表来转发数据包，如果包中的目标地址与源地址在同一个网段内,路由器就将数据流限制在那个网段内,不转发数据包;如果目标地址在另一个网段,路由器就把数据包发送到与目标网段相对应的物理端口上。

图4-26 有线路由器

图4-27 无线路由器

当数据从一个子网传输到另一个子网时,可通过路由器的路由功能来完成。一个信息包到达路由器后,排入队列,按"先入先出"顺序由路由器逐一处理,提取信息的目的地址,查看路由表。如果有多条路径可到达,则选择一条最佳路径;如源信息包太长,目的网络无法接受,路由器就将其分为更小的包,将信息包转发出去,如图4-28所示。

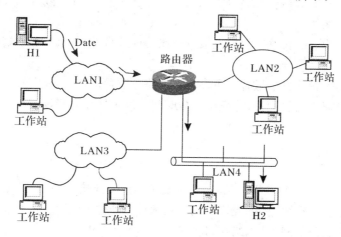

图4-28 路由器数据转发

路由器在网络层对分组信息进行存储转发来实现多个网络互联。因此,路由器具有协议转换、路由选择、流量控制、过滤与隔离、分段与组装、网络管理功能。

路由器和交换机的主要区别是交换机工作在数据链路层,路由器工作在网络层。路由器和交换机使用不同的控制信息,两者实现功能方式不同。

3.路由器的物理端口

路由器具有非常强大的网络连接和路由功能,它可以与各种各样的不同网络进行物理连接,这就决定了路由器的接口技术非常复杂,越是高档的路由器其接口种类也就越多。

路由器可以对不同局域网段进行连接,也可以对不同类型的广域网络进行连接,所以路由器的接口类型分为局域网接口(LAN)和广域网接口(WAN)。因为路由器本身不带有输入和终端显示设备,它需要进行必要的配置后才能正常使用,所以都带有一个控制端口"Console",用来与计算机或终端设备进行连接,通过特定的软件来进行路由器的配置。

（1）局域网接口（LAN）主要有：AUI 端口、RJ-45 端口和 SC 端口。

（2）广域网接口（WAN）主要有：高速同步串口（SERIAL）、异步串口（ASYNC）和 ISDN BRI 端口。

（3）控制台接口：Console。

4.路由器的硬件连接

1）路由器与局域网接入设备之间的连接

路由器与交换机、防火墙的连接。

2）路由器与 Internet 接入设备的连接

路由器与调制解调器连接。目前在规模较小的范围使用无线路由器，通过无线方式连接笔记本和智能手机等设备，登录互联网。

5.路由器性能

（1）背板能力：通常指路由器背板容量或者总线能力。

（2）吞吐量：指路由器包转发能力。

（3）丢包率：指路由器在稳定的持续负荷下由于资源缺少，在应该转发的数据包中不能转发的数据包所占比例。

（4）转发时延：指需要转发的数据包最后一比特进入路由器端口到该数据包第一比特出现在端口链路上的时间间隔。

（5）路由表容量：指路由器运行中可以容纳的路由数量。

（6）可靠性：指路由器可用性、无故障工作时间和故障恢复时间等指标。

4.3.5 网关

1.网关的概念

网关（Gateway），又叫协议转换器，是一种复杂的网络连接设备，可以支持不同协议之间的转换，实现不同协议网络之间的互联。网关是软件和硬件的结合，通过软件可实现不同协议之间的转换，硬件提供不同的网络接口。

网关具有对不兼容的高层协议进行转换的能力，为了实现两个完全不同的网络（异构网）之间的通信，网关需要对不同层协议进行翻译和转换。网关工作于传输层及以上各层，实现多个协议差别较大网络的互联。用于连接具有完成不同的寻址机制、不兼容的协议、不同结构和不同数据格式的网络。

具有三层交换功能的网络交换机、路由器、防火墙和通过软件开启了路由功能的主机可以做网关。总的来说，只要具备路由功能的网络设备或是主机设备都可以作为网关使用。

2.网关的功能

协议转换、网络操作系统转换、数据格式转换等。

3.网关用于异构网络互联类型

网关具有对不兼容的高层协议进行转换的能力，为了实现异构设备之间的通信，网关需要对不同的链路层、专用会话层、表示层和应用层协议进行翻译和转换。网关用于以下几种场合的异构网络互联。

（1）异构型局域网互联。

（2）局域网与广域网的互联。

（3）广域网与广域网的互联。

（4）局域网与主机的互联（当主机的操作系统与网络操作系统不兼容时，通过网关连接）。

4.网关的分类

（1）协议网关。通常在使用不同协议的网络区域间进行协议转换。

（2）应用网关。在使用不同数据格式间翻译数据的系统。

（3）安全网关。各种技术的融合，重要且有独特的保护作用，其范围从协议级过滤到应用级过滤。

任务4.4 局域网组网实例

4.4.1 网络组建的步骤

（1）确定网络组建方案，绘制网络拓扑图；

（2）网络操作系统的安装与配置；

（3）硬件的准备和安装；

（4）网络协议的选择与安装；

（5）授权网络资源共享。

4.4.2 网络规划

构建简单的局域网不是一件复杂的工作，要根据需求做好一个规划。规划时要考虑的主要问题有：

（1）选用什么类型的局域网；

（2）确定网络中有多少工作站；

（3）网络速度是多少；

（4）选用什么样的拓扑结构；

（5）选用什么样的网络连接设备；

（6）选用什么样的网络传输介质；

（7）使用的网络协议是什么。

4.4.3 实例介绍

某单位要组建局域网，主要用于办公。该单位有 4 间办公室，最远距离不超过 60 米。需要连网的工作站有 20 台，服务器 1 台。运行的操作系统为 Windows7，网络使用路由器接入 Internet。

1. 网络类型选择

选择以太网。以太网可适用于大多数类型的网络应用,而且其市场占有率在 90% 以上,购买网络设备时选择余地非常大。

2. 网络速度

网络中站点较少,办公应用对速度要求不是很高,但网络中的服务器需要较高的网络带宽。选择桌面连接速率为 10 Mb/s,服务器连接速度为 100 Mb/s。

3. 拓扑结构选择

采用星型拓扑结构。

4. 传输介质选择

由于拓扑结构为星型,所以网络传输介质选择非屏蔽双绞线(UTP)或光纤。在该实例中,网络的跨距小,完全没有必要使用光纤。UTP 常用的有五类、超五类、六类和超六类等几种。五类及以上的 UTP 支持 10 Mb/s、100 Mb/s 和 1000 Mb/s 的传输速率。现在五类的 UTP 价格很便宜,而且便于将来的网络扩展,所以决定选用五类 UTP。双绞线数量可用近似的方法估算,即每台工作站都按 0.8 倍最远距离计算。该网络中需要 20 台工作站+1台服务器+1 台路由器,(20+1+1)×60 m×0.8=1056 m。市售的 UTP 每箱为 305 m,本实例需要 4 箱。注意双绞线的数量一定要有余量。

5. 网络连接设备选择

互联设备选用交换机。在该网络中选用交换机为主要连接设备,原因是网络中有两种速度的设备同时存在。现在低端交换机的价格也很便宜,完全不存在预算问题。在配置上可选用 24 个 10 Mb/s 端口和 1 个 100 Mb/s 端口的固定配置交换机。10 Mb/s 端口用于连接工作站和路由器,100 Mb/s 端口用于连接服务器。Internet 接入设备选用具有 1 个 10 Mb/s 局域网端口的路由器,路由器的广域网端口根据租用的电信线路配置。

6. 网络协议选择

网络协议选择 TCP/IP 协议,该协议能满足局域网和 Internet 访问的要求,不需要再安装其他协议。

7. 网络规划好之后,进行网络硬件的购置。

4.4.4 网络安装施工

(1)制作双绞线连接电缆,网络布线自己动手完成。

(2)安装工作站/服务器,并安装 TCP/IP 协议,配置 IP 地址。

(3)配置路由器

(4)连接工作站、服务器和路由器。

把做好的双绞线一头插入工作站网卡的 RJ-45 接口中,另一端插入交换机 10 Mb/s 端口中;服务器连接,把做好的双绞线一头插入服务器网卡的 RJ-45 接口中,另一端插入交换机 100 Mb/s 端口中;路由器连接,把做好的双绞线一头插入路由器的局域网 RJ-45 接口中,另一端插入交换机的 10 Mb/s 端口中。网络拓扑结构如图 4-29 所示。

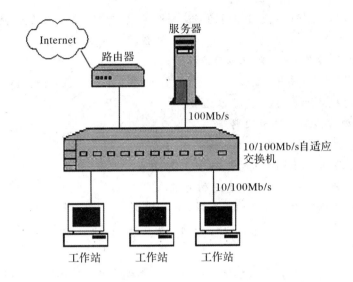

图 4 - 29 组建局域网拓扑结构图

习 题

一、选择题

1. 能完成 VLAN 之间数据传递的设备是（　）。（多项选择题）

A. 中继器　　　　　B. 交换机　　　　　C. 集线器　　　　　D. 路由器

2. 高层互联是指传输层及其以上各层协议不同的网络之间的互联。实现高层互联的设备是（　）。

A. 中继器　　　　　B. 交换机　　　　　C. 路由器　　　　　D. 网关

3. 企业 Intranet 要与 Internet 互联，必需的互联设备是（　　　）。

A. 中继器　　　　　B. 调制解调器　　　C. 交换器　　　　　D. 路由器

4. LAN 和 WAN 的连接中，应采用（　　　）设备。（多项选择题）

A. 中继器　　　　　B. 集线器　　　　　C. 网桥

D. 交换机　　　　　E. 路由器　　　　　F. 网关

5. 在局域网中为什么要用交换机来替代集线器（　）。

A. 增强与广域网的连接　　　　　　　B. 增强与局域网的连接

C. 增强局域网的性能　　　　　　　　D. 以上都是

6. 决定局域网特性的主要技术要素是（　　　）。多项选择题

A. 网络拓扑　　　　B. 网络应用　　　　C. 传输介质　　　　D. 通讯协议

7. Router 是用于（　）的互联设备。

A. 物理层　　　　　B. 数据链路层　　　C. 网络层　　　　　D. 应用层

8. 完成路径选择功能是在 OSI 模型的（　）。

A. 物理层　　　　　B. 数据链路层　　　C. 网络层　　　　　D. 传输层

9.将两个同类局域网(即使用相同的网络操作系统)互联,应使用的设备是( )。

A.网卡   B.网关   C.网桥   D.路由器

10.网络互联的设备有( )。(多项选择题)

A. Hub   B. Router   C. Switch   D. Gateway

11.局域网的硬件主要由( )基本组成。

A.计算机、双绞线和网络适配器等

B.多台计算机、电缆和网络接口卡等

C.计算机公司、电话机、通讯电缆和 MODEM 等

D.服务器、工作站、网络接口卡和通信电缆等

12.1000BASE-F 结构中的"1000"是代表( )意思?

A.速率 1000 Mb/s   B.速率 1000 Gb/s

C.速率 1000 kb/s   D.速率 1000 b/s

13.局域网的标准是以美国电气电子工程师协会制定的( )作为标准的。

A.IEEE801   B.IEEE802

C.IEEE803   D.IEEE804

14.对局域网来说,网络控制的核心是( )。

A.工作站   B.网卡

C.网络服务器   D.网络互联设备

15.一般的以太网卡的传输速率不会是( )。

A.2 Mb/s   B.10 Mb/s   C.100 Mb/s   D.1000 Mb/s

16.当今最流行的局域网技术是( )。

A.ATM 技术   B.以太网技术

C.令牌环网技术   D.FDDI 技术

17.一个快速以太网交换机的端口的速率为 100 Mb/s,全双工传输数据,那么该端口实际的传输带宽为( )。

A.100 Mb/s   B.150 Mb/s   C.200 Mb/s   D.1000 Mb/s

18.虚拟局域网在功能和操作上与传统局域网基本相同,( )。(多项选择题)

A.但操作方法与传统局域网不同

B.但组网方法与传统局域网不同

C.主要区别在"虚拟"

D.主要区别在传输方法

19.虚拟网可以有多种划分方式,下列方式中不正确的是( )。

A.基于用户   B.基于网卡的 MAC 地址

C.基于交换机端口   D.基于网络层地址

20.有关虚拟局域网的叙述,下面( )说法不正确。

A.虚拟网络是建立在局域网交换机上的,以软件方式实现的逻辑分组

B.可以使用交换机的端口划分虚拟局域网,且虚拟局域网可以跨越多个交换机

C.在使用 MAC 地址划分的虚拟局域网中,连接到集线器上的所有节点只能被划分到

一个虚拟网中

　　D. 在虚拟网中的逻辑工作组各节点可以分布在同一物理网段上,也可以分布在不同的物理网段上

二、简答题

1. 局域网是由哪几部分组成的? 常用的连网设备有哪些?

2. 无线局域网组网模式有几种? 各有什么特点?

3. 虚拟局域网划分主要有几种方法? 要使用什么硬件设备来完成?

4. 交换式局域网与共享式局域网有何区别?

5. 局域网的关键技术有哪些? 对组建局域网有什么影响?

TCP/IP体系结构

任务描述：一些大公司或者跨国公司成立本单位的财务公司，财务公司又划分为好多部门。海量的会计数据存储在众多的计算机中，如何给每台计算机分配并管理IP地址是一个很现实的问题。目前32位IP地址普遍被使用，所以在给网络中的计算机分配并设置32位IP地址。对于需要固定不变的计算机通过子网划分分配IP地址；对于临时需要IP地址的计算机通过DHCP服务器临时分配IP地址。

学习目标：了解网络标准的重要性；理解网络体系结构和网络协议；掌握32位IP地址的作用、分类和应用，域名和域名系统的作用；掌握128位IP地址的表示方法和分类，IPv4与IPv6的区别；掌握DHCP服务器的工作原理与作用。

学习重点：IP地址（IPv4）；域名与域名系统；DHCP工作原理。

任务5.1　网络标准

1.网络标准

网络通信必须解决数据传输问题，包括数据传输方式、数据传输中的误差与出错、传输网络的资源管理、通讯地址以及文件格式等问题。解决这些问题需要互相通信的计算机之间以及计算机与通信网之间进行频繁的协商与调整。这些协商与调整以及信息的发送与接收可以用不同的方法设计与实现。网络标准随着计算机网络的创建应运而生，网络标准的开发和使用为计算机网络的结构、应用服务、数据交换和管理保证提供了实现的手段，对网络技术的迅速发展产生了很大影响。网络标准推动了网络技术互操作性，没有标准，网络互联就不会存在。标准化使得网络升级更容易，实现最大化的利用网络资源。

没有规矩，不成方圆。不同网络设备之间的兼容性和互操作性是推动网络体系结构标准化的原动力。计算机网络体系结构就是为了不同的计算机之间互联和互操作提供相应的规范和标准。

2.著名的网络标准化组织

（1）美国国家标准学会（ANSI，American National Standards Institute），负责协调和发布计算机与信息技术标准的组织。

（2）电气电子工程师协会（IEEE，Institute of Electrical and Electronic Engineers），主要开发数据通信标准及其他标准。在计算机网络方面，IEEE802委员会负责起草局域网草案。IEEE802规范定义了网卡如何访问传输介质（如光缆、双绞线、无线介质等），以及如何在传输介质上传输数据的方法，还定义了传输信息的网络设备之间连接建立、维护和拆除的途径。遵循IEEE802标准的产品包括网卡、交换机、路由器以及其他一些用来建立局域网络的组件。

（3）国际通信联盟（ITU，International Telecommunications Union），主管信息通信技术事务的联合国机构，负责分配和管理全球无线电频谱与卫星轨道资源，制定全球电信标准，向发展中国家提供电信援助，促进全球电信发展。

（4）国际标准化组织（ISO，International Organization for Standardization），ISO 来源于希腊语"ISOS"，即平等之意。该组织制定了开放式通信系统互联参考模型（Open System Interconnection Reference Model OSI/RM），该模型是使各种计算机在世界范围内互联为网络的标准框架。

（5）Internet 协会（ISOC，Internet Society），制定互联网相关标准及推广应用。

（6）电子工业联合会（EIA，Electronic Industries Association）、电信工业协会（TIA Telecommunications Industries Association），颁布了许多与电信和计算机通信有关的标准。TIA/EIA568 是他们共同制订的布线标准，EIA/TIA 的布线标准中规定了两种双绞线的线序 568A 与 568B。

任务5.2　计算机网络体系结构的形成

5.2.1　网络层次的划分

计算机网络是一个非常复杂的系统，需要解决的问题很多并且性质各不相同。将一个比较复杂的问题分解成若干个容易处理的子问题，而后"分而治之"逐个加以解决。分层是系统分解的一种方法。

1. 层次划分的目的

将网络这个庞大的、复杂的问题划分成若干较小的、简单的问题来进行研究。

2. 分层的主要原则

（1）各层的功能明确而且相对独立。某层具体实现方法更新时，只要保持层间接口不变，不会对邻层造成影响。

（2）层数的划分要适中。层数太少，层间功能划分不明确，多种功能混杂在一层中，造成每一层的协议太复杂。层数太多，体系结构过于复杂，各层组装时任务复杂。

（3）层间接口要清晰，跨越接口的信息量要少。

3. 划分层次的重要性

（1）各层之间相对独立。某一层并不需要知道它的下一层是如何实现的，仅仅只需要知道该层通过层间的接口所提供的服务，这样整个问题的复杂程度就下降了。

（2）灵活性好。当任何一层发生变化时，只要层间接口关系保持不变，则在这层以上或以下各层均不受影响。

（3）结构上可分割开。各层都可以采用最合适的技术来实现。

（4）易于实现和维护。这种结构使得实现和调试一个庞大又复杂的系统变得易于处理，因为整个的系统已被分解为若干个相对独立的子系统。

（5）有利于网络标准化。因为每一层的功能及其所提供的服务都已有了精确的说明。

5.2.2　网络体系结构

计算机网络是一个非常复杂的系统。它综合了计算机技术和通信技术,又涉及其他应用领域的知识和技术。由不同厂家的软硬件系统、不同的通信网络以及各种外部辅助设备连接构成网络系统,高速可靠地进行信息共享是计算机网络面临的主要难题。为了解决这个问题,人们必须为网络系统定义一个使不同的计算机、不同的通信系统和不同的应用能够互相连接(互联)和互相操作(互操作)的开放式网络体系结构。

1.网络体系结构提出的背景

计算机网络技术的飞速发展与普及,把具有复杂性和异质性的各类计算机网络连接起来就显得相当地复杂。不同的网络采用了不同的通信介质、不同种类的设备、不同的操作系统、不同的软/硬件接口与通信协议、不同的应用环境和不同种类业务等。

2.网络体系结构的形成过程

在计算机网络中,由层、协议和层间接口组成的集合被称为计算机网络体系结构。网络体系结构包括三个部分:分层结构与每层的功能、服务与层间接口和协议。

(1)早在最初的 ARPANET 设计时即提出了分层的方法。"分层"可将庞大而复杂的问题,转化为若干较小的局部问题,而这些较小的局部问题就比较易于研究和处理。

(2)1974 年,IBM 公司宣布其制定的 SNA(System Network Architecture)。这个著名的网络标准就是按照分层的方法制定的。不久后,其他一些公司也相继推出本公司的一套体系结构,并都采用不同的名称。

(3)国际标准化组织 ISO 于 1977 年成立了专门机构研究该问题。不久,他们就提出一个试图使各种计算机在世界范围内互联成网的标准框架,即著名的开放系统互联基本参考模型 OSI/RM (Open Systems Interconnection Reference Model),简称为 OSI,在 1983 年形成了开放系统互联基本参考模型的正式文件,即著名的 ISO7498 国际标准。

(4)20 世纪 90 年代初期,虽然整套的 OSI 国际标准都已经制定出来了,但由于因特网已抢先在全世界覆盖了相当大的范围,而与此同时却几乎找不到有什么厂家生产出符合 OSI 标准的商用产品。现今规模最大的、覆盖全世界的计算机网络因特网并未使用 OSI 标准,而是非国际标准 TCP/IP。这样,TCP/IP 就是事实上的国际标准。

3.网络协议

网络协议(Network Protocol)是一种特殊的软件,从最基本的角度来讲就是规则,该规则规定了计算机通过网络进行通信的方式。可定义为进行网络中的数据交换而建立的规则、标准或约定。

该照片是交通信号灯坏了的十字路口,交通处于瘫痪状态,原因是交通"协议"(规则)出问题了,现实问题说明了规则(协议)的重要性。

网络协议是一套关于信息传输顺序,信息格式和信息内容等的约定。语法、语义和时序构成了协议的三要素。

语法:数据与控制信息的结构或格式;

语义:用来说明通信双方应当怎么做;

时序:详细说明事件如何实现。

用现实生活中的甲乙两个人打电话的例子来说明协议的三要素及含义。甲要打电话给乙,首先甲拨通乙的电话号码,对方电话振铃响,乙拿起电话,然后甲乙开始通话,通话完毕后,双方挂断电话。

语法:电话号码。

语义:甲拨通乙的电话后,乙的电话振铃,振铃是一个信号,表示有电话打进,乙选择接电话,讲话。这一系列的动作包括了控制信号、响应动作、讲话内容等等,就是语义。

时序:甲先拨电话,响铃,乙接听电话等一系列的通话时序。因为甲拨了乙的电话,乙的电话才会响,乙听到铃声后才会考虑要不要接,这一系列事件的因果关系明确,不可能没有人拨乙的电话而乙的电话会响,也不可能在电话铃没响的情况下,乙拿起电话却从话筒里传出甲的声音。

任务5.3 TCP/IP 协议族与体系结构

5.3.1 TCP/IP 协议简介

TCP/IP(Transmission Control Protocol/Internet Protocol 传输控制协议/因特网互联协议)协议 1973 年开发出,真正的大面积应用是在 1983 年,是 Internet 最基本的协议,是国际互联网络的基础。它是目前应用最广,而且功能最强大的一个协议,已经成为计算机相互通信的标准,而且在不断地发展完善之中。最新版的 Windows 系统中基本上带有 TCP/IP 协议。

TCP/IP 实际上是一组协议,它包括上百个各种功能的协议。TCP 和 IP 是该协议集中的两个最重要的核心协议。它定义了电子设备如何连入因特网,及数据如何在它们之间传输的标准。TCP/IP 协议具有以下几个特点:

(1)开放的协议标准,可以免费使用,并且独立于特定的计算机硬件与操作系统。

(2)独立于特定的网络硬件,可以运行在局域网、广域网,以及互联网中。

(3)统一的网络地址分配方案,使得整个 TCP/IP 设备在网中都有唯一的地址。

(4)标准化的高层协议,可以提供多种可靠的用户服务。

5.3.2 TCP/IP 参考模型

TCP/IP 是一组用于实现网络互联的通信协议。现今规模最大的、覆盖全世界的计算机网络因特网并未使用 OSI 标准,而是非国际标准 TCP/IP。这样,TCP/IP 就是事实上的国际标准。Internet 网络体系结构以 TCP/IP 为核心。基于 TCP/IP 的参考模型将协议分成四个层次,它们分别是:应用层、传输层(主机到主机)、网络层和网络接口层,如图 5-1 所示。

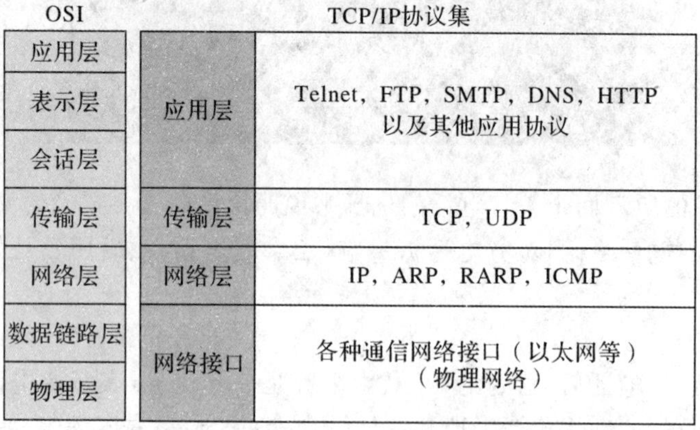

OSI	TCP/IP协议集	
应用层	应用层	Telnet, FTP, SMTP, DNS, HTTP 以及其他应用协议
表示层		
会话层		
传输层	传输层	TCP, UDP
网络层	网络层	IP, ARP, RARP, ICMP
数据链路层	网络接口	各种通信网络接口(以太网等)(物理网络)
物理层		

图 5-1 TCP/IP 的参考模型

1. 应用层

应用层对应于 OSI 参考模型的高层,为用户提供所需要的各种服务,例如:FTP、Telnet、DNS、SMTP 和 WWW 等。

2. 传输层

传输层对应于 OSI 参考模型的传输层,为应用层实体提供端到端的通信功能,保证了数据包的顺序传送及数据的完整性。该层定义了两个主要的协议:传输控制协议(TCP)和用户数据报协议(UDP)。

传输控制协议(TCP)提供的是一种可靠的、通过"三次握手"来连接的数据传输服务;而用户数据报协议(UDP)提供的则是不保证可靠的(并不是不可靠)、无连接的数据传输服务。

3. 网络层

网络层(网际互联层)对应于 OSI 参考模型的网络层,主要解决主机到主机的通信问题。它所包含的协议设计数据包在整个网络上的逻辑传输。该层主要协议有:网际协议(IP)、互联网组管理协议(IGMP,Internet Group Management Protocol)、互联网控制报文协议(ICMP,Internet Control Message Protocol)、地址解析协议(ARP,Address Resolution Protocol,将目标 IP 地址转换成目标 MAC 地址的过程)和反向地址转换协议(RARP,Reverse Address Resolution Protocol,将物理地址 MAC 解析其对应的 IP 地址)。

IP 协议是网际互联层最重要的协议,它提供的是一个不可靠、无连接的数据报传递服务。

1)物理地址 MAC(Medium/Media Access Control)

IEEE802 标准为每个 DTE 规定了一个 48 位的全局地址,它是站点的全球唯一的标识符,与其物理位置无关。MAC 地址就如同我们身份证号码一样,具有全球唯一性。

MAC 地址为 6Byte(48 位)。前 3 个字节(高 24 位)叫做组织唯一标志符,(Organizationally Unique Identifier,即 OUI)是 IEEE 注册管理机构给不同厂家分配的代码,由 IEEE 统一分配给厂商,区分了不同的厂家。后 3 个字节(低 24 位)是由厂家自己分配的,称为扩展标识符,由厂商自行分配给每一块网卡或设备的网络硬件接口。同一个厂家生产的网卡中 MAC 地址后 24 位是不同的。一般用"一"分开的 6 个 16 进制数表示,08-00-20-0E-56-7D 为 MAC 地址,也可以用二进制表示,但是不好记忆与书写。

2)MAC 地址与 IP 地址区别

IP 地址和 MAC 地址相同点是它们都是唯一的,主要区别是:

①对于网络上的某一设备,IP 地址是基于网络拓扑结构设计的,很容易改动 IP 地址(但必须唯一);而 MAC 则是生产厂商在制造网卡时设置好的,一般不能改动。可以根据需要给一台主机指定任意的 IP 地址,如给某台计算机分配 IP 地址为 192.168.0.112,也可以将它改成 202.168.0.200。若网卡坏了,在更换新的网卡后,该计算机的 MAC 地址就变了。

②长度不同。IP 地址为 32 位和 128 位,MAC 地址为 48 位。

③分配依据不同。IP 地址的分配是基于网络拓扑,MAC 地址的分配是基于制造商。

④寻址协议层不同。IP 地址应用于 TCP/IP 模型的第二层,即网络层;而 MAC 地址应用在 TCP/IP 模型的第一层,即网络接口层。该层协议可以使数据从一个节点传递到相同链路的另一个节点上(通过 MAC 地址),而网络层协议使数据可以从一个网络传递到另一个网络上(ARP 根据目的 IP 地址,找到中间节点的 MAC 地址,通过中间节点传送,从而最终到达目的网络)。

4.网络接口层(主机—网络层)

网络接入层与 OSI 参考模型中的物理层和数据链路层相对应。它负责监视数据在主机和网络之间的交换。事实上,TCP/IP 本身并未定义该层的协议,而由参与互联的各网络使用自己的物理层和数据链路层协议,然后与 TCP/IP 的网络接入层进行连接。地址解析协议(ARP)工作在此层,即 OSI 参考模型的数据链路层。

5.网络互联设备

应用层——网关

网络层——路由器,三层交换机。

数据链路层(网络接口层)——交换机、网卡(虽然现在有多层交换机,跨越了网络层以及之上的,但是理论上来说,交换机还是数据链路层的设备)。

物理层(网络接口层)——传输介质,例如光纤、双绞线和同轴电缆等。对应于网络的基本硬件,是 Internet 的物理构成,即可以看得见的硬设备,如 PC 机、服务器、网络设备等。必须对这些设备的电气特性作一个规范,使这些设备都能够互相连接并兼容使用。

任务5.4　IPv4 地址

Internet 将世界各地成千上万个网络互联起来,这些网络上又有许多计算机接入。Internet 采用 IP 地址的方法,即为网上的每一个网络和每台提供服务的主机都分配一个网络地址。

普通电话只能用由数字组成的电话号码与对方用户连接。计算机上的浏览器除了可以用由数字组成的 IP 地址与主机连接,还可以直接输入域名与主机连接。

5.4.1 IP 地址的组成与类别

1.什么是 IP 地址

Internet 是由不同物理网络互联而成,不同网络之间实现计算机的相互通信必须有相应的地址标识,这个地址标识称为 IP 地址,或者说 IP 地址就是 IP 协议为标识主机所使用的地址。IP 地址能够唯一地确定 Internet 上每台计算机。

IP 地址类似电话号码,例如电话号码(029)33732559,这号码中的前三位 029 表示该电话是属于哪个地区的,后面的数字 33732559 表示该地区的某个电话号码,如图 5-2 所示。人们把计算机的 IP 地址也分成两部分,分别为网络标识和主机标识,如图 5-3 所示。同一个物理网络上的所有主机都用同一个网络标识,网络上的一个主机(包括网络上工作站、服务器和路由器等)都有一个主机标识与其对应。

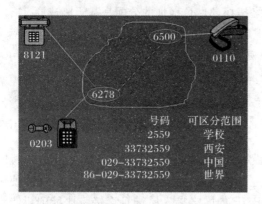

图 5-2 唯一标识的电话号码

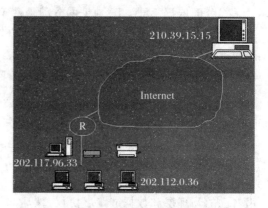

图 5-3 唯一标识的主机地址

2.IP 地址的表示方法

目前在 Internet 中使用的协议为 TCP/IP,绝大部分的主机采用 IPv4 协议,在本节中所介绍的 IP 地址为 IPv4 版本。

IPv4 地址是在 1981 年 9 月实现标准化的,IP 地址提供统一的地址格式,即由 32 位组成。

1)用 32 位二进制数表示(便于计算机存储和运算)

基本的 IP 地址是 8 位一个单元的 32 位二进制数,由 32 位的无符号二进制数分 4 个字节表示(X.X.X.X 表示,其中 X 为 8 位二进制数,即一个字节,每个 X 的值为 00000000~11111111)。

2)用圆点隔开的十进制数表示(便于人读写)

为了方便人们的使用,对机器友好的二进制数地址转变为人们更熟悉的十进制数地址。由于二进制使用起来不方便,用户使用"点分十进制"方式表示。

IP 地址采用"X.X.X.X"表示,其中 X 表示一个十进制数,每个 X 的值为 0~255。这种格式的地址被称为点分十进制数地址。每一个十进制数对应于八位二进制数,如图 5-4 所示。

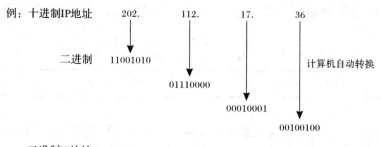

图5-4 十进制地址转换成二进制地址

3.IP地址的组成和含义

每个IP地址都由两部分组成:网络号(网络标识)和主机号(主机标识)。网络号表明主机所连接的网络,主机号则标识该网络上某个特定的主机,如图5-5所示。IP地址组成与电话号码组成相似,对比如图5-6所示。

图5-5 IP地址组成

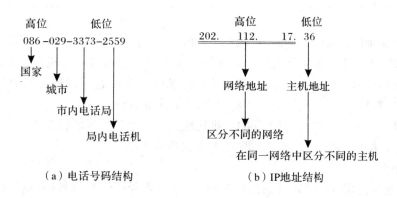

图5-6 IP地址与电话号码对比

4.IP地址(有类)的分类

为了适合各种不同大小规模的网络需求,IP地址被分为A、B、C、D、E五大类,其中A、B、C类是可供Internet网络上主机使用的IP地址。

1)A类地址

A类IP地址是指,在IP地址的四段号码中,第一段号码为网络号码,剩下的三段号码为本地计算机的号码,如表5-1所示。如果用二进制数表示IP地址,A类IP地址就由1字节网络地址和3字节主机地址组成,网络地址的最高位必须是"0"。A类IP地址中网络的标识长度为 7 位,主机标识的长度为 24 位,A 类网络地址数量较少,主要用于主机数达 1600 多万台的大型网络。

表 5-1 A 类地址

0	7 位 网络号	24 位 主机号

A 类地址的第一位总为 0,这在数学上限制了 A 类地址的范围小于 127,因此理论上仅有 128 个 A 类网络,而 0.0.0.0 地址又没有分配,127.0.0.0 也是一个 A 类地址,但是它已被保留作闭环(Look Back)测试之用而不能分配给一个网络,实际上只有 126 个 A 类网。

A 类地址 24 位表示可能的主机地址,A 类网络地址的范围从 1.0.0.0 到 126.255.255. 255。每个 A 类地址能支持 16777214 个不同的主机地址,这个数是由 2 的 24 次方再减去 2 得到的。减 2 是因为 IP 把全 0 保留为表示网络,全 1 表示网络内的广播地址。

2)B 类地址

B 类 IP 地址是指,在 IP 地址的四段号码中,前两段号码为网络号码,剩下的两段号码为本地计算机的号码。如果用二进制数表示 IP 地址,B 类 IP 地址就由 2 字节的网络地址和 2 字节主机地址组成,网络地址的最高两位是"10",如表 5-2 所示。B 类 IP 地址中网络的标识长度为 14 位,主机标识的长度为 16 位,B 类网络地址适用于中等规模的网络,每个网络所能容纳的计算机数为 6 万多台。

表 5-2 B 类地址

10	14 位 网络号	16 位 主机号

设计 B 类地址的目的是支持中型的网络。B 类网络地址范围从 128.1.0.0 到 191.254.0.0。

一个 B 类 IP 地址使用两个字节表示网络号,另外两个字节表示主机号。B 类地址的第 1 个字节的前两位总是设置为 1 和 0,剩下的 6 位既可以是 0,也可以是 1,这样就限制其范围小于等于 191,191 由 128+32+16+8+4+2+1 得到。

最后的 16 位(2 个字节)标识可能的主机地址。每一个 B 类地址能支持 65534 个唯一的主机地址,这个数由 2 的 16 次方减 2 得到,B 类网络有 16382 个。

3)C 类地址

C 类 IP 地址是指,在 IP 地址的四段号码中,前三段号码为网络号码,剩下的一段号码为本地计算机的号码。如果用二进制数表示 IP 地址,C 类 IP 地址就由 3 字节的网络地址和 1 字节主机地址组成,网络地址的最高三位是 110,如表 5-3 所示。C 类 IP 地址中网络的标识长度为 21 位,主机标识的长度为 8 位。C 类网络地址数量较多,适用于小规模的局域网络,每个网络最多只能包含 254 台计算机。

表 5-3 C 类地址

110	21 位 网络号	8 位 主机号

C 类地址的前 3 位数为 110,前两位和为 192(128+64),这形成了 C 类地址空间的下界。

第三位等于十进制数32,这一位为0限制了地址空间的上界。不能使用第三位限制了此8位组的最大值为223(255-32)。因此C类网络地址范围从192.0.1.0至223.255.254.0。

最后一个8位用于主机地址。每一个C类地址理论上可支持最大256个主机地址(0～255),但是仅有254个可用,因为0和255不是有效的主机地址。因此,可以有2097150个不同的C类网络地址。

在IP地址中,0和255是保留的主机地址。IP地址中主机地址全为0用于标识局域网。同样,全为1表示在此网段中的广播地址。

4)D类地址

D类地址用于在IP网络中的组播(Multicasting)。D类组播地址机制仅有有限的用处。一个组播地址是一个唯一的网络地址,它能指导报文到达预定义的IP地址组。

一台计算机可以把数据流同时发送到多个接收端,这比为每个接收端创建一个不同的数据流有效得多。组播长期以来被认为是IP网络最理想的特性,因为它有效地减小了网络流量。

D类地址,和其他地址一样,有其数学限制,D类地址的前4位恒为1110,预置前3位为1,意味着D类地址开始于224(128+64+32),第4位为0,意味着D类地址的最大值为239(128+64+32+8+4+2+1),如表5-4所示。因此D类地址的范围从224.0.0.0到239.255.255.254。

表5-4 D类地址

1110	28位 多播组号

5)E类地址

E类地址被定义为保留研究之用,因此Internet上没有可用的E类地址。

E类地址的前4位为1,如表5-5所示,因此有效的地址范围从240.0.0.0至247.255.255.254。

D、E类是供特殊用途的IP地址,D类的Network ID用于多点播送用于将来扩展用的Network ID。

表5-5 E类地址

11110	27位 保留

A、B、C、D、E类地址的范围如表5-6所示,一些特殊地址也包括在内。

表5-6 各类IP地址的范围

类型	范围
A	0.0.0.0 到 127.255.255.255
B	128.0.0.0 到 191.255.255.255
C	192.0.0.0 到 223.255.255.255
D	224.0.0.0 到 239.255.255.255
E	240.0.0.0 到 247.255.255.255

5. 无类地址

有类地址很浪费 IP 地址的体系结构,网络地址边界固定于 8 bit、16 bit 和 24 bit(A 类、B 类和 C 类)。采用无分类域间路由选择 CIDR (Classless Inter-Domain Routing),可以更加有效地分配 IPv4 的地址空间。

CIDR 使用各种长度的网络前缀来代替分类地址中的网络号和主机号。无类地址消除了传统的 A 类、B 类和 C 类地址的概念,网络地址边界可以是任意长度,使用不属于任何类的可变长度块,因而可以更加有效地分配 IPv4 的地址空间。

CIDR 采用"斜线记法",表示格式为:a. b. c. d/n,a、b、c、d 为八位二进制数对应的十进制数,n 表示为网络前缀所占的比特数。例如 128.14.32.0/20 表示的地址块共有 2^{12} 个地址(因为斜线后面的 20 是网络前缀的比特数,所以主机号的比特数是 12 位)。

6. IP 的寻址规则

在 Internet 中,配置和使用 IP 地址时,要注意以下规则。

1)网络寻址规则

①网络地址必须唯一。

②网络标识不能以数字 127 开头。在 A 类地址中,数字 127 保留给内部回送函数。

③网络标识的第一个字节不能为 255,数字 255 作为广播地址。

④网络标识的第一个字节不能为"0","0"表示该地址是本地主机,不能传送。

2)主机寻址规则

①主机标识在同一网络内必须是唯一的。

②主机标识的各个位不能都为"1",如果所有位都为"1",则该机地址是广播地址,而非主机的地址。

③主机标识的各个位不能都为"0",如果各个位都为"0",则表示"只有这个网络",而这个网络上没有任何主机。

3)IP 地址分配和使用规则

①同一网络内的所有主机必须分配相同的网络地址和不同的主机地址。

②不同网络内的主机必须分配不同的网络地址,可以分配相同的主机地址。

③仅使用 IP 地址不能区分网络地址和主机地址,必须和网络掩码一起使用。

注意:国际 NIC 组织的几条规定:

①127.0.0.1 是为本机做环回测试保留的 IP 地址。

②192. X. X. X 和 10. X. X. X 为局域网的保留地址。

③主机位全部为 1 的 IP 地址是网络的广播地址。

④主机位全部为 0 的 IP 地址是指网络本身。

4)IP 地址中几种特殊含义的地址

①广播地址。TCP/IP 协议规定,主机号部分各位全为 1 的 IP 地址用于广播。所谓广播地址,是指同时向网上所有的主机发送报文,也就是说,不管物理网络特性如何,Internet 支持广播传输。如 136.78.255.255 就是 B 类地址中的一个广播地址,将信息送到此地址,就是将信息送给网络号为 136.78 的所有主机。

②有限广播地址。有时需要在本网内广播,但又不知道本网的网络号时,TCP/IP 协议

规定 32 比特全为 1 的 IP 地址用于本网广播,即 255.255.255.255。

③"0"地址。TCP/IP 协议规定,各位全为 0 的网络号被解释成"本网络"。若主机试图在本网内通信,但又不知道本网的网络号,可以利用"0"地址。

④回送地址。A 类网络地址的第一段十进制数值为 127,是一个保留地址,如 127.0.0.1 用于网络软件测试以及本地机进程间通信。任何程序,一旦使用回送地址发送数据,协议软件不进行任何网络传输,立即将其返回。含有网络号 127 的数据报不可能出现在任何网络中。

7. IP 地址的管理与分配

所有的 IP 地址都由国际组织 NIC(Network Information Center)负责统一分配,目前全世界共有 3 个这样的网络信息中心。

InterNIC 负责美国及其他地区;ENIC 负责欧洲地区;APNIC 负责亚太地区。

我国用户申请 IP 地址都要通过 APNIC,APNIC 总部最初设在日本东京大学,1998 年设在了澳大利亚的布里斯班。申请时首先要考虑申请哪一类的 IP 地址,然后再向国内的代理机构提出。

8. IP 地址中的保留地址

根据用途和安全性级别的不同,IP 地址还可以大致分为两类:公共地址和私有地址。公用地址在 Internet 中使用,可以在 Internet 中随意访问。私有地址只能在内部网络中使用,只有通过代理服务器才能与 Internet 通信。

一个机构网络要连入 Internet,必须申请公用 IP 地址。考虑到网络安全和内部应用等特殊情况,在 IP 地址中专门保留了三个区域作为私有地址,其地址范围如下:

A 类　10.0.0.0-10.255.255.255(长度相当于 1 个 A 类 IP 地址)

B 类　172.16.0.0-172.31.255.255(长度相当于 16 个连续的 B 类 IP 地址)

C 类　192.168.0.0-192.168.255.255(长度相当于 256 个连续的 C 类 IP 地址)

使用保留地址的网络只能在内部进行通信,而不能与其他网络互联。因为本网络中的保留地址同样也可能被其它网络使用,如果进行网络互联,那么寻找路由时就会因为地址的不唯一而出现问题。但是这些使用保留地址的网络可以通过将本网络内的保留地址翻译转换成公共地址的方式实现与外部网络的互联。

5.4.2　子网规划与子网掩码

随着 Internet 的飞速发展,IPv4 标准中的 IP 地址出现了不够用的情况;另一方面,按类别分配地址造成了地址空间的很大浪费。为了解决这一矛盾,可对地址中的主机位进行逻辑细分,划分出子网,并通过子网掩码识别。

1. 子网规划

如果要将一个网络划分成多个子网,如何确定这些子网的掩码以及 IP 地址中的网络号和主机号。

1)子网概述

将网络进一步划分为独立的组成部分,每个部分作为这一网络(或更高一级子网)的子网。

2）为什么要划分子网

①提高系统的可靠性，防止全网通信瘫痪。

②改进系统性能，克服简单局域网的技术条件限制。

③增强系统的安全保障，设置不同的访问权限。

④便于系统的运行维护、故障诊断和隔离。

3）如何划分子网

①根据地理位置分布特点划分：

易于组网技术实现；楼群内采用局域网技术构成子网；楼群间选择合适的传输媒体和互联设备使不同子网互联；节省经费。

②根据网络应用特点划分：

将共享相同网络资源的主机划分为同一子网，减少子网间的网络传输流量，提高系统性能；将具有相同安全密级程度的主机划分为同一子网，保障系统的安全。

4）子网划分步骤

①将要划分的子网个数转换为 2 的 n 次幂。如果要划分 16 个子网，即 $16=2^4$，如果不是 2 的多少次幂，则采用取大原则，例如要划分为 14 个子网，同样是 2^4。

②将上一步确定的 n 按照高序占用主机地址 n 位后，转换为十进制数。如 $n=4$，那么主机位中最高 4 位就被划分为"子网的网络标识号"，因为网络标识号全为"1"，所以主机号对应的字节为"11110000"。转换为十进制数为 240，这就是划分子网后确定的子网掩码。如果是 A 类网络，子网掩码为 255.240.0.0；如果是 B 类网络，子网掩码为 255.255.240.0；如果是 C 类网络，子网掩码为 255.255.255.240。

2. 网络掩码

1）什么是网络掩码

在 Internet 存在这样现象，即主机之间通信的两种情况，一种是在同一网络中，任意两台主机之间的相互通信；另一种是在不同网络中，任意两台主机之间的相互通信。在这两种情况中，两台主机通信的方式是不相同的。存在的问题是，一是如何区分这两种情况；二是如何获取主机 IP 地址中的网络地址部分。

为了快速确定 IP 地址的哪部分代表网络号，哪部分代表主机号，判断两个 IP 地址是否属于同一网络，就产生了网络掩码的概念，网络掩码按 IP 地址的格式给出。

用网络掩码判断 IP 地址的网络号与主机号的方法是：用 IP 地址与相应的网络掩码进行"与"运算，可以区分网络号部分和主机号部分。网络掩码的另一功能是用来划分子网。

2）网络掩码的定义

网络地址对应位置全为 1，主机地址对应位置全为 0。

3）网络掩码作用

网络掩码是用来判断任意两台计算机的 IP 地址是否属于同一网络的根据，它的主要作用是告诉计算机如何从 IP 地址中获取网络标识和主机标识。简单的理解就是两台计算机用各自的 IP 地址与网络掩码进行"与"运算后，如果得出的结果是相同的，则说明这两台计算机是处于同一个子网络上，可以直接进行通信；如果结果不相同，则说明这两台计算机是处于不同子网络上，就不能直接进行通信，需要进行路径选择。

获取主机的网络地址部分,区分主机通信的不同情况,选择路径。同一网络内两台主机间的相互通信;不同网络内两台主机间的相互通信。通过例子说明:

计算机 A 的 IP 地址为 192.168.8.1,网络掩码为 255.255.255.0,将转化为二进制进行"与"运算,运算过程如表 5-7 所示。

表 5-7

IP 地址	11000000.10101000.00001000.00000001
网络掩码	11111111.11111111.11111111.00000000
IP 地址与网络掩码按位"与"运算	11000000.10101000.00001000.00000000
运算的结果转化为十进制	192.168.8.0

计算机 B 的 IP 地址为 192.168.0.254,网络掩码为 255.255.255.0,将转化为二进制进行"与"运算。运算过程如表 5-8 所示。

表 5-8

IP 地址	11000000.10101000.00000000.11111110
网络掩码	11111111.11111111.11111111.00000000
IP 地址与网络掩码按位"与"运算	11000000.10101000.00000000.00000000
运算的结果转化为十进制	192.168.0.0

计算机 C 的 IP 地址为 192.168.0.4,网络掩码为 255.255.255.0,将转化为二进制进行"与"运算。运算过程如表 5-9 所示。

表 5-9

IP 地址	11000000.10101000.00000000.00000100
网络掩码	11111111.11111111.11111111.00000000
IP 地址与网络掩码按位"与"运算	11000000.10101000.00000000.00000000
运算的结果转化为十进制	192.168.0.0

通过表 5-7、表 5-8 和表 5-9 知道,计算机 B 和计算机 C 属于同一个网络,因为它们两个的网络地址一样,都为 192.168.0;计算机 A 与计算机 B、C 不在一个网络,因为 A 的网络地址为 192.168.8,两个网络地址不一样。通过把 IP 和网络掩码进行"与"的运算,比较运算结果,来判断多个主机的 IP 地址是否在同一网络中。通过"与"的运算,也看到 IP 地址和网络掩码必须同时存在。

4)网络掩码的类型

网络掩码不能单独存在,它必须结合 IP 地址一起使用。掩码只有一个作用,就是将某个 IP 地址划分成网络地址和主机地址两部分。

网络掩码的确定方法是:把所有的网络位用 1 来标识,主机位用 0 来标识,即通过网络掩码屏蔽掉 IP 地址中的主机位,保留网络号。

①标准网络掩码(没有划分子网)。

A、B、C 三类网络都有一个标准网络掩码(缺省网络掩码),即固定的网络掩码。

A 类 IP 地址的标准网络掩码是 255.0.0.0,写成二进制是 11111111 00000000 00000000 00000000,即前 8 位用于 IP 地址的网络地址,其余 24 位是主机地址。

B 类 IP 地址的标准网络掩码是 255.255.0.0,写成二进制是 11111111 11111111 00000000 00000000,即前 16 位用于 IP 地址的网络地址,其余 16 位是主机地址。

C 类 IP 地址的标准网络掩码是 255.255.255.0,写成二进制是 11111111 11111111 11111111 00000000,即前 24 位用于 IP 地址的网络地址,其余 8 位是主机地址。

②非标准网络掩码(子网掩码,进行了子网划分)。

用标准的网络掩码划分的 A、B、C 类网络,每一类网络中的主机数是固定的,造成了地址空间的很大浪费。为了提高 IP 地址的使用效率,通过定制子网掩码,从主机地址高位中再屏蔽出子网位,可将一个网络划分为多个子网。方法是:从主机位最高位开始借位变为新的子网位,剩余的部分仍为主机位。通过这种划分方法,可建立更多的子网,而每个子网的主机数相应地有所减少。

子网掩码的确定方法是:把所有的网络位和子网位全用 1 来标识,主机位用 0 来标识。即通过子网掩码屏蔽掉 IP 地址中的主机位,保留网络号和子网号。

5)子网划分

将 IP 地址的主机号部分进一步划分成子网部分和主机部分。从标准 IP 地址的主机号部分"借"位并把它们指定为子网号部分,在"借"用时必须给主机号部分剩余 2 位,在"借"用时至少要借用 2 位。

例如:将一个 C 类网络地址 192.9.200.0 划分为 4 个子网,并确定各子网的子网地址及 IP 地址范围。

分析:要划分为 4 个子网,$4 = 2^2$,从主机位最高位开始借 2 位,即该段的掩码是 11000000,转换为十进制为 192。因此,该 C 类网络的子网掩码:255.255.255.192。

4 个子网的子网号分别为:

00 子网——00000000,转换为十进制为 0。

01 子网——01000000,转换为十进制为 64。

10 子网——10000000,转换为十进制为 128。

11 子网——11000000,转换为十进制为 192。

4 个子网的 IP 地址范围(不包括全 0 和全 1 的地址)分别为:

00 子网——00000001~00111110,转换为十进制为 1~62。

01 子网——01000001~01111110,转换为十进制为 65~126。

10 子网——10000001~10111110,转换为十进制为 129~190。

11 子网——11000001~11111110,转换为十进制为 193~254。

网络地址 192.9.200.0 通过 255.255.255.192 子网掩码划分的子网分别是:

子网号	子网地址	IP 地址范围
0 子网	192.9.200.0	192.9.200.1～192.9.200.62
1 子网	192.9.200.64	192.9.200.65～192.9.200.126
2 子网	192.9.200.128	192.9.200.129～192.9.200.190
3 子网	192.9.200.192	192.9.200.193～192.9.200.254

检查子网地址是否正确的简便方法是：检查它们是否为第一个非 0 子网地址的倍数。例如：上例中 128 和 192 都是 64 的倍数。

任务 5.5　IPv6 的基础知识

5.5.1　IPv6 概述

IPv4 是目前广泛使用的 IP 版本。但是由于 Internet 的飞速发展，从接入主机数量和安全角度来考虑，IPv4 已经不适合 Internet 的发展了。20 世纪 90 年代初，IETF 认识到解决这些变化的唯一办法就是设计一个新版 IP 来取代 IPv4。于是成立了 Ipng 工作组，主要的工作是定义过渡的协议，以确保当前 IP 版本和新的 IP 版本长期的兼容性，并支持当前使用的和正在出现的基于 IP 的应用程序。

Ipng 工作组的工作开始于 1991 年，先后研究了几个草案，最后提出了 RFC（Request for Comments）所描述的 IPv6，从 1995 年 12 月开始进入了 Internet 标准化进程。IPv6 是对 IPv4 的发展，IPv6 保留了 IPv4 中有用的特性而取消了某些规定。

1. 扩充了地址能力

在 IPv6 中 IP 地址由 IPv4 的 32 位增加到了 128 位，从而可以支持更多的需要设定地址的节点、更多的地址级别和远程用户自动地址配置的方法。通过给多路传送地址增加一个范围字段，使多路传送路由的伸缩性提高了。另外，IPv6 还定义了任意传送（Anycast）地址。

2. 报头格式规范

在 IPv6 中，IPv4 的某些报头字段可以被取消或变为可选的，从而减少了分组处理的时间并限制了 IPv6 报头对带宽的占用。

3. 对扩展和选项的进一步支持

IPv6 报头的选项可以支持更有效的转发，它对选项长度的限制放松了，增加了将来引入新选项的灵活性。IPv4 的某些报头字段在 IPv6 中被设为可选项。

4. 流标记功能

增加了一种新的服务质量功能，给用户要求特别处理的特殊信息量流的分组做标记，如实时服务。

5. 验证和保密性功能

这是 IPv6 内置的支持安全选项的扩展功能，如身份验证、数据完整性和数据机密性等。

5.5.2　IPv6 地址分类

为了适应迅速增长的 IP 地址的需求和支持各种不同的地址格式，RFC2373 中定义了三种 IPv6 地址类型。地址类型由地址几个高位值来定义,称为格式前缀 FP(Format Prefix),也可称为地址前缀。

1. 单播(unicast)地址

就是传统的点对点通信。发送到单播地址的数据包被送到由该地址标识的接口。

表示单一接口的地址和 IPv4 相同的标准的单播地址,每个主机接口一个。该地址定义了终端节点或路由器单个接口的唯一标示符。此类地址的主要目的通常与 IPv4 中使用唯一地址的目的一致,使用该类地址,协议将分组传送到目的节点的特定网络接口。单播地址又分为 5 种,分别是:

1)可聚合的全局单播地址

由地址前缀"001"标识的可聚合的全局单播地址,等价于公用 IPv4 地址。可以在全球范围内进行路由转发的 IPv6 地址,支持 IPv6 地址的自动配置。

2)站点本地地址

地址前缀 FP=1111111011。相当于 10.0.0.0/8、172.16.0.0/12 和 192.168.0.0/16 等 IPv4 私用地址空间。

3)链路本地地址

格式前缀 FP=1111111010。用于同一链路的相邻结点间通信,如单条链路上没有路由器时主机间的通信。链路本地地址相当于当前在 Windows 下使用 169.254.0.0/16 前缀的 APIPA IPv4 地址,其有效域仅限于本地链路。链路本地地址可用于邻居发现,且总是自动配置的,包含链路本地地址的包永远也不会被 IPv6 路由器转发。

4)特殊地址

IPv6 协议规定的特殊地址。在 IPv6 标准中规定了兼容 IPv4 标准的单播传送地址类型,主要是用于在 IPv4 向 IPv6 的过渡期,有"IPv4 兼容地址""IPv4 映射地址""6to4 地址""环回地址""未指定地址""NSAP 地址"。

①IPv4 兼容地址:

表示为 0:0:0:0:0:0:0:w.x.y.z 或:w.x.y.z(w.x.y.z 是以点分十进制表示的 IPv4 地址),用于具有 IPv4 和 IPv6 两种协议的节点使用 IPv6 进行通信。

②IPv4 映射地址:

一种内嵌 IPv4 地址的 IPv6 地址,表示为 0:0:0:0:0:FFFF:w.x.y.z 或::FFFF:w.x.y.z。该地址被用来表示仅支持 IPv4 地址的节点。

③6to4 地址:

用于具有 IPv4 和 IPv6 两种协议的节点在 IPv4 路由架构中进行通信。6to4 是通过 IPv4 路由方式在主机和路由器之间传递 IPv6 分组的动态隧道技术。

④环回地址:

环回地址(0:0:0:0:0:0:0:1 或::1)用于标识环回接口,允许节点数据包发送给自己。等价于 IPv4 环回地址 127.0.0.1 发送到环回地址的数据包永远不会发送给某个链接,也永远不会通过路由器转发。

⑤未指定地址:

未指定地址(0:0:0:0:0:0:0:0 或::)用于表示某个地址不存在。等价于 IPv4 未指定地址 0.0.0.0,未指定地址永远不会指派给某个接口或被用作目标地址。

5)NSAP 地址

NSAP(NSAP,Network Service Access Point)地址称为网络服务访问点地址,用于保留的地址,它的地址前缀 FP=0000001。

2. 任播(anycast)地址

当报文必须发往任意一个组员而不必是所有组员时使用任播寻址。发送给任意地址的分组会被发送给该地址标识的一组主机中的一台主机,这台主机通常是路由协议定义的最近的一台主机。任播地址类型代替 IPv4 广播地址。

3. 多播(multicast)地址

多播地址标识一个加入组的主机的结合,携带多播地址的数据包可能有多个接收者。

和 IPv4 一样,IPv6 有单播地址和多播地址。IPv6 没有广播地址。任播地址是一个新的地址类型,用来向设备组中的任意一个成员发送报文。

5.5.3　IPv6 地址表示

1. IPv6 地址结构

IPv6 地址=前缀+接口标识。

前缀相当于 IPv4 地址中的网络 ID,接口标识相当于 IPv4 地址中的主机 ID。

2. IPv6 地址表示方法

IPv4 地址被记作"点分十进制表示法"的格式,4 字节地址的每个字节都表示成十进制数并以点分隔。IPv6 使用 128 位来表示地址,在表示和书写上相当困难。由于地址太长,与 IPv4 地址表示方法有所不同。IPv6 将整个地址分为 8 段,每段的长度为 16 位,采用 16 进制来表示,每段之间用冒号隔开,地址前缀长度用"/xx"来表示。

地址每个分段的前导 0 不用写,例如 FF04:19:5:ABD4:187:2C:754:2B1。IPv6 地址中经常含有一长串的 0。允许压缩的地址使用一对冒号(全为零的组可用"::"表示)来表示多个 16 位块的 0 值。例如地址:FF01:0:0:0:0:0:0:5A,可以写作 FF01::5A。为避免二义性,"::"在地址中只能出现一次。但无论如何表示,计算机最终都是转换成二进制。

二进制 IP 地址用十六进制表示如图 5-7 所示。

在 IPv6 中,地址表现形式有三种,分别是基本表现形式、简略形式和混合表现形式。基本表现形式采用 8 个 16 位的部分表示,每个部分用四位十六进制数,各个部分间用":"隔开;简略形式可以将连续的若干部分的 0 用"::"表示,如 0:0:0:0:0:12:5:9:7 可以表示成 ::12:5:9:7;混合表现形式中,高 96 位被划分成 6 个 16 位部分,采用十六进制数表示,低 32 位与 IPv4 采用相同的表现方式,用十进制数表示。下面是同一个 IPv6 地址的不同表示法:

0001:0123:0000:0000:0000:ABCD:0000:0001/96

1:123:0:0:0:ABCD:0:1/96

1:123::ABCD:0:1/96

1:123::ABCD:0.0.0.1/96

10000000000000001000001000001000000000000000000000000000000001
00000000000000000000000000000000000000000000000100010111111111

1000000000000001 0000010000010000 0000000000000000 0000000000000001
0000000000000000 0000000000000000 0000000000000000 0100010111111111

8001:0410:0000:0001:0000:0000:0000:45ff

8001:410:0:1:0:0:0:45ff

8001:410:0:1::45ff

图 5-7 二进制 IP 地址用十六进制表示

5.5.4 IPv4 与 IPv6 地址的比较

1. 地址表示方法不同。

二者地址类型和表示方法中的一些关键项对比如表 5-10 所示。

表 5-10 IPv4 与 IPv6 地址类型和表示方法对比

IPv4 地址	IPv6 地址
地址位数：地址总长度 32 位	地址位数：地址总长度 128 位
地址格式表示：点分十进制格式	地址格式表示：冒号分十六进制格式，带零压缩
按 5 类 Internet 地址划分总的 IP 地址	不适用，IPv6 没有对应的地址划分，而主要是按照传输类型划分
网络表示：点分十进制格式的子网掩码或以前缀长度格式表示（212.68.192.68/24 24）	网络表示：仅以前缀长度格式表示（FEC2:0:0:1::6723/64 64）
环路地址：127.0.0.1	环路地址：::1
公共 IP 地址（在公网上路由的 IP）	IPv6 的公共地址为"可聚集全球单点传送地址"
自动配置的地址：169.254.0.0/16	链路本地地址：FE80::/64
多点传送地址：224.0.0.0/4	多点传送地址：FF00::/8
包含广播地址	不适用，IPv6 没有定义广播地址
未指明的地址是：0.0.0.0	未指明的地址是：::（0:0:0:0:0:0:0:0）
专用 IP 地址：10.0.0.0/8；172.16.0.0/12、192.168.0.0/16	站点本地地址：FEC0::/48
域名解析：IPv4 主机地址（A）资源记录	域名解析：IPv6 主机地址（AAAA）资源记录
逆向域名解析：IN-ADDR.ARPA 域	逆向域名解析：IPv6.INT 域

2.数据报格式不同

IPv6 报头采用 128 bit 地址长度,由基本报头和扩展报头链组成,这种设计可以更方便地增添选项以达到改善网络性能、增强安全性或添加新功能的目的。IPv6 基本报头被固定为 40 bit,使路由器可以加快对数据包的处理速度,提高了转发效率,从而提高网络的整体吞吐量,使信息传输更加快速。IPv6 基本报头中去掉了 IPv4 报头中的首部长度、标识、标志和报头校验等字段,其中段偏移、选项和填充字段被放到 IPv6 扩展报头中进行处理。

IPv6 协议不仅保存了 IPv4 报头中的业务类别字段,而且新增了流标记字段,使得业务可以根据不同的数据流进行更细的分类,实现优先级控制和 QoS 保障,极大地改善了 IPv6 的服务质量。

5.5.5 IPv4 向 IPv6 的过渡

要广泛地使用 IPv6,就必须将目前网络基础设施升级来适应使用新协议的软件。同时每个使用 TCP/IP 协议地址的设备也都必须适应新的地址格式。IPv4 和 IPv6 的共存意味着网络必须包容不同的协议和程序。短期的方案是 IPv6 网络通过 IPv4 的主干网实现网际互联,如图 5-8 所示。

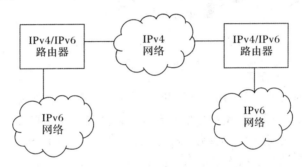

图 5-8　用 IPv4 实现 IPv6 网际互联

边界路由器是与 IPv4 兼容的 IPv6 节点,而且该路由器具有与 IPv4 兼容的 IPv6 地址。在 IPv4 网络中,IPv6 的分组被封装到 IPv4 的报头中进行传输,该过程称为穿越。当一个组织要把它子网的一部分改造为 IPv6 时,可以使用穿越技术。

IPv6 应用是大势所趋,但是 IPv4 功能也在同步发展。对于多数用户来说,只有当主机上的操作系统升级以后才能进行 IPv4 到 IPv6 的转移。但在某些情况下,需要使用两种版本IP 的协议。较大的用户网络转移时最好采用 Internet 从 IPv4 向 IPv6 转移时所采用的模式。

任务 5.6　DHCP 服务器

5.6.1 DHCP

1.DHCP 简介

动态主机配置协议(DHCP,Dynamic Host Configuration Protocol)是一种简化主机 IP

配置管理的 TCP/IP 标准。该标准为 DHCP 服务器的使用、管理 IP 地址的动态分配以及网络上启用 DHCP 客户机的其他相关配置信息提供了一种有效的方法。DHCP 指的是由服务器控制一段 IP 地址范围,客户机登录服务器时就可以自动获得服务器分配的 IP 地址和子网掩码。

首先,DHCP 服务器必须是一台安装有 Windows 200X Server/Advanced Server 操作系统的计算机;其次,担任 DHCP 服务器的计算机需要安装 TCP/IP 协议,并为其设置静态 IP 地址、子网掩码、默认网关等内容。

默认情况下,DHCP 作为 Windows 200X Server 的一个服务组件不会被系统自动安装,必须由用户手动添加它。图 5-9 所示是一个支持 DHCP 服务的网络实例。

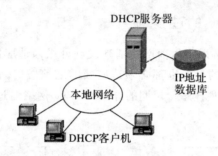

图 5-9　DHCP 服务的网络实例

2.引入 DHCP 服务的原因

在 TCP/IP 网络应用中,网络用户计算机只有在获取了一个合法网络 IP 地址后,才可以和其他的网络用户进行通讯。网络中的每台计算机(客户机)获得 IP 地址的方式有两种:一是通过手动配置指定固定 IP 地址;另一种方式就是通过 DHCP 服务为客户机从本地网络上的 DHCP 服务器 IP 地址数据库中动态指派 IP 地址。

在实际应用中,经常会遇到许多问题:使用固定方式配置 IP 地址,在网络规模较大或对网络中计算机进行调整时,不但给网络管理人员增添很大工作量,而且在管理上也会带来许多麻烦;IP 地址发生冲突;由于网关或 DNS 服务器地址设置出现错误而无法访问网络中的其他主机;由于计算机物理位置经常变动而不得不频繁地修改 IP 地址。基于这些在网络管理中所存在的种种问题,解决的方法是引入 DHCP 服务,以动态的方式实现客户机器 IP 地址的配置。

DHCP 不但可以避免由于手动输入数值的差错而引起的配置错误,防止配置新的计算机时重用以前指派的 IP 地址而引起的地址冲突,同时还大大降低了用于配置和重新配置网络上计算机的工作量和复杂性。另外,可以在配置服务器的同时提供其他配置值(如 DNS、网关地址等)。

5.6.2　DHCP 的工作原理

1.DHCP 的租约过程

客户机从 DHCP 服务器获得 IP 地址的过程叫做 DHCP 的租约过程,这个过程包括四步,如图 5-10 所示。

1）IP 租用请求

DHCP 客户机初始化 TCP/IP,向网络中发送一个 DHCPDISCOVER 广播包,请求租用 IP 地址。该广播包中的源 IP 地址为 0.0.0.0,目标 IP 地址为 255.255.255.255;广播包中还包含客户机的 MAC 地址和计算机名。

2）IP 租用提供

任何接收到 DHCPDISCOVER 广播包并且能够提供 IP 地址的 DHCP 服务器,都会给客户机回应一个 DHCPOFFER

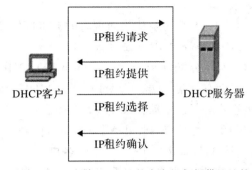

图 5-10　申请 IP 地址的客户机与提供地址的 DHCP 服务器之间的会话通信过程

广播包,提供一个 IP 地址。该广播包的源 IP 地址为 DCHP 服务器 IP,目标 IP 地址为 255.255.255.255;包中还包含提供的 IP 地址、子网掩码及租期等信息。

3）IP 租用选择

客户机从不止一台 DHCP 服务器接收到提供的 IP 地址之后,会选择第一个收到的 DHCPOFFER 包,并向网络中广播一个 DHCPREQUEST 消息包,表明自己已经接受了一个 DHCP 服务器提供的 IP 地址。该广播包中包含所接受的 IP 地址和服务器的 IP 地址。这时其它的 DHCP 服务器撤消它们将要提供的 IP 地址,以便将该 IP 地址提供给下一次 IP 租用请求。

4）IP 租用确认

被客户机选择的 DHCP 服务器在收到 DHCP REQUEST 广播后,广播会返回给客户机一个 DHCPACK 消息包,表明已经接受客户机的选择,并将这一 IP 地址的合法租用以及其它的配置信息都放入该广播包发给客户机。

客户机在收到 DHCPACK 包,会使用该广播包中的信息来配置自己的 TCP/IP,则租用过程完成,客户机可以在网络中通信。

DHCP 客户机在发出 IP 租用请求的 DHCPDISCOVER 广播包后,将花费 1 秒钟的时间等待 DHCP 服务器的回应,如果 1 秒钟后没有服务器的回应,它会将这一广播包重新广播四次（以 2、4、8 和 16 秒为间隔,加上 1~1000 毫秒随机长度的时间）。四次之后,如果仍未能收到服务器的回应,则运行 Windows 的 DHCP 客户机将从 169.254.0.0/16 这个自动保留的私有 IP 地址中选用一个 IP 地址临时使用（非 Windows 的 DHCP 客户机不会获得 IP 地址）。DHCP 客户机仍然每隔 5 分钟重新广播一次,如果收到某个服务器的回应,则继续 IP 租用过程。

用户可以利用 Windows 服务器提供的 DHCP 服务在网络上自动的分配 IP 地址及相关环境的配置工作。

2.DHCP 的功能

（1）保证任何 IP 地址在同一时刻只能由一台 DHCP 客户机所使用。

（2）DHCP 应当可以给用户分配永久固定的 IP 地址。

（3）DHCP 应当可以同用其他方法获得 IP 地址的主机共存（如手工配置 IP 地址的主

机)。

(4)DHCP 服务器应当向现有的 BOOTP (Bootstrap Protocol)客户端提供服务。

3.DHCP 分配 IP 地址方式

(1)自动分配(Automatic Allocation),DHCP 给客户端分配永久性的 IP 地址;

(2)动态分配(Dynamic Allocation),DHCP 给客户端分配过一段时间会过期的 IP 地址(或者客户端可以主动释放该地址);

(3)手工配置(Manual Allocation),由网络管理员给客户端指定 IP 地址。管理员可以通过 DHCP 将指定的 IP 地址发给客户端。

三种地址分配方式中,只有动态分配可以重复使用客户端不再需要的地址。

4.DHCP 客户端

DHCP 客户端可以让设备自动地从 DHCP 服务器获得 IP 地址以及其他配置参数。DHCP 客户端可以带来如下好处:降低了配置和部署设备时间;降低了发生配置错误的可能性;可以集中化管理设备的 IP 地址分配。

启用了 DHCP 服务,客户端计算机设置很简单,选择"自动获得 IP 地址"和"自动获得 DNS 服务器地址"即可。

任务5.7　域名和域名系统

5.7.1　域名概述

1.域名

因为 IP 地址是用二进制或十进制数字表示的,使用起来不直观,记忆很困难,所以在 Internet 上一般用域名来代替 IP 地址。域名由若干个英文字母(不分大小写)、数字或减号组成,再用小数点分隔成几部分。域名是个逻辑概念,它与地理位置无关。例如搜狐网站主机的域名是:www.sohu.com。与 IP 地址一样,域名在 Internet 上也是全世界唯一的。

2.域名作用

域名就是入网计算机的名字,它的作用就像邮寄信件时需要写明人们的名字、地址一样重要。它主要作用有:

(1)表示一台主机的名称;

(2)可在 Internet 上唯一标识某一主机;

(3)域名名称具有一定含义。

3.为什么要定义主机的域名

(1)便于人称呼和记忆主机的标识符;

(2)具有广告宣传作用;

(3)具有层次结构,提供网络管理组织信息;

(4)便于网络管理和维护,主机的 IP 地址随网络变化,域名可以保持不变。

4.域名系统的定义规则

1)树状结构

主机名、最低级域名……最高级域名

2)分级管理

Internet IP 地址分配和域名注册管理机构有:InterNIC,RIPE－NIC,APNIC。

中国的域名注册管理机构是:CNNIC(中国互联网络信息中心)。

5.主机域名与 IP 地址的对应关系

1)由域名服务器(DNS)完成地址解析

解析表:

主机域名	IP 地址
www.nwu.edu.cn	202.117.96.10
www.mit.edu	18.181.0.21
www.edu.cn	202.112.0.36

2)域名与 IP 地址的关系

域名与 IP 地址之间是一一对应的,域名系统为 Internet 上的主机分配域名地址和 IP 地址,用户使用域名地址,该系统就会自动把域名地址转为 IP 地址,域名服务是运行域名系统的 Internet 工具。

6.有关域名的几点说明

(1)域名在 Internet 中必须是唯一的,当高级子域名相同时,低级子域名不允许重复。

(2)域名的字符通常为字母、数字和连字符,不区分大小写,域名的长度必须小于 255 个字符,子域名字不超过 63 个字符。在 CNNIC 新的域名系统中,将同时为用户提供".中国"".公司"和".网络"结尾的纯中文域名注册服务,用户可以在这三种中文顶级域名下注册纯中文域名。其中注册".cn"的用户将自动获得".中国"的中文域名,如:注册"清华大学.cn",将自动获得"清华大学.中国"。

(3)建议为主机确定域名时应尽量使用有意义的字符。

(4)一个域名对应一个 IP 地址,一个 IP 地址可对应多个域名。例如,一台计算机有一个 IP 地址,但是该主机既可以作为邮件服务器也可以作为 WWW 服务器,因而可以有多个域名。

(5)主机的 IP 地址和域名从使用的角度看没有区别。但是,如果使用的系统中没有域名服务器,则只能使用 IP 地址而不能使用域名。

(6)各子域名之间用"."分隔开。

5.7.2 域名系统

1.域名系统的概念

域名系统(DNS:Domain Name System)是管理域的命名、管理主机域名、实现主机域名与 IP 地址解析的系统。

Internet 在 1985 年引入了域名系统 DNS(Domain Name System),域名系统采用层次结构,按地理域或机构域进行分层,用小数点将各个层次隔开。域名系统用一个分布式主机信息数据库管理整个 Internet 的主机名与 IP 地址。

TCP/IP 互联网中采用层次型名字管理机制,所以分布式主机信息数据库也是分层结构的,其结构如一棵倒立的树,树中的每个节点代表整个数据库的一个部分,即域名系统中的一个域。域可以进一步划分为子域,子域相当于树中的一个分叉,即一个子节点。每个域都有一个域名,域名定义了它在数据库中的位置。域名结构中最右边的那个词称为顶级域名。顶级域名又分为两类:一是国家顶级域名(National top-level domainnames,简称nTLDs),目前 200 多个国家和地区都按照 ISO3166 国家代码分配了顶级域名,例如中国是 cn、美国是 us、中国香港是 hk 等;二是国际顶级域名(International top-level domain names,简称iTDs),例如表示工商企业的.com;表示网络提供商的. net;表示非盈利组织的. org;表示教育机构.edu;表示军事机构. mil 等。新增加的顶级域名分别是:firm(公司企业)、shop(商店)、web(希望突出万维网活动的实体)、arts(主要从事艺术文化活动的实体)、rec(主要从事娱乐活动的实体)、info(主要从事信息服务实体)、nom(一些希望在互联网上发布个人信息的人)。

Internet 的顶级域名(一级域名)如表 5-11、表 5-12 所示。

表 5-11　顶级域名

代码	名称	代码	名称
com	商业机构	edu	教育机构
gov	政府机构	int	国际机构
mil	军事机构	net	网络机构
org	非盈利机构	arts	艺术机构
firm	工业机构	info	信息机构
nom	个人和个体	rec	娱乐机构
store	商业销售机构	web	与 www 有关的机构

表 5-12　部分国家(地区)域名代码

代码	国家/地区	代码	国家/地区
it	意大利	au	澳大利亚
ru	俄罗斯	tw	中国台湾
cn	中国	hk	中国香港
fr	法国	jp	日本
uk	英国	kp	韩国
us	美国	de	德国

2. 域名系统的分级管理

Internet 的域名系统是为方便解释机器的 IP 地址而设立的。如图 5-11 所示,域名系统采用层次结构,按地理域或机构域进行分层。书写中采用圆点将各个层次隔开,分成层次字段。在机器的地址表示中,从右到左依次为最高域名段、次高域名段等,最左的一个字段为主机名。例如,在 www.sina.com.cn 中,最高域名为 cn,次高域名为 com,最后是主机域名为 sina,www 表示服务。

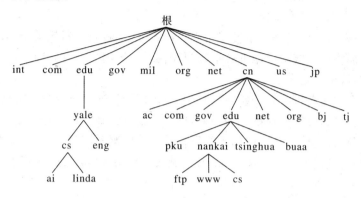

图 5-11 域名系统层次结构

虽然许多网点的分级结构符合物理网络互联的结构,但 Internet 上的域名是没有物理限制的,如最高域 net 下的各个域,既可以在美国也可以在中国。现在全球 Internet 的域名管理集中在 InterNIC(Internet 网络信息中心),我国的域名管理机构为 CNNIC。分级的域名管理比所有机器名集中起来的名字管理更具有灵活性,表现在:

1)域名的唯一性要求

采用集中式的域名,潜在的冲突可能性将随网络的扩大而增加,而分级域名由于其子域的可扩充性,每级的范围可划分成足够小以便管理,不容易出现重名的现象。

2)管理工作简单

在增加新域名时,集中式管理需要每新增一台机器就要得到中心管理机构的认可,庞大的互联网上短时间内增加数千个网点,管理工作的负荷增大。

3)域名和地址的变动

考虑到域名和地址的关联经常变动,要正确维护每个网点的整个域名将导致数据库开销很高,并且会随着网点的数目增加而增加,如果域名数据库位于单个网点,那么通向该网点的流量也会相应增加,从而成为网络流量的瓶颈。分级式的域名管理将下一级的域名分散到各管理网点,分级网点拥有其下一级域名分配和管理的权限,本域的用户在域名解析时,仅在解析不属本级域的域名时才向上级域名服务器或顶级域名服务器发出请求,否则就在本地域名服务器上解析,这不仅减轻了单个域名服务器的负载,也减少了由于域名请求带来的网络流量。

3.域名解析

在 Internet 上只知道某台机器的域名是不够的,还要有办法找到那台机器。寻找这台机器的任务由域名服务器来完成,完成这一任务的过程就称为域名解析。

将域名映射为 IP 地址或将 IP 地址映射为域名,都称为域名解析。域名解析采用客户/服务器模式,客户端称为解析器,服务器端称为域名服务器。要进行域名解析的原因是:

(1)用户希望使用记忆和书写较为方便的域名;

（2）主机之间的通信仍然需要通过 IP 地址进行；

（3）必须提供一种机制进行域名与 IP 地址之间的映射。

域名到 IP 地址的转换服务由域名服务器（DNS）完成，用户在使用域名时就需要一个或多个域名服务器来完成转换工作。

用户在机器上必须设置一个本地域名服务器，本地域名服务器接受查询时，首先查找自己的数据库，若能将域名解析成地址就把客观存在返回给用户，否则就检查客户程序选用的解析类型。域名解析方式有：

递归解析，要求域名服务器系统一次性完成全部名字与地址变换。将请求发送给根服务器，根服务器再转达发给相应的域服务器，依次类推直到查到地址返回给本地服务器。

反复解析，每次请求一个服务器，不行再请求其他的服务器，如图 5-12 所示。

例如某客户机发出 www.sina.com.cn 的域名解析请求，整个过程如图 5-13 所示。

域名解析的递归查询（递归解析）与迭代查询（反复解析）比较如图 5-14 所示。

图 5-12　域名解析

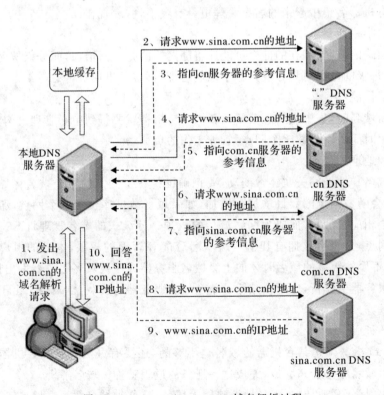

图 5-13　www.sina.com.cn 域名解析过程

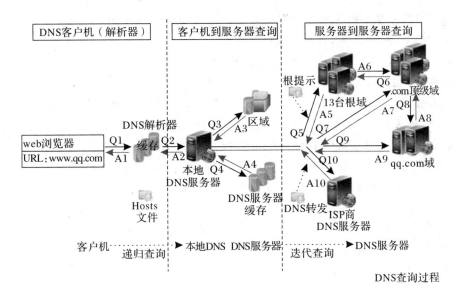

图 5-14 域名解析的查询方式比较

习 题

一、选择题

1. IP 地址由网络号和主机号组成。网络号在一个 IP 地址中起( )作用。

A. 它规定了主机所属的网络

B. 它规定了网络上计算机的身份

C. 它规定了网络上的哪个节点正在被寻址

D. 它规定了设备可以与哪些网络进行通信

2. 关于 IP 地址和域名,以下描述不正确的是( )。

A. Internet 上任何一台主机的 IP 地址在全世界是唯一的

B. IP 地址和域名——对应,由 DNS 服务器进行解析

C. 人们大都用域名在 Internet 上访问一台主机,因为这样速度比用 IP 地址快

D. Inter NIC 是负责域名管理的世界性组织

3. TCP 参考模型将网络的层次结构划分为( )。

A. 六层　　　　　B. 四层　　　　　C. 三层　　　　　D. 七层

4. 在以太局域网中,将 IP 地址映射为以太网卡 MAC 地址的协议是( )。

A. ARP　　　　　B. ICMP　　　　　C. UDP　　　　　D. SMTP

5. 如果一台主机的 IP 地址为 192.168.0.10,子网掩码为 255.255.255.224,那么主机所在网络的网络号占 IP 地址的( )位。

A. 24　　　　　　B. 25　　　　　　C. 27　　　　　　D. 28

6. 以下关于 IPv4 地址说法不正确的是( )。

A. IP 地址是 TCP/IP 协议的内容之一

B. 当家庭用户接入因特网时,ISP 会给用户动态地分配一个 IP 地址

C. IP 地址一共有 32 位,由 4 个 8 位组成

D. IP 地址一共有 12 位,由 4 个 3 位组成

7. 网络协议主要要素为(　　)。

A. 数据格式、编码、信号电平　　　　B. 数据格式、控制信息、速度匹配

C. 语法、语义、同步　　　　　　　　D. 编码、控制信息、同步

8. 基于 TCP/IP 协议集的 Internet 体系结构保证了系统的(　　)。

A. 可靠性　　　　　　B. 安全性　　　　　　C. 开放性　　　　　　D. 可用性

9. 为了适应 Internet 的高速增长和支持各种不同的地址格式,IPv6 地址长度为(　　)。

A. 64 位　　　　　　B. 96 位　　　　　　C. 128 位　　　　　　D. 256 位

10. 通常情况下当 DHCP 客户机的 IP 地址租用期满后,客户机会(　　)。

A. 继续使用该 IP 地址

B. 使用专用 IP 自动编址

C. 广播 DHCPREQUEST 消息请求续租

D. 重新启动租用过程来租用新的 IP 地址

11. 客户机使用 DHCP 的优点是(　　)。

A. 可以由 DHCP 服务器处获取静态 IP 地址

B. 可以由 DHCP 服务器处获取动态 IP 地址

C. 由 DHCP 服务器处获取域名解析服务

D. 由 DHCP 服务器处获取文件存取服务

12. IP 地址是一串很难记忆的数字,于是人们发明了(　　),给主机赋予一个用字母代表的名字,并进行 IP 地址与名字之间的转换工作。

A. DNS 域名系统　　　　　　　　　B. Windows NT 系统

C. unix 系统　　　　　　　　　　　D. 数据库系统

13. 下列(　　)MAC 地址的写法是正确的。

A. 00－06－5B－4A－34－2F　　　　B. 192.168.1.55

C. 65－10－96－58－16　　　　　　D. 00－06－5B－4G－45－BA

14. 局域网中的 MAC 与 OSI 参考模型(　　)层相对应。

A. 物理层　　　　　B. 数据链路层　　　C. 传输层　　　　　D. 网络层

15. 一台主机的 IP 地址为 212.113.216.68,子网掩码为 255.255.255.240,那么这台主机的主机号为(　　)。

A. 4　　　　　　　　B. 6　　　　　　　　C. 8　　　　　　　　D. 68

16. 一个 IPv6 的地址基本表现形式为 AA03:0:0:0:7:8:15,则其简略表现形式为(　　)。

A. AA03::7:8:15　　B. AA03:0:0:0:7:0.8.0.15

17. 有关网卡物理地址说法不正确的是(　　)。

A. 又称为 MAC 地址　　　　　　　B. 每块网卡的物理地址都是唯一的

C. 由十六进制数组成　　　　　　　D. 共有 16 位,前六位为厂商代号

18. 当一台主机从一个网络移到另一个网络时,(　　)说法是正确的。

A. 必须改变 IP 地址和 MAC 地址

B. 必须改变 IP 地址,但不需改动 MAC 地址

C. 必须改变 MAC 地址,但不需改动 IP 地址

D. MAC 地址和 IP 地址都不需改动

19. 某单位申请到一个 C 类 IP 地址,若要分成 8 个子网,其掩码应为( )。

A. 255.255.255.255
B. 255.255.255.0

C. 255.255.255.224
D. 255.255.255.192

20. 以下四个 WWW 网址中,( )网址不符合 WWW 网址书写规则。

A. www.163.com
B. www.nk.cn.edu

C. www.863.org.cn
D. www.tj.net.jp

二、问答题

1. 以下 IP 地址各属于哪一类地址(有类地址),并说明理由。

(1)20.250.1.139　　(2)202.250.1.139　　(3)120.250.1.139

2. 已知子网掩码为 255.255.255.192,下面各组 IP 地址是否属于同一子网,为什么?

(1)200.200.200.224 与 200.200.200.208

(2)200.200.200.224 与 200.200.200.160

(3)200.200.200.224 与 200.200.200.222

3. 已知主机的 IP 地址如下:

　　108.105.202.135

　　162.215.100.37

　　217.135.74.166

(1)用 32 位二进制数表示以上 IP 地址。

(2)判定以上地址所属的类别(有类地址),并写出其默认网络掩码。

4. 假设一个主机的 IP 地址为 202.169.5.162,而子网掩码为 255.255.255.248,那么该 IP 地址的网络号和主机号分别为多少?

5. 某单位为管理方便,拟将网络 205.33.121.0 划分为 5 个子网,每个子网中的计算机数不超过 15 台,请规划该子网。写出子网掩码和每个子网的子网地址。

6. 已知多个主机的域名如下:

　　dell.cs.nwu.edu.cn

　　ocean.cs.nwu.edu.cn

　　venus.zju.edu.cn

　　public.bta.net.cn

　　sea.ac.cn

(1)用域名系统的树状结构图表示以上主机的关系。

(2)判定上述主机所属的网络和机构。

Internet与接入技术

INTERNET YUJIERUSHU

任务描述：计算机只有接入 Internet 才能更充分地发挥作用，享受网络中无穷无尽的资源。接入 Internet 的方法有很多，如非对称数字线路（ADSL）接入、光纤接入、无线接入等。光纤接入和无线接入是今后网络接入的主流方式，由于很多地方的光纤网络建设还不成熟，通过 ADSL 接入 Internet 仍是主要方式。目前中国电信、中国联通、网通、长城公司等互联网服务提供商提供了 ADSL 宽带业务。

学习目标：了解 Internet 的产生、发展和应用；了解 Intranet 的建立和组成；了解移动互联网的技术；理解 ISP 作用；掌握 Internet 接入方式。

学习重点：ADSL 接入技术。

任务6.1 Internet

6.1.1 Internet 概述

1. Internet 产生

Internet 源于美国，它的前身是只连接了 4 台主机的 ARPANET，于 1969 年由美国国防部高级研究计划署（ARPA）作为军用实验网络而建立，1973 年正式运行，实际上是冷战的产物。1969 年美国国防部高级研究计划署（DARPA，Defense Advanced Research Project Agency）决定研究一种计算机网络，能在战争状态下经受起局部被破坏，但整个网络不会瘫痪，即一种无中心的网络，并能将使用不同计算机和操作系统的网络连接在一起。1961 年，利奥纳德科·仑洛克在其博士论文中最早用排队论证明分组交换网络的优越性，并在 1969 年 12 月，参与了美国四所大学使用接口消息处理器（IMP）建立起阿帕网（ARPANet）。

1974 年，斯坦福大学的两位研究员瑟夫（Cerf）和卡恩（Kahn）发表了互联网络的基本原则。主要包括：

（1）小型化、自治：各种网络可以自行运行，当需要互联时不必在其内部再进行修改。

（2）尽力而为的服务：互联网络提供尽力而为的服务，如果需要可靠的通信，则由发送端通过重传丢失的报文来实现。

（3）无状态路由器：互联网络中的路由器不保存任何现行连接中已经发送过的信息流状态。

（4）分散化的控制结构：在互联网络中不存在全局性的控制机制。

2. Internet 发展

1970 年末，ARPA 开始了一个称为 Internet 的研究计划，主要研究如何将各种局域网

(LAN)和广域网(WAN)互联起来,这个研究项目的成果就是 TCP/IP 协议。

1983 年,ARPAnet 分裂为两部分,ARPAnet 和纯军事用的 MILnet。

1990 年 6 月,阿帕网退役,国家科学基金网 NSFnet 正式成为美国的 Internet 主干网。

1991 年,IBM、MCI(媒体控制接口)和 MERIT 三家公司成立了高级网络服务公司(Advanced Networks and Services),着手建立新的主干网络。

1992 年,高级网络服务公司建立了新的高级网络服务网(ANSnet),取代国家科学基金网成为美国 Internet 的主干网。

1995 年,NSFnet 被撤销,美国的商业供应商财团接管 Internet。

1996 年,美国教育和科研团体组成先进网络技术联盟,该组织的主要目的是开发先进的网络应用,并且研究和开发未来的网络创新技术,简称为 Internet2。下一代互联网技术主要涉及四个方面:基础设施、IPv6(Internet Protocol Version 6)、QoS(Quality of Service,服务质量)、网络管理和测量。

网络的迅速发展主要受两个技术的影响:光纤技术和无线通信技术。光纤技术使得通信的带宽大大增强,无线通信技术降低了基础设施的成本,使入网用户迅速地增长。

3. Internet 国际管理机构

Internet 是一个既自治又合作的团体,组成 Internet 的每一个网络都拥有自己独立的管理规则和体系,但是它们与 Internet 接入时,都必须遵循一些基本规则和标准。在 Internet 的发展过程中,有几个组织对 Internet 具有主导和决定性的作用,Internet 的几个关键组织机构关系如图 6-1 所示。这些组织包括:

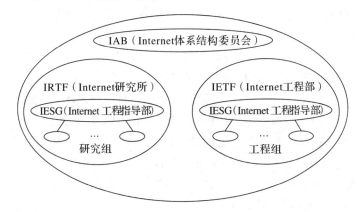

图 6-1 Internet 的管理机构

Internet 工程专门小组(IETF:Internet Engineering Task Force):是一个公开性质的大型民间国际团体,汇集了与互联网架构、互联网顺利运作相关的网络设计者、运营者、投资人和研究人员,并欢迎所有对此行业感性趣的人士参与,它分为 9 个领域(应用、寻径和寻址、安全等),每个领域由几个 Area Director(AD)负责管理。

Internet 研究专门小组(IRTF,Internet Research Task Force):主要针对 TCP/IP 和互联网相关的长远项目进行研究。

Internet 体系结构委员会(IAB,Internet Architecture Board):是一个技术监督和协调

的机构。它由国际上来自不同专业的志愿者组成,其职能是负责 Internet 标准的最后编辑和技术审核。IAB 隶属于 ISOC,技术管理,用户提出草案,经过网络讨论演变成标准(RFC)。

Internet 协会(ISOC,Internet Society):是 Internet 最权威的管理机构,它是一个完全由志愿者组成的组织。目的是推动 Internet 技术发展与促进信息交流,推动、支持和促进 Internet 不断增长和发展,它把 Internet 作为全球研究通信的基础设施。

6.1.2 Internet 在我国的发展进程

1. Internet 在中国

1987 年 9 月 20 日,钱天白教授(在中国兵器工业计算所的前身——五机部计算站)发出我国第一封电子邮件"越过长城,通向世界",揭开了中国人使用 Internet 的序幕。

1990 年 10 月,钱天白教授代表中国正式在国际互联网络信息中心的前身 DDN – NIC (相当于现在的 INTERNIC)注册登记了我国的顶级域名 cn,并且从此开通了使用中国顶级域名 cn 的国际电子邮件服务。由于当时中国尚未正式连入 Internet,所以委托德国卡尔斯鲁厄大学运行 cn 域名服务器。

1994 年 5 月 21 日在钱天白教授和德国卡尔斯鲁厄大学的协助下,中国科学院计算机网络信息中心完成了中国国家顶级域名(cn)服务器的设置,改变了中国的 cn 顶级域名服务器一直放在国外的历史。

1993 年 3 月 2 日,中国科学院高能物理研究所租用 AT&T 公司的国际卫星信道接入美国斯坦福线性加速器中心(SLAC)的 64K 专线正式开通。这条专线是我国部分连入 Internet 的第一条专线。

1994 年 4 月初,中美科技合作联委会在美国华盛顿举行。会上,中科院副院长胡启恒代表中方向美国国家科学基金会(NSF)重申连入 Internet 的要求,得到认可。

1994 年 4 月 20 日,NCFC 工程(中关村地区教育与科研示范网络)通过美国 Sprint 公司连入 Internet 的 64K 国际专线开通,实现了与 Internet 的全功能连接。从此我国被国际上正式承认为有 Internet 的国家。我国是通过国际专线接入 Internet 的第 77 个国家。1994 年 5 月 21 日完成了我国最高域名 cn 主服务器的设置。

1994 年起,最早通过四大骨干网联入国际互联网,我国正式进入 Internet 网。

2. 中国互联网信息中心(CNNIC)

1997 年 6 月 3 日,中国互联网信息中心(CNNIC)在北京成立,并开始管理我国的 Internet 主干网。

CNNIC 的主要职责是:为我国的互联网用户提供域名注册、IP 地址分配等注册服务;提供网络技术资料、政策与法规、入网方法、用户培训资料等信息服务;提供网络通信目录、主页目录以及各种信息库等目录服务。

任务 6.2 Internet 的接入技术

随着网络的迅速普及,越来越多的个人计算机需要接入 Internet,更多的局域网之间需要互联,并接入 Internet,进而使用 Internet 上的各种资源。

6.2.1 互联网接入介绍

1. Internet 骨干网(Internet backbone)

要访问 Internet,首先必须使本地计算机与 Internet 的接入网连接,而接入网还得连入 Internet 骨干网。

骨干网是国家批准的可以直接和国外连接的互联网。其他有接入功能的 ISP 想连到国外都得通过这些骨干网。我国现有十个国家批准的 Internet 骨干网络,它们分别是:

(1)中国公用计算机互联网(ChinaNET):是中国最大的 Internet 服务提供商。它是在 1994 年由前邮电部(现为信息产业部)投资建设的公用互联网,现由中国电信经营管理,于 1995 年 5 月正式向社会开放。截至 2014 年 6 月,国际出入口信道带宽是 2428803 Mb/s。

(2)中国金桥信息网(ChinaGBN):是中国国民经济信息化的基础设施,是建立金桥工程的业务网,支持金关、金税、金卡等"金"字头工程的应用。覆盖 24 个城市,在北京、上海、广州等 10 座城市利用卫星信道组成骨干网,并与国际网络实现互联。

(3)中国联通计算机互联网(UNINET):面向 ISP 和 ICP,骨干网已覆盖全国各省会城市,网络节点遍布全国 230 个城市。截至 2014 年 6 月,国际线路带宽是 922875 Mb/s。

(4)中国网通公用互联网(CNCNET):由中国科学院、国家广电总局、铁道部、上海市共同联合,利用广播电视、铁道等部门已经铺设的光缆网络,连接北京、上海、广州、武汉等城市,第一期骨干网建设于 2000 年第三季度完成,覆盖东南 15 个主要城市,全程 8000 km,最高速率可达 40 Gb/s。国际线路带宽 89665 Mb/s。

(5)中国移动互联网(CMNET):是中国移动独立建设的全国性的、以宽带互联网技术为核心的电信数据基础网络,主要提供无线上网服务。截至 2014 年 6 月,国际线路带宽是 337629 Mb/s。

(6)中国卫星集团互联网(CSNET)。

以上 6 个互联单位为经营性互联单位,下面 4 个互联单位为公益性互联单位。

(7)中国教育和科研计算机网(CERNET):地区网络中心和地区主结点分别设在清华大学、北京大学、北京邮电大学、上海交通大学、西安交通大学、华中科技大学、华南理工大学、电子科技大学、东南大学、东北大学,如图 6-2 所示。截至 2014 年 6 月,国际线路带宽是 65000 Mb/s。

(8)中国科技网(CSTNET):连接全国各地 45 个城市的科研机构,共 1000 多家科研院所、科技部门和高新技术企业,上网用户达 40 万人。截至 2014 年 6 月,国际线路带宽是 22600 Mb/s。

(9)中国长城网(CGWNET):由工业和信息化部设立,适用于中国国防机构的专属域名。

(10)中国国际经济贸易互联网(CIETNET):2000 年 10 月 17 日批复成立,面向全国外贸系统企事业单位的专用互联网络。截至 2014 年 6 月,国际线路带是 2 Mb/s。

2. 网络接入技术

网络接入技术是指一个 PC 机或局域网与 Internet 相互连接的技术,或者是两个远程局

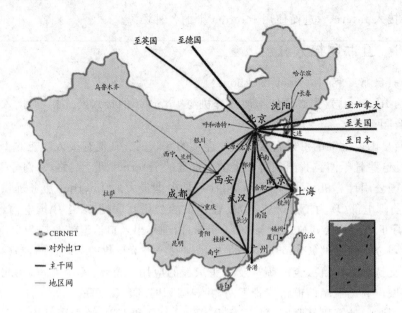

图 6-2　CERNET

域网之间的相互接入技术。接入是指用户通过电话线或数据专线等方式将个人或单位的计算机与 Internet 连接,使用 Internet 中的资源,或者使用电话线或数据专线连接多个局域网,实现远程访问和通信。

3. ISP

ISP 是 Internet Service Provider 的缩写,意为"Internet 服务提供商",这里的服务主要是指 Internet 接入与信息服务,即为用户提供 Internet 接入和 Internet 信息服务的公司和机构。ISP 是全世界数以亿计的用户通往 Internet 的必经之路。

1)ISP 的作用

ISP 是用户与 Internet 之间的桥梁,上网的时候,计算机首先是跟 ISP 连接,再通过 ISP 连接到 Internet 上。

①Internet 服务提供者(ISP)是用户接入 Internet 的入口点。

②为用户提供 Internet 接入服务

③为用户提供各类信息服务

2)选择 ISP

随着 Internet 在我国的迅速发展,越来越多的单位和个人想得到 Internet 所提供的各项服务,于是提供 Internet 接入服务的 ISP 也越来越多。面对这些服务项目各不相同,收费也千差万别的 ISP,选择一家合适的 ISP 考虑以下因素:

①规模和信誉,要选择规模大、信誉好的 ISP。

②ISP 跟 Internet 的接入速率,速率越大越好,同时还要考虑出口带宽。

③ISP 的收费标准,要作对比,选出收费最合算的一个。

④ISP 提供的服务,服务越多越好,同时还要考虑技术支持能力。

⑤ISP所在地的位置，最好是在同一个城市，越近越好。

我国现在有很多ISP，其中最常见的ISP是各地的电信局、通信公司或其属下的数据局，还有其它的ISP，他们往往会推出一些优惠措施去吸引客户。

6.2.2 局域网接入互联网

1.局域网接入 Internet 需要解决的问题

(1)用户接入需求。访问 Internet 的网络规模和人数、需要的带宽、可靠性等。

(2)所需网络资源。接入 Internet，网络服务商能提供哪些服务。

(3)采用何种网络接入技术以及所需硬件设备。

(4)所需的软件。采用何种网络操作系统、协议、代理服务软件；服务器和客户端的软件设置等。

(5)费用。一次性投资和今后网络的维护费用。

2.局域网接入 Internet 方法

局域网接入 Internet 的方式有多种，对于大、中型局域网来说，通常使用交换机、路由器或专线连接 Internet；对于小型局域网用户来说，通常使用 ADSL、ISDN 连接 Internet。

1)通过代理(Proxy)服务器接入

通过局域网的服务器，由一根电话线或数据专线将服务器与 Internet 连接(小型局域网与 Internet 的连接)，局域网上的主机通过代理服务器的 IP 地址访问 Internet，如图 6-3 所示。

图 6-3　通过代理服务器接入 Internet

这种方式需要在服务器上运行专用的代理软件或地址转换软件，需要的网络设备比较少，费用不高。局域网上的用户可以使用 Internet 上丰富的信息资源，而局域网外部的用户却不能随意访问局域网内部，以保证内部资料的安全。由于局域网上所有的工作站共享同一线路，当上网的工作站数量较多时，访问 Internet 的速度会显著下降。

代理服务器是介于浏览器和 Web 服务器之间的一台服务器，浏览器不是直接到 Web 服务器访问页而，而是向代理服务器发出请求，Request 信号会先发送到代理服务器，由代理服务器来取回浏览器所需要的信息并传送给浏览器。大部分代理服务器都具有缓冲的功能，具有很大的存储空间，不断将新取得的数据储存到它本机的存储器上，如果浏览器所请求的数据在它本机的存储器上已经存在而且是最新的，就不重新从 Web 服务器取数据，而直接将存储器上的数据传送给用户的浏览器，这样浏览速度和效率就有了显著提高。代理服务器的功能是代理网络用户去访问网络信息，其作用是：

①地址转换(NAT)；

②转发内部的访问请求；

③缓存 Web 页面；

④DHCP 服务器。

2）通过路由器接入

通过路由器使局域网接入 Internet（大型局域网与 Internet 的连接）。路由器的一端接在局域网上，另一端则与 Internet 上的连接设备相连，如图 6-4 所示。

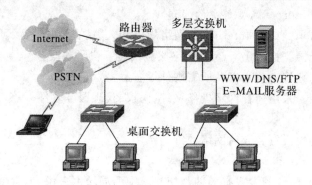

图 6-4　通过路由器接入 Internet

　　通过局域网接入 Internet 是指用户局域网使用路由器，通过数据通信网与 ISP 相连接，再通过 ISP 的连接通道接入 Internet。

　　该方式需要路由器为每一台局域网上的主机分配一个 IP 地址，技术问题比较复杂，管理和维护的费用较高，连接 Internet 的硬件设备成本也比较高，但访问 Internet 的速度快。

　　①多层交换机的作用：连接路由器、各桌面交换机、服务器；负责局域网内部各子网之间的路由。

　　②路由器的作用：负责局域网与广域网之间的连接和路由选择；提供远程计算机通过拨号接入局域网，借此访问局域网和 Internet。

6.2.3　光纤接入技术

1.FTTB 技术

FTTB(Fiber To The Building)的含义是光纤到楼，是一种基于高速光纤局域网技术的宽带接入方式。FTTB 采用光纤到楼、网线到户的方式实现用户的宽带接入，因此又称为 FTTB＋LAN，这是一种最合理、最实用和最经济有效的宽带接入方法。

FTTB 利用数字宽带技术，实现千兆到社区，局域网百兆到楼宇，十兆到用户。对用户来讲，不需要增加什么设备，只是墙上多了个"信息插座"而已。FTTB 对用户计算机的硬件要求和普通局域网的要求一样，只需在计算机上安装一块 10M 以太网卡即可进行 24 小时高速上网。

FTTB 采用的是专线接入，所以用户开机后不需要拨号即可接入 Internet。通过 FTTB 高速专线上网的用户不但可使用 Internet 的所有服务，而且还可以享用由 ISP 另外提供的更多宽带增值业务，如远程教育、远程医疗、视频点播、交互游戏和广播视频等。

2.光纤接入网的最主要特点

在干线通信中，光纤扮演着重要角色，在接入网中，光纤接入也将成为发展的重点。光纤接入网是发展宽带接入的长远解决方案。光纤通信具有通信容量大、质量高、性能稳定、防电磁干扰、保密性强等优点，具体有：

(1)网络覆盖半径一般较小，可以不需要中继器，但是由于众多用户共享光纤导致光功率的分配或波长分配，有可能需要采用光纤放大器进行功率补偿。

(2)要求满足各种宽带业务的传输，而且传输质量好、可靠性高。

(3)光纤接入网的应用范围广阔。

(4)投资成本大，网络管理复杂，远端供电较难等。

FTTB带宽为共享式，住户实际可得的带宽受并发用户数限制。此外，ISP必须投入大量资金铺设高速网络到每个用户家中，已建小区线路改造工程量大，所以适合于用户集中居住的小区。

6.2.4 ADSL 接入技术

DSL是英文Digital Subscriber Line的简称，中文名称是数字用户线。数字用户线技术就是以铜质电话线为传输介质的传输技术，统称为"xDSL"技术。xDSL技术包括HDSL、VDSL、ADSL、SDSL和RADSL等多种技术，最常用的技术是ADSL。

1. ADSL 概念

ADSL(Asymmetrical Digital Subscriber Line，非对称数字用户环路)是一种能够通过普通电话线提供宽带数据业务的技术，也是目前极具发展前景的一种接入技术。ADSL素有"网络快车"之美誉，因其下行速率高、频带宽、性能优、安装方便、不需交纳电话费等特点而深受广大用户喜爱，成为继Modem、ISDN之后的又一种全新的高效接入方式。

ADSL技术是一种不对称数字用户线路实现宽带接入互联网的技术，ADSL作为一种传输层的技术，充分利用现有的电话铜线资源，在一对双绞线上提供上行640 kb/s，下行8 Mb/s的带宽，实现了真正意义上的宽带接入。

2. ADSL 的工作原理

传统的电话系统使用的是铜线的低频部分(4 kHz以下频段)。而ADSL采用DMT(离散多音频)技术，将原先电话线路0 Hz到1.1 MHz频段划分成256个频宽为4.3 kHz的子频带。其中，4 kHz以下频段仍用于传送PSTN(传统电话业务)，20 kHz到138 kHz的频段用来传送上行信号，138 kHz到1.1 MHz的频段用来传送下行信号。DMT技术可根据线路的情况调整在每个信道上所调制的比特数，以便更充分地利用线路。一般来说，子信道的信噪比越大，在该信道上调制的比特数越多。如果某个子信道的信噪比很差，则弃之不用。由于上网与打电话是分离的，所以上网时不占用电话信号，只需交纳网费而没有电话费。

3. ADSL 接入技术

ADSL接入技术如图6-5所示。ADSL方案的最大特点是不需要改造信号传输线路，完全可以利用普通铜质电话线作为传输介质，配上专用的Modem即可实现数据高速传输。

ADSL支持上行速率640 kb/s～1 Mb/s，下行速率1 Mb/s～8 Mb/s，其有效的传输距离在3～5 km范围以内。在ADSL接入方案中，每个用户都有单独的一条线路与ADSL局端相连，它的结构可以看作是星型结构，数据传输带宽是由每一个用户独享的。

4. 申请安装方式

由于各地的情况不同，其申请手续和资费标准也有所不同，具体情况要咨询当地的运营

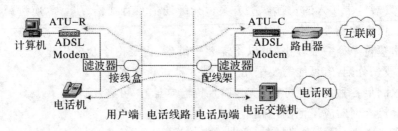

图 6-5　ADSL 接入

商,申请安装 ADSL 的步骤如下:

（1）需要有一条电话线,并且所在地区的电话已经开通了 ADSL 的业务。

（2）携带身份证到当地运营商办理 ADSL 的手续并交费后即可获得 ADSL 上网账号和密码（联网后最好更改密码）。完成了 ADSL 的申请工作,接下来运营商技术人员上门安装调试。

（3）一次性费用主要包括一次性接入费和 ADSL 设备的综合工料费用。宽带使用费用有三种:限时、包月和计时。ADSL 并不占用电话的信号,一般都是采用包月的形式。

5.实现方法

1）ADSL 所需设备

①一条电话线;

②一个 ADSL Modem:数据传输设备;

③一个语音分离器:使上网和打电话互不干扰;

④交叉网线,用于连接 ADSL Modem 和网卡;

⑤拨号软件,要在有的操作系统环境中安装拨号软件,例如 Win7 环境。

2）ADSL 接入互联网方式

①虚拟拨号方式。虚拟拨号方式是指在 ADSL 的数字线上进行拨号,不同于模拟电话线上用调制解调器的拨号,虚拟拨号用户需要通过一个用户帐号和密码来验证身份。

采用专门的 PPPoE（PPP over Ethernet,在以太网络中转播 PPP 帧信息的技术）协议软件,拨号后直接由验证服务器进行检验,用户需输入用户名与密码,检验通过后就建立起一条高速的用户数字线路,并分配以相应的动态 IP。这种方式一般用于个人用户或小型企事业单位（局域网）。

②专线方式。专线方式是指由 ISP 提供静态 IP 地址、主机名称、DNS 等入网信息,其软件的设置和安装局域网一样,在安装好 TCP/IP 协议,直接在网卡上设定好 IP 地址、DNS 服务器等信息后,就直接连在互联网上了。由于这种方式的价格较高,且占用 ISP 有限的 IP 地址资源,因此目前主要用于企事业单位。

3）安装 ADSL 设备的步骤

①安装网卡。网卡在这里起到了数据传输的作用,所以只有正确地安装它,才能使用好 ADSL。

②安装滤波器。滤波器有 3 个接口,分别为外线输入、电话信号输出、数据信号输出,如图 6-5 所示。输入端接入户线,如果家里有分机的话,千万不能在分离器后面接入滤波器。

电话信号输出接电话机,这样可以在上网的同时进行通话。

③安装 ADSL Modem。接通电源后,将数据信号输出到 ADSL Modem 的电话 LINK 端口,当正确连接后,其面板上面的电话 LINK 指示灯会亮,说明已正确连接。用交叉网线将 ADSL Modem 和网卡连接起来,一端接到网卡的 RJ-45 口上,另一端接到 ADSL Modem 的 Ethernet 接口上,当 ADSL Modem 前面板的网卡 LINK 灯亮了就可以了。在安装的过程中,要注意查看指示灯的状态,接口处要特别注意,一定要卡紧。

④安装软件。Windows 7 系统,它提供了拨号软件,可直接建立拨号连接。因为 ADSL 不同于普通 Modem 和 ISDN,没有通讯实体,只能依靠软件建立一个提供拨号的实体。软件的安装很简单,运行其安装程序即可完成安装。

6. ADSL 技术主要特点

1)ADSL 的优点

①ADSL 的工作频带是 4.4 kHz～1.1 MHz。传输距离 3～5 km。

②可在一根电话线上同时传输声音、视频、数据等信息。

③传输速率高:下行速率:1 Mb/s～8 Mb/s;上行速率:640 kb/s～1 Mb/s。使用双绞线作为传输介质。

④独享带宽,安全可靠:采用点对点的拓扑结构。

⑤安装简易:无需改造线路,可直接利用现有用户电话线,不需要另外申请增加线路,只需在用户一端安装一个 ADSL Modem 和一个电话分离器,在计算机上安装网卡和相应的拨号软件即可使用 ADSL。

⑥费用低廉:这是多数用户选择的一个重要因素。由于不占用电话线路,再加上一般都采取包月制,使得其费用变得很低廉。

ADSL Modem 和 ADSL 访问服务器构成其系统,借用 PSTN 提供的模拟信道进行数据传输,这是一种点到点的通信技术。

2)ADSL 的缺点

①线路问题:由于还是采用现有电话线路,并且对电话线路的要求较高,当电话线路受干扰时,使得数据传输的速度降低。

②传输距离较短:它限定用户与电信局机房的距离最远不得超过 5km,否则,其间必须使用中继设备,这使得 ADSL 在偏远地区得不到普及。

7. VDSL 简介

VDSL 是一种非对称 DSL 技术,全称 Very High Speed Digital Subscriber Line(超高速数字用户线路)。

VDSL 系统是利用普通电话铜缆在不影响窄带话音业务的情况下,传送高速数据业务。VDSL 速率大小通常取决于传输线的长度,有效传输距离为 1500 米。VDSL 优点是:

(1)比 ADSL 更高的传输速率。短距离内的最大下行速率可达 55 Mb/s,上行速率可达 19.2 Mb/s,甚至更高。

(2)传送速率可以是对称的也可以是不对称的。

(3)VDSL 数据信号和电话音频信号以频分复用原理调制于各自频段,互不干扰,上网的同时可以拨打或接听电话。

8. VDSL 与 ADSL 的比较

都是 xDSL 系列的重要组成部分。VDSL 技术是 xDSL 技术中最快的一种。下行数据的速率为 13 Mb/s 和 15 Mb/s，理论上可达到 55.2 Mb/s；上行数据的速率为 1.5Mb/s 到 2.3 Mb/s，最高可达 19.2 Mb/s。VDSL 采用了先进的调制技术，即上行和下行使用不同的频率范围。通常下行速度有 0.9 MHz～3.4 MHz；上行速度有 4.0 MHz ～7.75 MHz。ADSL 支持上行速率 640 kb/s～1 Mb/s，下行速率 1 Mb/s～8 Mb/s。

6.2.5 无线接入技术

随着 Internet 以及无线通信技术的迅速普及，使用手机、移动电脑等随时随地上网已成为移动用户迫切的需求，随之而来的是各种使用无线通信线路上网技术的出现。

由于铺设光纤的费用很高，对于需要宽带接入的用户，一些城市提供无线接入。用户通过高频天线和 ISP 连接，距离在 10 km 左右，带宽为 2 Mb/s～11 Mb/s，费用低廉，但是受地形和距离的限制，适合城市里距离 ISP 不远的用户。无线接入方式性能价格比很高。

1. GSM 接入技术

GSM(Global System for Mobile Communication)技术是目前个人移动通信使用最广泛的技术，使用的是窄带 TDMA(Time Division Multiple Access)，允许在一个射频（即"蜂窝"）同时进行 8 组通话。

GSM 是根据欧洲标准而确定的频率范围在 900 MHz～1800 MHz 之间的数字移动电话系统，频率为 1800 MHz 的系统也被美国采纳。GSM 是 1991 年开始投入使用的。到 1997 年底，已经在 100 多个国家运营，成为欧洲和亚洲实际上的标准。

GSM 数字网也具有较强的保密性和抗干扰性，音质清晰，通话稳定。并具备容量大，频率资源利用率高，接口开放，功能强大等优点。

GSM 网络手机用户可以通过 WAP(Wireless Application Protocol，无线应用协议)上网。

2. CDMA 接入技术

CDMA(Code Division Multiple Access)与 GSM 一样，也是属于一种比较成熟的无线通信技术，CDMA 是利用扩频技术，将所想要传递的信息加入一个特定的信号后，在一个比原来信号还大的宽带上传输开来。当基地接受到信号后，再将此特定信号删除还原成原来的信号。这样做的好处在于其隐密性与安全性好。与 GSM 不同，CDMA 并不给每一个通话者分配一个确定的频率，而是让每一个频道使用所能提供的全部频谱。CDMA 数字网具有以下优势：

(1)抗干扰能力强。是扩频通信的基本特点，是所有通信方式无法比拟的。

(2)宽带传输，抗衰落能力强。

(3)采用宽带传输，在信道中传输的有用信号的功率比干扰信号的功率低得多，因此信号好像隐蔽在噪声中；即功率谱密度比较低，有利于信号隐蔽。

(4)利用扩频码的相关性来获取用户的信息，抗截获的能力强。

(5)CDMA 手机话音清晰，接近有线电话，信号覆盖好，不易掉线。

CDMA 系统采用编码技术，其编码有 4.4 亿种数字排列，每部手机的编码还随时变化，使盗码只能成为理论上的可能,一部 CDMA 手机与其它手机并机的可能性是微乎其微的。

6.2.6 其它接入技术

1. ISDN 接入技术

ISDN(Integrated Service Digital Network,综合业务数字网)产生于 20 世纪 70 年代,成熟于 80 年代。它采用数字传输和数字交换技术,将电话、传真、数据和图像等多种业务综合在一个统一的数字网络中进行传输和处理。用户利用一条 ISDN 用户线路,可以在上网的同时拨打电话、收发传真,就像两条电话线一样。

ISDN 的接入技术,它不但可以提供语音业务,而且可以提供数据、图像和传真等各种非语音业务。在语音通信方面,它比普通电话线干扰少、噪音小,可有效防止串线、盗打,实现了高质量和高可靠性的语音通信。

2. DDN 专线接入技术

DDN(Digital Data Network)是数字数据网的简称,是一种利用数字信道提供非交换的永久/半永久性连接电路的数字数据传输网络,能够为专线或专网用户提供中、高速数字点对点的传输服务,是利用数字信道传输数据信号的数据传输网。DDN 适合于频繁的大数据量通信,可用于计算机之间的通信,或用于传送数字化传真、数字语音、数字图像信号等。主要面向集团企业。

任务 6.3　Intranet 网络

6.3.1　Intranet 概述

1. Intranet 产生

Intranet 基于 Internet 技术所构建的企业内部网络,它可以提供与 Internet 相同的 WWW、E-mail、FTP、BBS 等服务功能,主要运行在企业内部。考虑到安全性,使用防火墙将 Intranet 与 Internet 隔离开来。这样,既可提供对公共 Internet 的访问,有又可防止机构内部机密的泄露。

采用 Internet 技术,以 TCP/IP 协议为基础,以万维网(WWW)技术为核心的企业内部信息网。主要目的是为了企业内部的事务管理,以构成大型的、覆盖整个企业的管理信息系统,实现企业内部管理信息的交换。

2. Intranet 发展

由于全球经济的发展,市场竞争越来越激烈,企业为了生存和发展提出了建立企业内部网的需求。由于 Internet 技术,尤其是 Web 技术的发展,以及企业网络技术的发展为 Intranet 的形成奠定了技术基础。

最早在企业中建立 Intranet 的是美国 Lockheed、Hughes 公司和 SAS 研究所。他们将 Internet 技术和工具引入到企业网,将这些用于学术环境的网络工具和技术用于商业环境。成功后,更多的企业也纷纷建立 Intranet。

Intranet 如同 Internet 一样得到了迅速的发展。衡量它们的发展速度有各种不同准则,如接入网中的主机数、域数、网上用户数以及访问网络的次数等。

6.3.2　Intranet 的建立与维护

1.组建 Intranet 时主要解决的问题

(1)网络基础设施需求和开发。

(2)安全需求和实施。

(3)Internet 服务提供者的评估和选择。

(4)软硬件的选择和安装。

(5)Intranet 的维护。

2.网络基础设施的需求和开发

在组建 Intranet 时,首先决定网络基础设施的需求。必须要有基于 TCP/IP 协议的网络;要有能管理和支持 TCP/IP 网络的人员;要有能支持所期望通信量的网络基础设施;要有能支持日益增强的带宽需求的网络基础设施;需要能管理、分析、监控网络的工具;还需要有制作 Web 主页的人员。其次,要提供支持远程用户访问 Intranet 的设施和能力。

1)有多种不同的连接方案

①采用综合业务数字网 ISDN,类似于拨号方式,但是信号是数字的,速率为 64 kb/s～128 kb/s。这种方式在通信设施发达的国家应用较普遍。

②帧中继是一种远程连接方式,采用数字电路,且价格较便宜。速率可为 64 kb/s～2 Mb/s。

③异步传输模式(ATM,Asynchronous Transfer Mode)是一种新的技术,它可提供很高的速率,对多媒体的传输是一种理想的方式,将逐渐广泛应用于视频要求高的网络。

2)三种技术用于远程访问

①ADSL(Asymmetric Digital Subscriber Line 不对称数字用户服务线),它使用标准的两对电话线,特点是接收信息的速率高于发送信息的速率。

②电缆调制解调器,采用电视电缆和电缆调制解调器,是一种很有发展前途的技术。

③VPN(Virtual Private Networks 虚拟专用网)技术,远程用户可共用通信通道,但要采用防火墙等安全技术,对信息要加密,且只允许有权限的用户访问。这是一种比专用线连接更便宜、更灵活的方式,可使企业的供应商和客户方便地访问 Intranet。

3.Internet 和 Intranet 的关系

Internet 和 Intranet 两者采用同样的技术,均使用 TCP/IP 协议族,所有 Internet 上的网络服务都可以在 Intranet 上运行。Intranet 采用 Internet 技术,Intranet 内的用户可以方便地访问 Internet,而 Internet 上的用户也可以经过授权访问 Intranet。

Internet 和 Intranet 的主要区别在于 Internet 是连接了众多网络的全球最大的广域网,是公用的网络,允许任何人从任何一个站点访问它的资源。Intranet 是一种企业内部的计算机信息网络,但是 Intranet 并不等于局域网。Intranet 可以是局域网 LAN、城域网 MAN 甚至是广域网 WAN 的形式。它是专用或私有的网络,对其访问具有一定的权限;其内部信息必须严格加以维护,因此对网络安全性有特别要求,如必须通过防火墙与 Internet 连接。而 Intranet 也只有与 Internet 互联才能真正发挥作用。

Internet 是未来 NII(NII:国家信息基础设施)和 GII(GII:全球信息基础设施)的雏形,它对信息技术的发展、信息市场的开拓以及信息社会的形成起着十分重要的作用。与 Internet 相比,Intranet 更注重网络资源的安全性,而 Internet 则强调其开放性。

任务6.4　移动互联网

6.4.1　概述

随着宽带无线接入技术和移动终端技术的飞速发展,人们迫切希望能够随时随地在移动过程中都能方便地从互联网获取信息和服务,移动互联网应运而生并迅猛发展。移动互联网(Mobile Internet)是指互联网的技术、平台、商业模式和应用与移动通信技术结合并实践活动的总称。

移动互联网是一种通过智能移动终端,采用移动无线通信方式获取业务和服务的新兴业务,包含终端、软件和应用三个层面。终端层包括智能手机、平板电脑、电子书、MID 等;软件包括操作系统、中间件、数据库和安全软件等。应用层包括休闲娱乐类、工具媒体类、商务财经类等不同应用与服务。

移动互联网继承了移动随时随地和互联网分享、开放、互动的优势,是整合二者优势的"升级版本",移动互联网就是下一代互联网——Web3.0。

6.4.2　移动互联网技术

移动互联网技术主要包括了移动 IPv4、移动 IPv6、移动子网、移动互联网安全和多播以及切换管理等。移动 IP 都要支持节点从一个网络向另一个网络移动。移动互联网主要由四部分构成:便携式终端、不断创新的商业模式、移动通信网接入和公众互联网内容。

6.4.3　移动互联网的特点

"小巧轻便""通信便捷"的移动互联网模式,相对 PC 互联网来说越来越受到广大用户的喜爱。移动互联网具有一些传统互联网的基因,但是它具有自己的特点。

1.便捷性

移动互联网的基础网络是一张立体的网络,GPRS(General Packet Radio Service)、3G、4G(第四代移动电话行动通信标准)和 WLAN(Wireless Local Area Networks)或 WiFi(Wireless Fidelity)构成的无缝覆盖,使得移动终端具有通过上述任何形式方便联通网络的特性。

2.隐私性

移动设备用户的隐私性远高于 PC 机终端用户的要求。不需要考虑通信运营商与设备商在技术上如何实现它,隐私性决定了移动互联网终端应用的特点——数据共享时即保障认证客户的有效性,也要保证信息的安全性。这不同于互联网公开、透明和开放的特点。

3.便携性

移动互联网的基本载体是移动终端。移动终端不仅仅是智能手机、平板电脑,还有可能是智能眼镜、手表、饰品等各类随身物品。它们属于人体穿戴的一部分,随时随地都可使用。除了睡眠时间,移动设备一般都以远高于 PC 机的使用时间伴随在人的身边。

4.永远在线及占用用户时间碎片

智能手机已经做到了可以 24 小时在线。以前的服务,除了电话和短信可以做到永远在线,没有一个互联网的服务可以做到永远在线。永远不关手机,这已经成为一种现实。

传统的信息传播是一点对多点的传播。移动互联网时代的用户随时随地携带与使用智能手机。移动互联网的使用时间呈现出碎片化的倾向,差不多在任何时间都可以看到用户在使用。

5.应用轻便

移动设备通讯的基本功能代表了移动设备方便、快捷的特点。

6.4.4 移动互联网的应用

移动互联网是以宽带 IP(Internet Protocol)为技术核心的,可同时提供语音、传真、数据、图像、多媒体等高品质电信服务的新一代开放的电信基础网络,是国家信息化建设的重要组成部分。移动互联网应用最早让人们接受的方式则是从短消息服务开始的。目前移动互联网主要应用如下:

1.新闻资讯

以新闻定制为代表的媒体短信服务,是许多普通用户最早的也是大规模使用的短信服务。搜狐、新浪的网站,新闻短信几乎是零成本,它们几乎可以提供国内最好的媒体短信服务。

2.即时通信

能够即时发送和接收互联网消息等的业务。通过微信和微视服务,手机用户实现了双向交流,使通信业务极大地增值了。

3.多媒体娱乐

娱乐短信业务现在已经被作为最为看好的业务方向。娱乐短信业务是最能发挥手机移动特征的业务。移动网的进一步发展将和数字娱乐紧密结合,而数字娱乐产业是体验经济的最核心领域。随着技术的进步,MMS(Multimedia Messaging Service)的传送将给短信用户带来更多更新的娱乐体验。

4.手机上网业务

手机上网主要是手机+笔记本电脑的移动互联网接入。移动电话用户通过数据套件将手机与笔记本电脑连接后,拨打接入号,笔记本电脑即可通过移动交换机的网络互联模块 IWF(Interactive Website Framework)接入移动互联网。

5.WAP 手机上网

WAP(Wireless Application Protocol,无线应用协议)是移动信息化建设中最具有诱人前景的业务之一,是最具个人化特色的电子商务工具。手机上网以后主要有 3 大方面的应用,即公众服务、个人信息服务和商业应用。公众服务为用户实时提供最新的新闻、体育、交通及股票等信息;个人信息服务包括浏览网页查找信息、收发电子邮件等,其中电子邮件是最具吸引力的应用之一;商业应用除了办公应用外,移动商务是最主要、最有潜力的应用。

6.移动电子商务

移动电子商务是指使用手机、掌上电脑、笔记本等移动通信设备与无线上网技术结合所构成的一个电子商务体系。近年来,中国移动用户市场增长迅速,到 2013 年 12 月,移动用户总数已增至 5 亿。移动数据业务同样具有巨大的市场潜力,对运营商而言,无线网络能否提供有吸引力的数据业务则是吸引高附加值用户的必要条件。

7.位置服务

在基于位置服务的应用上,手机比计算机更有优势,因为"位置"和"身份"是手机与生俱来的优势,基于位置计算机所无法提供的应用,如导航、基于位置的游戏、流动资产追踪和人物追踪和救援服务等。

6.4.5 移动互联网的发展趋势

移动互联网在短短几年时间里,已渗透到社会生活的方方面面,产生了巨大影响,但它仍处在发展的早期,"变化"仍是它的主要特征,"革新"是它的主要趋势。发展趋势为:

1.移动互联网超越 PC 互联网,引领发展新潮流

有线互联网(又称 PC 互联网)是互联网的早期形态,移动互联网(无线互联网)是互联网的未来。PC 机只是互联网的终端之一,智能手机、平板电脑已经成为重要终端,电视机、车载设备正在成为终端,冰箱、微波炉、照相机,甚至眼镜、手表等,都可能成为泛终端。

2.移动互联网和传统行业融合,催生新的应用模式

在移动互联网、云计算、物联网等新技术的推动下,传统行业与互联网的融合正在呈现出新的特点,平台和模式都发生了改变。一方面可以作为业务推广的一种手段,如食品、餐饮、娱乐、航空、汽车、金融、家电等传统行业的 APP 和企业推广平台;另一方面也重构了移动端的业务模式,如医疗、教育、旅游、交通、传媒等领域的业务改造。

3.不同终端的用户体验更受重视,力助移动业务普及扎根

大量互联网业务迁移到智能手机上,为适应平板电脑、智能手机及不同操作系统,开发了不同的 APP,未来智能手持终端将高于 70%。HTML5 的自适应较好地解决了阅读体验问题。

4.移动互联网商业模式多样化,细分市场继续发力

随着移动互联网发展进入快车道,网络、终端、用户等方面已经打好了坚实的基础,移动互联网已融入商业社会,虚拟化货币(电子货币)浪潮即将到来。移动游戏、移动广告、移动电子商务、移动视频等业务模式快速提升。

5.用户期盼跨平台互通互联,HTML5 技术让人充满期待

目前形成的 IOS、Android、Windows Phone 三大系统各自独立,相对封闭、割裂,这种隔绝有违互联网互通互联之精神。应用服务开发者需要进行多个平台的适配开发,不同品牌的智能手机,甚至不同品牌、类型的移动终端都能互联互通。这是用户的期待,更是发展趋势。

6.大数据挖掘成蓝海,精准营销潜力凸显

随着移动带宽技术的迅速提升,更多的传感设备、移动终端随时随地地接入网络,加之云计算、物联网等技术的带动,中国移动互联网也逐渐步入"大数据"时代。目前的移动互联

网领域,仍然是以位置的精准营销为主,但未来随着大数据相关技术的发展,人们对数据挖掘的不断深入,针对用户个性化定制的应用服务和营销方式将成为发展趋势,它将是移动互联网的另一片蓝海。

习 题

一、选择题

1. ADSL 的中文意思是(   )。

A. 非对称用户数字线路　　　B. 综合业务数据网　　　C. 数字数据网　　　D. 公用电话网

2. 下面(   )种因素对上网用户访问 Internet 的速度没有直接影响。

A. 用户调制解调器的速率　　　　　　　　　B. ISP 的出口带宽

C. 被访问服务器的性能与速率　　　　　　　D. ISP 的位置

3. CERNET 是指(   )。

A. 中国计算机网络系统　　　　　　　　　　B. 金桥工程

C. 中国教育与科研网　　　　　　　　　　　D. 中国科技网

4. 下列有关 Intranet 的叙述不正确的是(   )。

A. Intranet 是企业内部网,不与外界联系

B. Intranet 采用 TCP/IP 协议及相应的技术和工具,是一个开放的系统

C. Intranet 是企业内部网,一般都采用防止外界侵入的安全措施

D. Intranet 有 Internet 的功能

5. ADSL 通常使用(   )。

A. 电话线路进行信号传输　　　　　　　　　B. ATM 网进行信号传输

C. DDN 网进行信号传输　　　　　　　　　　D. 有线电视网进行信号传输

6. Internet 的前身(   )是美国国防部高级研究计划局于 1968 年主持研制的,它是用于支持军事研究的实验网络。

A. NFSnet　　　　　　　B. ARPAnet　　　　　　C. Decnet　　　　　　D. Talknet

7. Intranet 是采用 Internet 技术的企业内部网,主要应用不体现在(   )方面。

A. 电子商务　　　　　　B. Office2012　　　　　C. Web 服务　　　　　D. 电子邮件服务

8. Intranet 技术主要由一系列的组件和技术构成,Intranet 的网络协议核心是(   )。

A. ISP/SPX　　　　　　B. PPP　　　　　　　　C. TCP/IP　　　　　　D. SLIP

9. 理论上(   )种 Internet 接入方式速率最高。

A. ISDN　　　　　　　　B. ADSL　　　　　　　C. 普通电话拨号上网　D. 光纤接入

10. Intranet 是基于(   )技术的企业内部网。

A. Homenet　　　　　　B. Extranet　　　　　　C. Internet　　　　　　D. Bodynet

11. (   )接入方式可以通过有线电视网络接入 Internet。

A. ISDN 接入　　　　　　　　　　　　　　　B. ADSL 接入

C. 普通电话拨号上网　　　　　　　　　　　D. Cable Modem 接入

12. 移动互联网三个要素是(   )、终端和网络。

A. 移动　　　　　　　　B. 业务　　　　　　　　C. 运营　　　　　　　　D. 安全

13. ISP指的是（　　）。

A. 网络服务供应商　　　　　　　　　　B. 信息内容供应商

C. 软件产品供应商　　　　　　　　　　D. 硬件产品供应商

14. 中国正式加入Internet的时间是（　　）。

A. 1989年9月　　　　B. 1996年3月　　　　C. 1994年4月　　　　D. 1987年9月

15. 关于Internet的接入方式描述错误的是（　　）。

A. 电话拨号接入是目前最常用的Internet接入方式

B. ADSL是利用电话线来传送高速宽带数字信号的一种网络接入技术

C. Cable MODEM接入方式是利用有线电视网络接入互联网

D. 目前局域网接入方式一般采用专线接入方式

16. 随着电信和信息技术的发展，国际上出现了所谓"三网融合"的趋势，下列不属于三网之一的是（　　）。

A. 传统电信网　　　　　　　　　　　　B. 计算机网（指Internet）

C. 有线电视网　　　　　　　　　　　　D. 高速公路网

17. Intranet的拓扑结构是（　　　　）。

A. 星型　　　　　　　　B. 环型　　　　　　　　C. 网状型　　　　　　　D. 总线型

18. 移动互联网相对于固定互联网的优势在于（　　）。（多项选择）

A. 能够提供移动的互联网接入服务

B. 能更好地满足高质量多媒体业务需要

C. 能够提供更高速的接入速率

D. 能够跟踪用户位置变化从而开发位置相关的应用

19. 与移动互联网无关的产品是（　　）。

A. 可视电话　　　　　　B. 手机电视　　　　　　C. 手机音乐　　　　　　D. 手机游戏

20. 移动互联网主要由四部分构成：便携式终端、不断创新的商业模式、移动通信网接入和（　　）。

A. 互联网内容　　　　　B. 互联网安全　　　　　C. 互联网接入　　　　　D. 互联网模式

二、问答题

1. 网络接入技术是什么？把局域网接入Internet需要考虑哪些问题？

2. 简述Intranet与Internet的关系。

网络操作系统与服务器安装

WANGLUOCAOZUOXITONGYUFUWUQIANZHUANG

任务描述： 在线会计服务模式（SaaS Software as a Service，软件即服务的理念）以租赁为主，以互联网技术为运行平台，为广大用户提供在线会计管理软件服务。厂商通过 Internet 将财务软件统一部署在自己的服务器上，客户可结合实际需要，通过互联网向厂商定购自身所需的财务软件，按定购服务多少及时间长短向厂商支付一定的费用，并通过互联网获取厂商提供的相关服务。该服务器到底是什么服务器呢？如何构建？服务器上安装 Windows 网络操作系统。Windows Server 2008 内置了 IIS、FTP 等多种服务组件。在 Windows Server 操作系统中安装与配置 Web 和 FTP 服务器。

学习目标： 了解网络操作系统的定义，常用网络操作系统；理解网络工作模型；掌握网络操作系统的功能；掌握常用的网络命令；熟悉 WWW 服务器和 FTP 的安装和配置。

学习重点： 网络操作系统的功能；常用的网络命令；WWW 服务器和 FTP 的安装和配置。

任务 7.1　网络操作系统

7.1.1　网络操作系统定义及作用

网络操作系统 NOS(Network Operating System)是管理计算机网络资源的系统软件，在网络环境下实现对网络资源管理和控制的操作系统，是网络用户与网络资源之间的接口。

网络操作系统既有单机操作系统的处理机管理、内存管理、文件管理、设备管理和作业管理等功能，还具有对整个网络的资源进行协调管理，实现计算机之间高效可靠的通信，提供各种网络服务，为网上用户提供便利操作的管理平台的功能。

7.1.2　网络操作系统功能

1. 网络操作系统功能

网络通信：是最基本的功能，任务是在源主机和目标主机之间实现无差错的数据传输。

资源管理：对网络中的共享资源（硬件和软件）实施有效的管理、协调各用户对共享资源的使用、保证数据的安全性和一致性。

网络服务：网络操作系统向用户提供更多、更有效的网络服务，如电子邮件服务、文件传输服务、目录服务、共享文件和打印服务、流媒体服务、域名解析服务、DHCP 服务和网络系统的安全性服务等。

网络管理：最主要的任务是安全管理，通过"存取控制"来确保存取数据的安全性；以及通过"容错技术"来保证系统故障时数据的安全性。

互操作:在客户/服务器模式的 LAN 环境下,是指连接在服务器上的多种客户机和主机,不仅能与服务器通信,而且还能以透明的方式访问服务器上的文件系统。

2. 网络操作系统与通常操作系统的区别

网络操作系统与通常操作系统有所不同,它除了应具有通常操作系统具有的处理机管理、存储器管理、设备管理和文件管理外,还应具有以下两大功能:

(1)提供高效、可靠的网络通信能力。

(2)提供多种网络服务功能,如:远程作业录入并进行处理的服务功能;文件传输服务功能;电子邮件服务功能;远程打印服务功能。

7.1.3 常用网络操作系统

1. Windows

Windows Server 是 Microsoft 公司的网络操作系统。该系统提供了更多的系统管理工具、更强的系统维护与配置功能,具有更好的稳定性和安全性。对于中小型局域网用户来说,使用 Windows Server 作为网络操作系统是最佳选择。微软的网络操作系统主要有:Windows NT、Windows 2003 Server/Advance Server 等,在整个局域网配置中是最常见的。

2. NetWare

NetWare 是 Novell 公司推出具有多任务、多用户的局域网络操作系统,是较为流行的网络操作系统之一。Netware 最重要的特征是基于模块设计思想的开放式网络服务器平台,可以方便地对其进行扩充。它的较高版本提供系统容错能力(SFT)。NetWare 服务器较好地支持无盘站,常用于教学网。

3. Unix 系统

Unix 系统支持网络文件系统服务,提供数据等应用,功能强大,稳定性和安全性好,但由于它多数是以命令方式来进行操作的,用户不容易操作和掌握。Unix 网络操作系统历史悠久,其良好的网络管理功能已为广大网络用户所接受,拥有丰富的应用软件的支持。

4. Linux 系统

一种新型的网络操作系统,可以免费得到许多应用程序。目前有中文版本的 Linux,如 Redhat(红帽子)、红旗 Linux 等。在国内得到了用户的充分肯定,主要体现在它的安全性和稳定性方面,它与 Unix 有许多类似之处。该操作系统主要应用于中、高档服务器中。

Linux 是一种自由和开放源码的类 Unix 操作系统,Linux 可安装在各种计算机硬件设备中,比如手机、平板电脑、路由器、台式计算机、大型机和超级计算机。Linux 是一个领先的操作系统,世界上运算最快的 10 台超级计算机运行的都是 Linux 操作系统。

7.1.4 网络工作模型

NOS 采用两种模型来构造网络系统:对等(P2P)模型和客户/服务器(C/S、B/S)模型。

1. 对等模型

在基于对等模型(图 7-1)的网络系统中,只有一种节点:工作站。工作站是一台安装有网卡和 NOS 的计算机系统,工作站之间通过网络硬件系统相互连接,构成一个网络系统,由 NOS 提供简单的资源共享服务和资源访问控制。每个工作站的地位都是平等的，既是网络资源的提供者，又是网络资源的使用者，它们之间可以共享彼此的资源。这种网络系统也称为工作组网络。Windows 系列操作系统都可用于构造这种网络系统。

图 7 - 1 对等模型

2. 客户/服务器模型

在基于客户/服务器模型(图 7 - 2)的网络系统中，有两种节点：客户机和服务器。客户机和服务器通过网络硬件系统相互连接，构成一个网络系统。服务器是安装有 NOS 核心软件的计算机，主要负责管理共享网络资源(如目录/文件和打印机等)、协调网络中各个客户机的操作、响应客户机请求、执行命令、返回执行结果等。客户机是安装有客户操作系统的计算机，用户使用网络命令系统向服务器发布操作命令请求，要求服务器提供网络服务。由客户机系统负责将用户的命令请求通过网络传输系统传送给服务器，以及将服务器返回的处理结果提交给用户。这种网络系统也称为客户/服务器系统，它代表着 NOS 的主流技术。Windows NT 等操作系统都可以用于构造这种网络系统。

图 7 - 2 客户/服务器模型

任务 7.2 常用网络命令

网络故障不仅影响网络使用，还会带来不必要的损失。网络管理员要经常处理网络故障，借助网络命令来检测网络故障，从而节省时间，提高效率。

7.2.1 ping 命令的使用

1. ping 命令

ping 命令是 Windows 中集成的一个 TCP/IP 协议检测工具，是使用频率极高的实用测试程序，用于确定本地主机是否能与另一台主机交换(发送与接收)数据报。通过该命令可以测试物理连接是否正确、网卡驱动是否正确、TCP/IP 协议的安装配置是否正确等。根据返回的信息，可以推断 TCP/IP 参数是否正确设置以及运行是否正常。

ping 命令有助于验证网络层的连通性。一般进行网络故障排除时，使用 ping 命令向目标计算机的 IP 地址发送 ICMP(协议)回显请求，目标计算机会返回回显应答，如果目标计算机不能返回回显应答，说明在源计算机和目标计算机之间的网路存在问题，需要进一步检查解决。

2. ping 命令格式

ping IP_address [-t][-a][-n count][-l size][-f][-i TTL][-v TOS][-r count][-s count][[-j host-list]|[-k host-list]][-w timeout]destination-list

-t	不停的 ping 对方主机,直到按下 Control+C 停止
-a	将地址解析为计算机名
-n count	向目标 IP 发送数据包的次数,默认为 4 次
-l size	发送数据包的大小,默认为 32 字节,最大定义到 65500 字节
-f	在数据包中发送"不要分段"标志
-i TTL	指定 TTL 值在对方的系统里停留的时间,即生存时间
-v TOS	将"服务类型"字段设置为 TOS 指定的值
-r count	在"记录路由"字段中记录传出和返回数据包的路由(IPv4)
-s count	计数跃点的时间戳(IPv4)
-j host-list	与主机列表一起的松散源路由(IPv4)
-k host-list	与主机列表一起的严格源路由(IPv4)
-w timeout	指定超时间隔,单位为毫秒。

3. ping 工作过程

ping 自动向目的主机发送一个 32 字节的消息,并计算目的主机响应的时间。进行四次,响应时间低于 400 毫秒即为正常,超过 400 毫秒则较慢。

目的主机在 1 秒内没有响应返回"Request timed out"信息,如果返回 4 个"Request timed out"信息,说明该主机拒绝 ping 请求。

在局域网内执行 ping 不成功,则故障可能出现在以下几个方面:网线是否连通、网卡配置是否正确、IP 地址是否可用等;如果执行 ping 成功而网络无法使用,那么问题可能出在网络系统的软件配置方面。

4. ping 命令应用

使用 ping 命令来查找问题所在或检验网络运行情况时,需要使用多次 ping 命令,如果所有都运行正确,就可以相信基本的连通性和配置参数没有问题;如果某些 ping 命令出现运行故障,它也可以指明到何处去查找问题。下面是典型的检测次序及对应的可能故障:

①ping 127.0.0.1。ping 回送地址是为了检查本地的 TCP/IP 协议有没有设置好,图 7-3 为 ping 通结果,该结果表示 TCP/IP 协议已安装并且设置好。

②ping 本机 IP。是为了检查本机的 IP 地址是否设置有误。该命令被送到计算机所配置的 IP 地址,计算机始终都应该对该 ping 命令作出应答,如果没有,则表示本地配置或安装存在问题。出现此问题时,局域网用户请断开网络电缆,然后重新发送该命令。如果网线断开后本命令正确,则表示另一台计算机可能配置了相同的 IP 地址。

③ping 局域网内其他 IP。这个命令应该离开我们的计算机,经过网卡及网络电缆到达其他计算机,再返回。收到回送应答表明本地网络中的网卡和载体运行正确。但如果收到 0 个回送应答,那么表示子网掩码(进行子网分割时,将 IP 地址的网络部分与主机部分分开的代码)不正确、网卡配置错误或电缆系统有问题。

④ping 网关 IP。是为了检查硬件设备是否有问题,也可以检查本机与本地网络连接是否正常。这个命令如果应答正确,表示局域网中的网关或路由器正在运行并能够作出应答。

⑤ping 远程 IP。是检查本网或本机与外部的连接是否正常。如果收到 4 个应答,表示成功地使用了缺省网关。对于拨号上网用户则表示能够成功的访问 Internet(但不排除 ISP

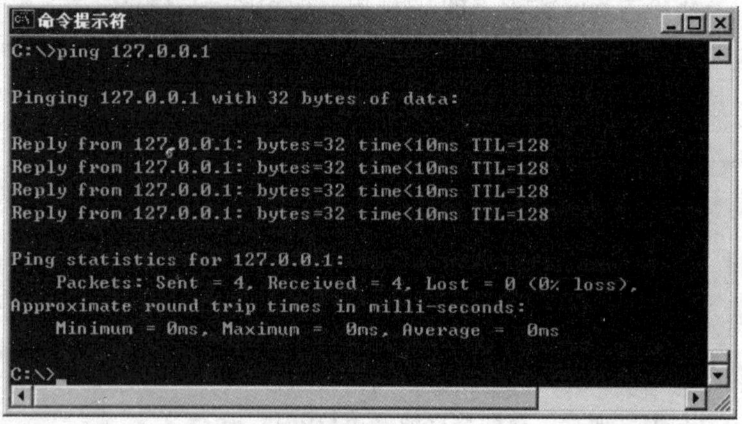

图 7-3 ping 127.0.0.1

的 DNS 会有问题)。

⑥ping localhost。localhost 是个操作系统的网络保留名,是 IP 地址 127.0.0.1 的别名,每台计算机都应该能够将该名字转换成该地址。如果没有做到,则表示主机文件(/Windows/host)中存在问题。

⑦ping www.xxx.com(如 www.sohu.com)。对域名执行 ping,通常是通过 DNS 服务器。如果这里出现故障,则表示 DNS 服务器的 IP 地址配置不正确或 DNS 服务器有故障(对于拨号上网用户,某些 ISP 已经不需要设置 DNS 服务器了)。也可以利用该命令实现域名对 IP 地址的转换功能。

如果上面所列出的所有 ping 命令都能正常运行,那么我们对自己的计算机进行本地和远程通信的功能基本上就可以放心了。但是,这些命令的成功并不表示我们所有的网络配置都没有问题,例如某些子网掩码错误就可能无法用这些方法检测到。

想测试 IP 地址为 192.168.0.1 的机器是否连通,那么就可以使用这个命令:ping 192.168.0.1,如果连通返回信息如下:

C:\>ping 192.168.0.1

Pinging 192.168.0.1 with 32 bytes of data:

Reply from 192.168.0.1: bytes=32 time<1ms TTL=128

Reply from 192.168.0.1: bytes=32 time<1ms TTL=128

Reply from 192.168.0.1: bytes=32 time<1ms TTL=128

Reply from 192.168.0.1: bytes=32 time<1ms TTL=128

Ping statistics for 192.168.0.1:

　　Packets: Sent = 4, Received = 4, Lost = 0 (0% loss),

Approximate round trip times in milli-seconds:

　　Minimum = 0ms, Maximum = 0ms, Average = 0ms

如果不连通,就会返回超时,如图 7-4 所示。

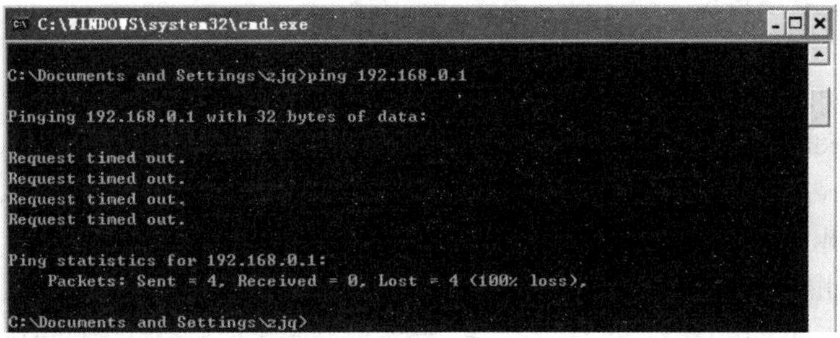

图 7-4 没有 ping 通

证明和该计算机的网络不通,也许是对方没有上网,或者安装了防火墙。

C:\>ping 192.168.0.1

Pinging 192.168.0.1 with 32 bytes of data:

Request timed out.

Request timed out.

Request timed out.

Request timed out.

Ping statistics for 192.168.0.1:

    Packets:Sent = 4, Received = 0, Lost = 4 (100% loss),

在局域网中,如果是同一个工作组的机器,可以通过 ping 对方的机器名称获得对方的 IP 地址,如:

C:\>ping www.hysw.com

Pinging www.hysw.com [218.38.12.33] with 32 bytes of data:

Reply from 218.38.12.33:bytes=32 time<1ms TTL=64

Reply from 218.38.12.33:bytes=32 time<1ms TTL=64

Reply from 218.38.12.33:bytes=32 time<1ms TTL=64

Reply from 218.38.12.33:bytes=32 time<1ms TTL=64

Ping statistics for 218.38.12.33:

    Packets:Sent = 4, Received = 4, Lost = 0 (0% loss),

Approximate round trip times in milli-seconds:

    Minimum = 0ms, Maximum = 0ms, Average = 0ms

7.2.2 IPconfig 命令的使用

1. IPconfig

用于显示当前的 TCP/IP 配置的设置值,通常是用来检验人工配置的 TCP/IP 参数是否正确。当局域网使用了动态主机配置协议(DHCP),就要经常使用 IPconfig。

2. IPconfig 命令格式

ipconfig /？：　　　　　　　　　显示所有参数

ipconfig /all：　　　　　　　　　显示本机 TCP/IP 配置的详细信息

ipconfig /release：　　　　　　　DHCP 客户端手工释放 IP 地址

ipconfig /renew：　　　　　　　 DHCP 客户端手工向服务器刷新请求

ipconfig /flushdns：　　　　　　清除本地 DNS 缓存内容

ipconfig /displaydns：　　　　　显示本地 DNS 内容

ipconfig /registerdns：　　　　 DNS 客户端手工向服务器进行注册

ipconfig /showclassid：　　　　显示网络适配器的 DHCP 类别信息

ipconfig /setclassid：　　　　　设置网络适配器的 DHCP 类别

3. IPconfig 命令应用

ipconfig /all

查看 IP 协议的具体配置信息，显示网卡的物理地址、主机的 IP 地址、子网掩码以及默认网关等，还可以查看主机的主机名、DNS 服务器、节点类型等信息，如图 7-5 所示，该计算机通过广电网络接入互联网。物理地址是 00-15-58-E8-C4-58；IP 地址是 192.168.1.104，默认网关和 DHCP 服务器地址是 192.168.1.1，DNS 地址分别是 101.226.4.6 和 114.114.114.114。

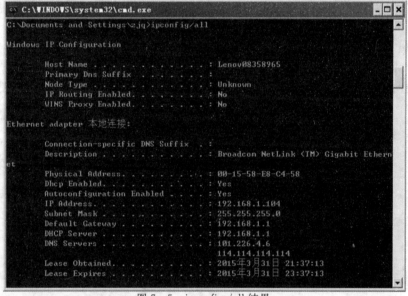

图 7-5　ipconfig /all 结果

7.2.3　ARP 命令

1. ARP(Address Resolution Protocol，地址转换协议)命令

ARP 用于确定对应 IP 地址的网卡物理地址。查看、添加和删除高速缓存区中的 ARP 表项。IPv4 中 ARP 是独立的协议，负责 IP 地址到 MAC 地址的转换，对不同的数据链路层协议要定义不同的地址转换协议。

NDP(Neighbor Discovery Protocol，邻居发现协议)用于在 IPv6 中代替地址解析协议。

发现直接相连的邻居信息,包括邻接设备的设备名称、软/硬件版本、连接端口等,另外还可提供设备的 id、端口地址、硬件平台等信息。

IP 地址构成一个虚拟的逻辑连接网络,但是真正通信还是靠物理地址(MAC 地址)。到目的地的路径上,每一步的传输使用的都是 MAC 地址,即都需要完成 IP 到 MAC 地址的映射。在以太网等具有广播能力的网络上,TCP/IP 协议使用地址解析协议 ARP,来实现 IP 地址到 MAC 地址的转换。

2. ARP 命令格式

ARP 命令格式及参数介绍见图 7-6。

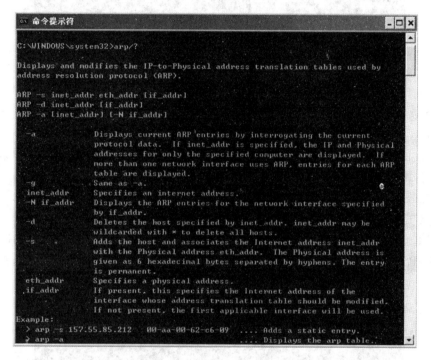

图 7-6 ARP 命令格式与参数

3. 命令应用

(1)arp-a 用于查看高速缓存中的所有项目。

(2)arp-a IP 有多个网卡,使用 arp-a 加上接口的 IP 地址,就只显示与该接口相关的 ARP 缓存项目。

(3)arp-s IP 物理地址 向 ARP 高速缓存中人工输入一个静态项目。该项目在计算机引导过程中将保持有效状态,或者在出现错误时,人工配置的物理地址将自动更新该项目。

(4)arp-d IP 人工删除一个静态项目。

7.2.4 Tracert 命令

1. Tracert 命令

如果网络连通性有问题,可以使用 Tracert 命令来检查到达的目标 IP 地址的路径并记录结果。Tracert 命令显示用于将数据包从计算机传递到目标位置的一组 IP 路由器,以及每个跃点所需的时间。

2. Tracert 命令格式及参数说明（图7-7）

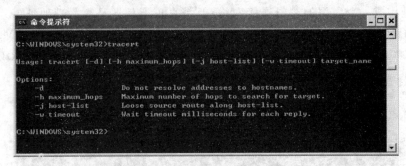

图7-7 tracert 命令格式及参数说明

tracert [-d] [-h maximum_hops] [-j host-list] [-w timeout] target_name

-d：指定不将地址解析为计算机名。

-h maximum_hops：指定搜索目标的最大跃点数。

-j host-list：指定沿 host-list 的松散源路由（允许相邻两个 IP 地址之间跳过多个网络）列表序进行转发。host-list 是以空格隔开的多个路由器 IP 地址，最多9个。

-w timeout：等待每个回复的超时时间（以毫秒为单位）。

target_name：目标计算机的名称。

最简单的用法就是"tracert hostname"，其中"hostname"是计算机名或想跟踪其路径的计算机的 IP 地址，tracert 将返回他到达目的地的各种路由器 IP 地址和时间，如图7-8所示。

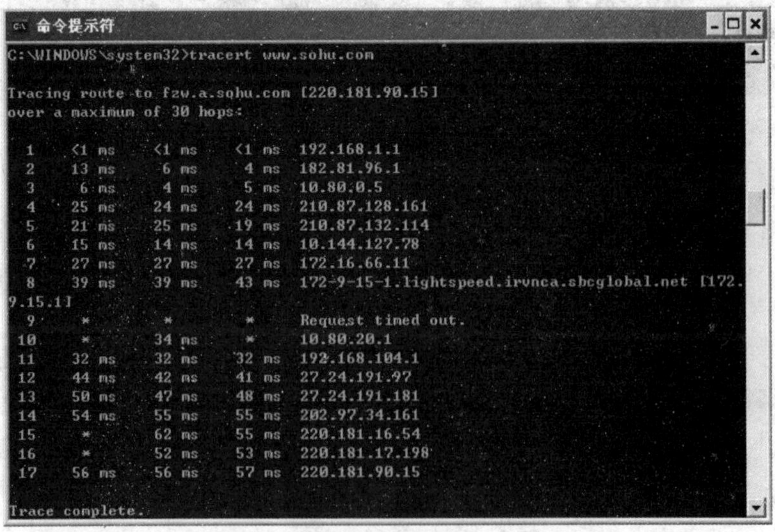

图7-8 Tracert www. sohu. com 结果

3. Tracert 最常见的用法

Tracert IPaddress [-d]，该命令返回到达 IP 地址所经过的路由器列表。通过使用-d 选项，将更快地显示路由器路径，因为 Tracert 不会尝试解析路径中路由器的名称。

Tracert 使用简单，只需要在 Tracert 后面跟一个 IP 地址或 URL，Tracert 会进行相应的域名转换。Tracert 一般用来检测故障的位置，可以用 Tracert IP 查看在哪个环节上出了问题，虽然还是没有确定是什么问题，但它已经告诉了问题所在的地方。例如 Tracert www.sohu.com，测试结果如图 7 - 8。一共经过了 17 个路由器的转发，Request timed out 表示有防火墙，ICMP 协议被屏蔽了，没有 ICMP 回复。

7.2.5 其它命令

1. Nslookup 命令

查询域名信息的命令，主要用来诊断域名系统（DNS）基础结构的信息。可以指定查询的类型，可以查到 DNS 记录的生存时间，还可以指定使用哪个 DNS 服务器进行域名解释。

2. Nbtstat 命令

该命令使用 TCP/IP 上的 NetBIOS 显示协议统计和当前 TCP/IP 连接，使用这个命令可以得到远程主机的 NETBIOS 信息，比如用户名、所属的工作组、网卡的 MAC 地址等。

3. Netstat 命令

该命令查看网络连接状态和有关协议的统计数据。显示活动 TCP 连接、IP 路由表、IPv4 统计信息等。

4. Route 命令

在本地 IP 路由表中显示和修改条目。

任务 7.3 WWW 服务器的安装与配置

7.3.1 WWW 概述

WWW（World Wide Web，环球信息网或万维网）简称 Web。Web 作为提供广泛传播全球信息服务的 WWW 技术的核心，通过继承和拓展传统信息发布技术的优秀成果，构建了全球统一标准的信息服务体系结构，被全球信息发布者广泛应用。

WWW 基于客户机/服务器模式，与平台无关，服务器对于浏览器的 Web 用户是透明的。CERN（WWW 起源于欧洲粒子物理实验室）所定义的 Internet 标准和协议是公共标准和规范，与其他信息发布工具相比，WWW 所需的费用低廉并且覆盖面广，因而具有良好的应用前景。

7.3.2 Web 技术

1. Web 工作原理

Web 由客户与服务器两部分组成，逻辑层次为"客户—Web—服务器"结构。客户主要是 Web 浏览器，Web 服务器主要是后台数据库和软件。客户的浏览器和服务器均使用

TCP/IP 的 HTTP 协议建立连接,利于客户与服务器之间的超媒体传输。

Web 服务器的工作原理一般可分成如下 4 个步骤:连接过程、请求过程、应答过程以及关闭连接。

连接过程就是 Web 服务器和其浏览器之间所建立起来的一种连接。查看连接过程是否实现,用户可以找到和打开 socket 这个虚拟文件,该文件的建立意味着连接过程已经成功建立。请求过程就是 Web 浏览器运用 socket 这个文件向其服务器提出各种请求。应答过程就是运用 HTTP 协议把在请求过程中所提出来的请求传输到 Web 的服务器,进而实施任务处理,然后运用 HTTP 协议把任务处理的结果传输到 Web 浏览器,同时在 Web 浏览器上面展示上述所请求之界面。关闭连接就是当上一个步骤应答过程完成以后,Web 服务器和其浏览器之间断开连接的过程。

Web 服务器 4 个步骤环环相扣、紧密相联,逻辑性比较强,可以支持多个进程、多个线程以及多个进程与多个线程相混合的技术。客户与服务器工作过程如图 7-9 所示。

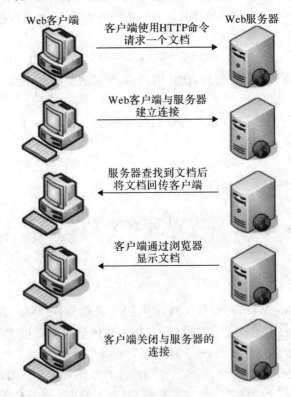

图 7-9　客户与服务器工作过程

(1)Web 浏览器使用 HTTP 协议向一个特定的服务器发出 Web 页面请求。

(2)若该服务器在特定端口(通常是 TCP 80 端口)处接收到 Web 页面请求后,就发送一个应答并在客户和服务器之间建立连接。

(3)服务器 Web 查找客户端所需文档,若 Web 服务器查找到所请求的文档,就会将所请求的文档传送给 Web 浏览器。若该文档不存在,则服务器会发送一个相应的错误提示文档给客户端。

（4）Web 浏览器接收到文档后，就将它显示出来。

（5）当客户端浏览完成后，就断开与服务器的连接。

2．Web 服务器的软件

软件有很多，其基本原理大同小异，常用的 Web 服务器软件有：

（1）Apache 是世界使用排名第一的 Web 服务器软件。它可以运行在几乎所有广泛使用的计算机平台上。Apache 的特点是简单、速度快、性能稳定，并可做代理服务器来使用。

（2）IIS 是英文 Internet Information Server 的缩写，译成中文就是"Internet 信息服务"的意思，它是微软公司主推的服务器。IIS 与 Windows Server 完全集成在一起，因而用户能够利用 Windows Server 和 NTFS(NT File System，NT 的文件系统)内置的安全特性，建立强大、灵活而安全的 Internet 和 Intranet 站点。

（3）GFEGoogle 的 web 服务器，用户数量激增，目前紧逼 IIS。

3．Web 客户端技术

Web 客户端的主要任务是展现信息内容。Web 客户端设计技术主要包括：HTML 语言、Java Applets、脚本程序、CSS、DHTML、插件技术以及 VRML 技术。

4．Web 服务端技术

服务器技术主要指有关 Web 服务器构建的基本技术，包括服务器策略与结构设计、服务器软硬件的选择及其他有关服务器构建的问题。Web 服务器技术主要包括服务器、CGI、PHP、ASP、ASP. NET、Servlet 和 JSP 技术。

7.3.3 安装 IIS

1．IIS 介绍

IIS (Internet Information Server)是基于 TCP/IP 的 Web 应用系统，使用 IIS 可使运行 Windows 的计算机成为大容量、功能强大的 Web 服务器。IIS 通过 HTTP 协议传输信息，轻松地将信息发送给整个 Internet 上的用户。

2．IIS7.0 的安装步骤(Win 7)

（1）"开始"→"控制面板"→"程序"→"打开或关闭 Windows 功能"，如图 7-10 所示。

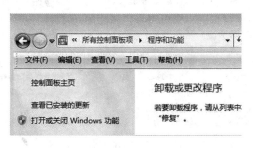

图 7-10 打开或关闭 Windows 功能

（2）"Windows 功能"的对话框中，找到"Internet 信息服务"，注意选择的项目，手动选择需要的功能，如图 7-11 把需要安装的服务勾选，单击"确定"，开始安装 IIS7.0，如图 7-12 所示。

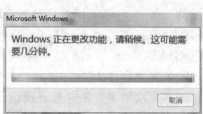

图 7-11 选择 Web 管理工具   图 7-12 安装 IIS7.0

3.IIS 设置

(1)安装完成后,进入控制面板,选择"管理工具",如图 7-13,打开"管理工具"。双击 "Internet 信息服务(IIS)管理器"选项,如图 7-14,进入 IIS 设置。

图 7-13 打开管理工具

(2)进入 Internet 信息服务(IIS)管理器,打开网站,选择 Default Web Site 主页界面,如图 7-15。

(3)选择"Default Web Site",并双击"ASP"的选项,如图 7-16 所示。

(4)IIS7 中 ASP 父路径是没有启用的,要开启父路径,选择"True",选定父路径选项,如

图 7-14 Internet 信息服务(IIS)管理器

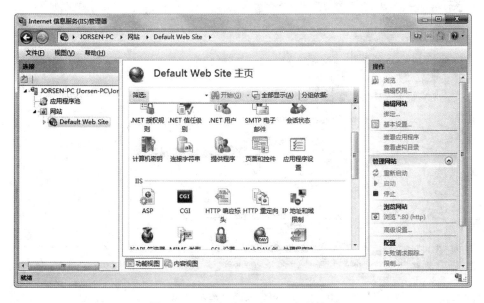

图 7-15 Default Web Site 主页界面

图 7-17 所示。

(5)双击身份验证,如图 7-18 所示。在启用的站点中启用身份验证,如图 7-19 所示。

图 7-16　打开 ASP

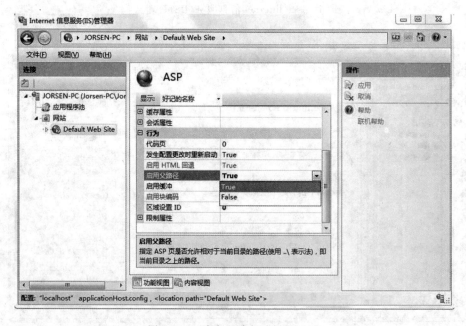

图 7-17　确定父路径选择"True"

　　(6)配置 IIS7 的站点。单击"管理网站"中的"高级设置"选项,可以设置网站的目录,改变物理路径、创建虚拟目录等,如图 7-20 所示。

　　(7)启动,浏览 Web 站点,结果显示如图 7-21 所示,安装完成。

图 7 – 18 身份验证

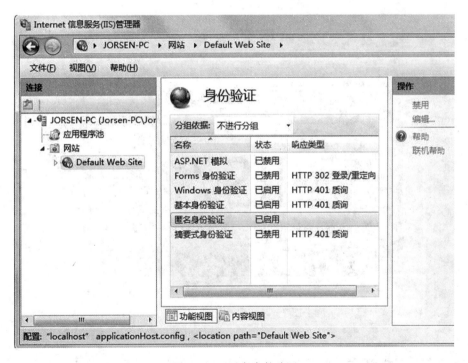

图 7 – 19 开启身份验证

图 7-20 改变物理路径

图 7-21 测试 Web 站点

任务 7.4 FTP 服务器的创建与配置

7.4.1 FTP 服务简介

1. FTP 服务介绍

FTP(File Transfer Protocol,文件传输协议),用来传输文件的协议。当服务器中存有大量的共享软件和免费资源,要想从服务器中把文件传送到客户机上或者把客户机上的资源传送至服务器,就必须在两台机器中进行文件传送,此时双方必须要共同遵守一定的规则。

2.登录方式

(1)匿名登录:用户无需成为注册用户,使用 anonymous 登录。匿名 FTP 服务器都允许用户从其下载文件,而不允许用户向其上传文件。

(2)授权账户登录:该方式 FTP 服务器要求客户机提供用户名与密码,所以用户要注册登录,在 FTP 服务器上获得相应的权限以后,方可上传或下载文件。

3.连接方式

(1)命令行方式连接:用户通过客户机程序向服务器程序发出命令,服务器程序执行用户 FTP 命令,并将执行的结果返回到客户机。DOS 下的登录格式如"ftp ftp.bbc.com"。

(2)Web 方式连接:在浏览器地址栏输入 ftp://FTP 服务器的 IP 地址登录,若是非匿名 FTP 服务器,则要输入用户名和密码。浏览器中的登录格式如"ftp://ftp.bbc.com"。

(3)安装 FTP 客户端软件连接:安装客户端软件,通过该软件登录,如 Cute FTP 软件。

7.4.2　FTP 服务的工作原理

FTP 服务是一种有连接的文件传输服务,采用传输层协议、TCP 协议。FTP 服务的基本过程是:建立连接、传输数据与释放连接。FTP 客户机向 FTP 服务器发送服务请求,FTP 服务器接收与响应 FTP 客户机的请求,并向 FTP 客户机提供所需的文件传输服务,如图 7-22。

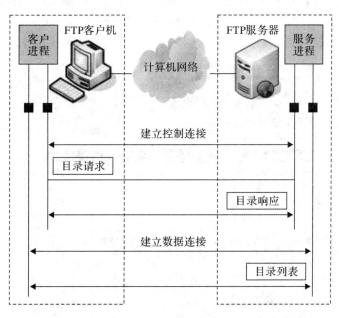

图 7-22　FTP 服务的工作原理

7.4.3　FTP 服务器的创建与配置

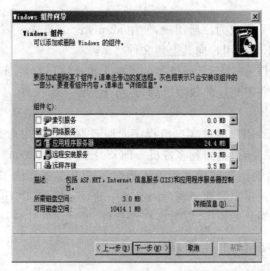

图 7 - 23　添加/删除 Windows 组件

1.安装 FTP 服务器

(1)依次单击"开始"菜单→"设置"→"控制面板",打开"控制面板",弹出"控制面板"窗口,在控制面板窗口单击"添加/删除程序"图标,打开"添加/删除程序"窗口,单击"添加/删除 Windows 组件"按钮,如图 7 - 23、图 7 - 24 所示,弹出"Windows 组件向导"对话框。

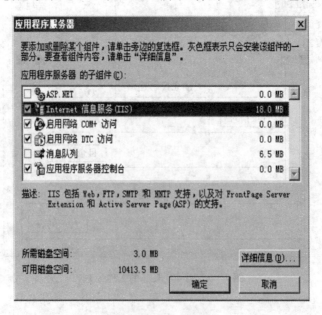

图 7 - 24　IIS

(2)回到"Windows 组件向导"对话框,单击"下一步"按钮,插入 Windows Server 2003

安装光盘,开始安装文件传输协议(FTP)服务,如图 7 - 25 所示,最后弹出完成"Windows 组件向导"对话框,单击"完成"按钮,即可完成应用程序服务器(包含 FTP 服务)的安装。

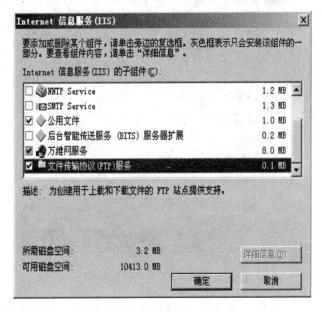

图 7 - 25　安装文件传输服务

2.设置 FTP 基本情况

(1)单击"开始"菜单→"所有程序"→"管理工具"→"Internet 信息服务(IIS)管理器",打开如图 7 - 26 所示的"Internet 信息服务(IIS)管理器"窗口 。

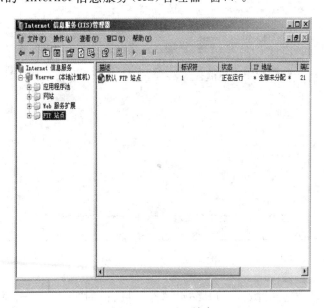

图 7 - 26　FTP 站点

(2)设置 FTP 基本情况。在右键菜单中,选择"属性"命令,弹出"默认 FTP 站点属性"

对话框,如图 7-27 所示。

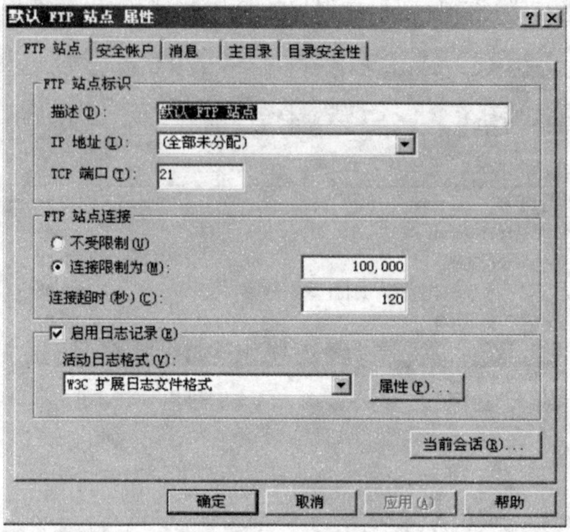

图 7-27 FTP 站点属性设置

(3)设置访问安全。选择"默认 FTP 站点属性"对话框的"安全帐户"选项卡,弹出"安全账户"选项卡对话框,如图 7-28 所示。

图 7-28 安全帐户设置

(4) 设置主目录。选择"默认 FTP 站点属性"对话框的"主目录"选项卡,弹出"主目录"选项卡对话框,如图 7-29 所示。

(5)设置欢迎等消息。选择"默认 FTP 站点属性"对话框的"消息"选项卡,弹出"消息"

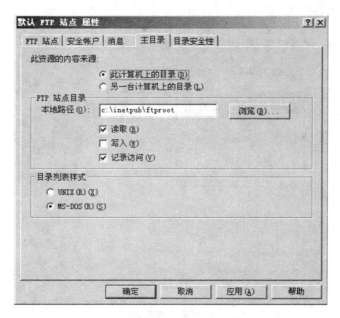

图 7-29 主目录设置

选项卡对话框,如图 7-30 所示。

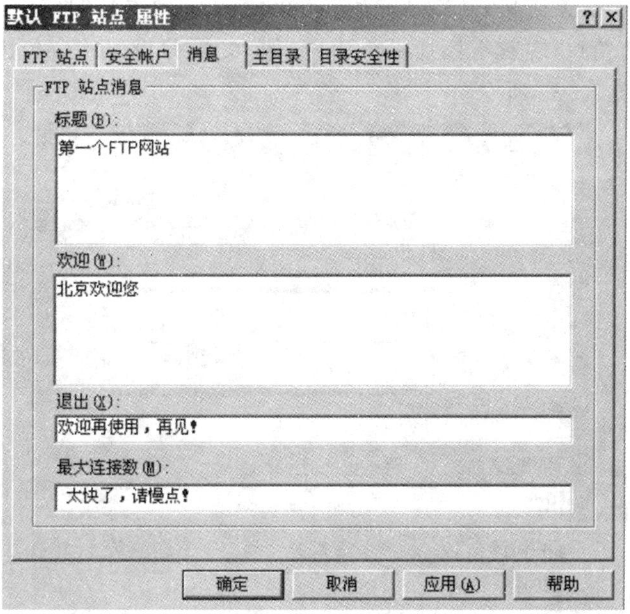

图 7-30 消息设置

(6)设置目录安全性。选择"默认 FTP 站点属性"对话框的"目录安全性"选项卡,弹出"目录安全性"选项卡对话框。设置访问权限:可以选择"授权访问",也可以选择"拒绝访问",但是在"下面列出的除外"栏目中添加允许访问的主机,增加安全性,如图 7-31 所示。

图 7-31　设置访问权限

(7)建立 Windows 系统帐户。在"开始"菜单选择"管理工具"打开"Active Directory 用户和计算机"控制台窗口,在其下添加一个用户(如 t02),并设置密码等内容,请记住设置的密码,如图 7-32、图 7-33 所示。

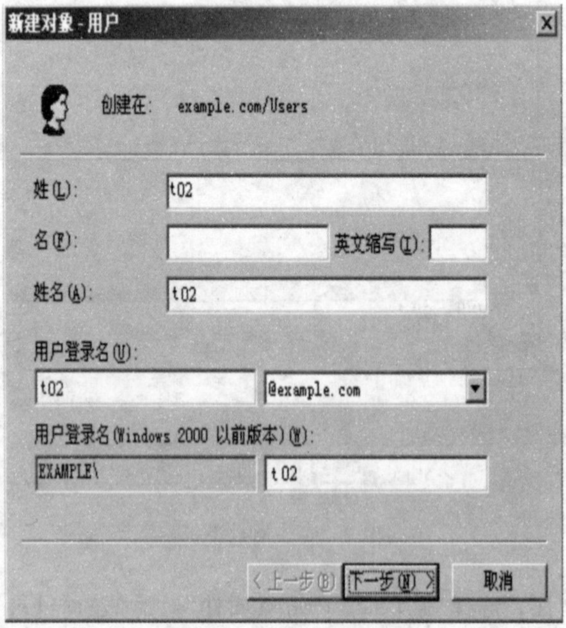

图 7-32　添加用户

图 7-33 设置密码

(8)设置站点权限。选中"默认 FTP 站点",单击鼠标右键,弹出右键菜单,选择"权限",弹出"权限"设置对话框,如图 7-34 所示。

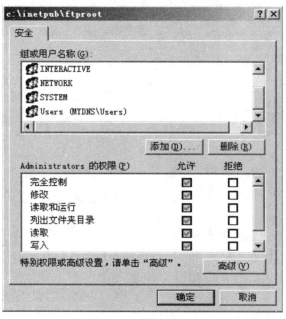

图 7-34 "权限"设置

(9)在"输入对象名称来选择"文本框中输入用户名"t02",如图 7-35 所示,单击"确定"按钮,回到"权限"设置对话框,选中"t02"用户,选择下方的"完全控制"的"允许"选项,这样"t02"用户就对"默认 FTP 站点"下的主目录有完全控制权了。

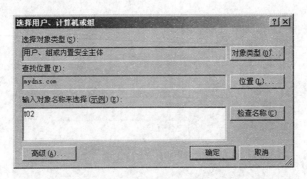

图 7 - 35 输入用户名 t02

完成以上设置后,还需要将"默认 FTP 站点属性"对话框的"主目录"选项卡中的"写入"一项选中。

(10)访问 FTP 服务器。

打开浏览器,在浏览器的地址栏输入"ftp://服务器的 IP 地址"。本例在"ftp://192.168.0.4"之后,会弹出"登录身份"对话框。在该对话框中输入用户名和密码,单击"登录"按钮,就弹出浏览器窗口,该窗口就是服务器的 FTP 目录下显示的内容,就可以对该目录进行操作了,如图 7 - 36 所示。

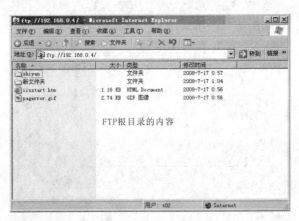

图 7 - 36 访问 FTP 服务器

3.FTP 服务器虚拟目录的创建与访问

(1)目的:为不同上传或下载服务的用户提供不同的虚拟目录,并且为不同的目录分别设置不同的权限。由于用户不知道文件的具体保存位置,从而使得文件存储更加安全。

(2)创建:在"Internet 信息服务(IIS)管理器"窗口左侧的目录中,展开"FTP 站点"选项,选中要创建虚拟目录的 FTP 站点,单击鼠标右键,在弹出的快捷菜单中选择"新建","虚拟目录"选项,显示"欢迎使用虚拟目录创建向导"对话框,逐步填写即可完成。

(3)访问:在浏览器的地址栏输入"ftp://服务器的 IP 地址/虚拟目录名"即可。不用知道具体的地址,并且同时可以多人访问不同的虚拟主机。

4.安装 FTP 客户端软件

（1）CuteFTP 软件是一个 FTP 客户端软件，版本很多，但万变不离其宗，基本设置和功能都是大同小异，以 CuteFtp XP 版本为例讲解 CuteFtp 软件的安装与使用，如图 7－37、图7－38、图 7－39 所示。

图 7－37　安装 CuteFTP 客户端软件

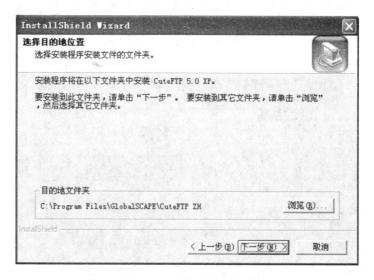

图 7－38　选择目的地位置

（2）新建与配置站点。

①依次单击"开始"菜单→"所有程序"→"CuteFTP"，打开 CuteFTP 程序，弹出"站点管理器"窗口。单击"新建"按钮，如图 7－40 所示，继续。

②分别输入"站点标签：我的 FTP 站点""FTP 主机地址：192.168.0.4""站点用户名称：t02""FTP 站点密码""FTP 站点连接端口：21"和选择"登录类型：普通"，单击"连接"，如图 7－41所示。

图 7-39　安装完成

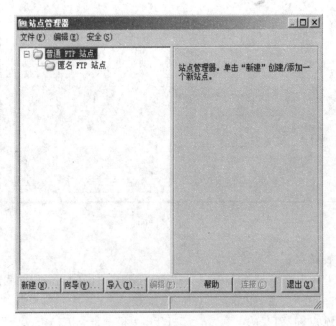

图 7-40　站点管理器

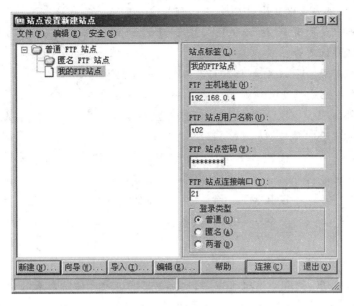

图 7-41 FTP 站点设置

5.上传与下载文件

上传与下载文件如图 7-42 所示。

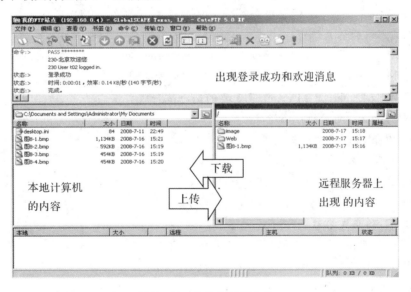

图 7-42 上传与下载文件

习 题

一、选择题

1.在 DOS 下执行命令 ping 192.123.100.254 的目的是( )。

A. 查看 IP 地址为 192.123.100.254 的目的主机的 MAC 地址

B. 查看网络中是否有 IP 地址为 192.123.100.254 的主机

C. 查看本机协议是否生效

D. 查看本机是否与网络号为 192.123.100.0 的网络相连通

2. 网络操作系统是一种( )。

A. 系统软件   B. 系统硬件   C. 应用软件   D. 支援软件

3. Web 服务基于( )模型。

A. 客户机   B. 服务器   C. 客户机/服务器   D. 主机

4. ping 命令就是利用( )协议来测试网络的连通性。

A. TCP   B. ICMP   C. ARP   D. IP

5. 以下命令中,( )命令从 DHCP 服务器获取新的 IP 地址。

A. ipconfig /all   B. ipconfig /renew

C. ipconfig /flushdns   D. ipconfig /release

6. 在 Windows 中,查看高速缓存中 IP 地址和 MAC 地址的映射表的命令是( )。

A. arp -a   B. tracert   C. ping   D. ipconfig

7. Windows NT 平台上的 Web 服务器软件是( )。

A. Wingate   B. Website   C. IIS   D. Proxy Server

8. 在局域网中运行网络操作系统的设备是( )。

A. 网络工作站   B. 网络服务器   C. 网卡   D. 网桥

9. 常见的网络操作系统有( )。(多项选择题)

A. UNIX   B. Windows NT   C. Windows 98   D. NetWare

10. World Wide Web(WWW)简称万维网,下列叙述错误的是( )。

A. WWW 和 E-mail 是 Internet 最重要的两个流行服务

B. WWW 是 Internet 的一个子集

C. 一个 Web 文档可以包含文字、图片、声音和视频片段

D. WWW 是另外一种 Internet

11. 登录文件服务器时,浏览器地址栏应键入( )。

A. www://   B. telnet://   C. ftp://   D. Net://

12. HTML 的正式名称是( )。

A. 主页制作语言   B. 超文本标识语言

C. WWW 编程语言   D. Internet 编程语言

13. 用 ping 命令不能检查( )。

A. 本机的 TCP/IP 协议   B. Internet 连接

C. 预测网络故障   D. 网卡的物理地址

14. Web 服务器与浏览器之间通过( )协议进行信息的传递。

A. FTP   B. SMTP   C. HTTP   D. POP3

15. ping 某个 IP 地址,希望返回的结果中能显示该 IP 地址所对应的主机名,应该使用( )参数。

A. -t   B. -r   C. -a   D. -f

16. 下列对网络服务的描述( )是错误的。

A. DHCP——静态主机配置协议,静态分配 IP 地址

B. IIS 是英文 Internet Information Server 的缩写,译成中文就是"Internet 信息服务"的意思

C. WWW——World Wide Web,环球信息网或万维网

D. FTP——文件传输协议,可提供文件上传、下载服务

17. 有关 FTP 服务器说法正确的是( )。(多项选择题)

A. FTP 服务器可以采用匿名帐号登录

B. FTP 服务器可以采用服务器中注册的用户帐号登录

C. FTP 传输文件大小与电子邮件一样是有限制的

D. FTP 传输文件无类型限制

18. 能够查看网卡 MAC 地址的命令是( )。

A. tracert   B. ipconfig /all   C. nslookup   D. net help

19. 在下列任务中,( )是网络操作系统的基本任务。

(1)屏蔽本地资源与网络资源之间的差异   (2)为用户提供基本的网络服务功能

(3)管理网络系统的共享资源   (4)提供网络系统的安全服务

A. (1)和(2)   B. (1)和(3)   C. (1)、(2)、(3)   D. 全部

20. ( )不是网络操作系统提供的服务。

A. 文件服务   B. 打印服务   C. 办公自动化服务   D. 通信服务

二、思考题

1. 网络操作系统有什么样的重要性?

2. 网络测试工具 ping 有何用途?如何检测网卡的物理地址?IPconfig 命令的主要作用是什么?

3. 网络操作系统提供了哪些服务功能?至少回答 6 种。

4. FTP 的含义是什么?有哪些功能?

5. ARP 命令的作用是什么?

6. Web 技术有哪些?Web 服务基于什么模型?有什么特点?

网络管理及常见故障排除

任务描述:黑客攻击、木马威胁、病毒危害以及网络操作人员的素质等因素无时无刻不在影响着网络的安全运行。大部分单位会计部门的计算机与互联网连接,由于互联网的开放性,网络安全显得尤为重要。"三分技术,七分管理",作为会计人员如何利用网络管理工具和掌握的技术来管理与维护好网络,并能对简单的网络故障进行检测与排除显得尤为重要。

学习目标:了解网络管理概念;掌握网络管理的功能和目标;理解网络安全的特性;了解网络安全技术;掌握常见网络故障检测与排除。

学习重点:网络管理功能和目标;网络安全技术;常见网络故障检测与排除。

任务8.1 网络管理

信息化社会中网络的质量直接决定了社会生活和经济生活的质量,网络管理的质量直接影响着网络的运行质量。随着网络技术的飞速发展,其规模逐渐增大,复杂性增加,网络管理技术已经凸显其重要性,网络正常地运行对于网络管理的依赖性也越来越大。

计算机犯罪、黑客、有害程序和后门问题等严重威胁着网络的安全。"三分技术,七分管理"是网络管理与网络安全领域的一句至理名言,其意是网络安全中30%依靠系统安全设备和技术保障,而70%则依靠用户安全管理意识的提高以及管理模式的更新,所以网络安全问题,不仅是设备、技术的问题,更是管理的问题。对于网络管理人员来讲,一定要提高网络安全意识,掌握网络安全技术,加强对网络安全知识学习,并且严格执行网络管理规章制度。

8.1.1 网络管理的概念与任务

1.网络管理的概念

按照国际标准化组织(ISO)的定义,网络管理(Network Management)是指规划、监督、控制网络资源的使用和网络的各种活动,以使网络的性能达到最优。简单地讲,网络管理就是通过某种方式对网络状态进行调整,使网络能正常、高效地运行。网络管理的目的在于提供对计算机网络进行规划、设计、操作运行、管理、监视、分析、控制、评估和扩展的手段,从而合理地组织和利用系统资源,提供安全、可靠、有效和友好的服务;使网络中的各种资源得到更加高效地利用,当网络出现故障时能及时做出报告和处理,并协调、保持网络的高效运行。

2.网络管理的任务

(1)对网络的运行状态进行监测。

(2)通过监测了解当前网络运行状态是否正常,从而对网络的运行状态进行控制。监测是控制的前提,控制是监测的结果。

3.网络管理对象

网络管理包括对网络硬件资源和软件资源的管理。近年来,网络管理对象有扩大化的趋势,即把网络中几乎所有的实体:网络设备,应用程序,服务器系统,辅助设备如 UPS 电源等都作为被管对象。

8.1.2　网络管理功能

ISO 在 ISO/IEC 7498-4 文档中定义了网络管理的五大功能,分别是:故障管理、配置管理、性能管理、安全管理及计费管理,这五大功能是网络管理最基本的功能。

1.网络故障管理(Fault Management)

故障管理指的是过滤、归并网络事件,有效地发现、定位网络故障,给出排错建议与排错工具,形成整套的故障发现、告警与处理机制。故障管理是网络管理中最基本的功能之一,包括故障检测、隔离和纠正不正常操作三方面。

主要内容有:故障检测;故障报警;故障信息管理;排错支持工具;检索/分析故障信息等。

计算机网络出现意外故障是常有的事情,但是很多情况下故障的发生会对网络的使用者带来难以估计的损失。由于发生故障时,往往不能迅速有效地确定故障的准确位置。因此,需要相关技术上的支持,需要有一个故障管理系统来检测、定位和排除网络硬件和软件中的故障。当出现故障时,该功能可以确认故障,并记录故障,找出故障的位置并尽可能排除这些故障,保证网络能提供连续可靠的服务。

2.网络配置管理(Configuration Management)

配置管理指自动发现网络拓扑结构,构造和维护网络系统的配置,监测网络被管对象的状态,完成网络关键设备配置的语法检查,配置自动生成和自动配置备份系统。对配置的一致性进行严格的检查,目的是为了实现某个特定功能或使网络性能达到最优。

主要内容有:配置信息的自动获取;自动配置、自动备份及相关技术;配置一致性检查;用户操作记录功能等。

一个网络往往使用多个厂家的产品设备,这些设备之间需要适应与其相关的参数、状态等信息,否则就不能有效工作。网络系统常常是动态变化的,网络系统本身要随着用户的增减、设备的维修或更新来调整网络的配置。因此需要有足够的技术手段支持这种调整或改变,使网络能更有效地工作。掌握和控制网络的状态,包括网络内各个设备的状态及其连接关系。

3.网络性能管理(Performance Management)

性能管理指的是采集、分析网络对象的性能数据,监测网络对象的性能,对网络线路质量进行分析,对被管理对象的行为和通信活动的效率进行评价。同时,统计网络运行状态信息,对网络的使用发展做出评测、估计,为网络进一步规划与调整提供依据。性能管理的目的是维护网络服务质量(QoS)和网络运营效率。

主要内容有:性能监控;阈值控制;性能分析;可视化的性能报告;实时性能监控;网络对象性能查询等。

由于网络资源的有限性,因此最理想的是使用最少的网络资源和具有最少通信费用,网络提供持续、可靠的通信能力,并使网络资源的使用达到最优化的程度。性能管理使网络管理员能够监视网络运行的参数,如吞吐率、响应时间、网络的可用性等,考察网络运行状态的好坏。

4. 网络计费管理(Accounting Management)

计费管理是指对网际互联设备按 IP 地址的双向流量统计,产生多种信息统计报告及流量对比,并提供网络计费工具,以便用户根据自定义的要求实施网络计费。计费管理记录网络资源的使用,目的是控制和监测网络操作的费用和代价。

主要内容有:计费数据采集;数据管理与数据维护;计费政策制定;政策比较与决策支持;数据分析与费用计算;数据查询等。

计算机网络系统中的信息资源在有偿使用的情况下,需要能够记录和统计哪些用户利用哪条通信线路传输了多少信息,以及做的是什么工作等。度量各个用户和应用程序对网络资源的使用情况。

5. 网络安全管理(Security Management)

安全管理是指结合使用用户认证、访问控制、数据传输、存储的保密与完整性机制,以保障网络管理系统本身的安全以及网络资源的安全。维护系统日志,使系统的使用和网络对象的修改有据可查。

主要内容有:网络资源的访问控制;告警事件分析;主机系统的安全漏洞检测等。

计算机网络系统的特点决定了网络本身安全固有的脆弱性,因此要确保网络资源不被非法使用,确保网络管理系统本身不被未经授权的用户访问,以及网络管理信息的机密性和完整性。网络安全管理也是对网络资源及其重要信息访问的约束和控制,包括验证网络用户的访问权限和优先级、检测和记录未授权用户企图进行的不应有的操作。

8.1.3 网络管理的重要性

网络一旦出现故障,所造成的损失是无法用金钱来衡量的。网络管理的重要性日益突出,其主要原因有网络的规模日益增大;网络资源和网络服务日益丰富;网络管理日益困难;网络安全的矛盾日益突出。

网络应用水平的不断提高,一方面使得网络的维护成为网络管理的重要问题之一,例如排除网络故障更加困难、维护成本上升等;另一方面,认识上的缺陷,只注重改善网络的静态性能,而忽视了对网络动态解决方案重要性的认识。所以要构成一个完整的网络系统,网络管理是必不可少的。

8.1.4 网络管理的目标与目的

1. 网络管理的目标

网络管理的目标是通过收集、监控网络中各种设备和设施的工作参数、工作状态信息并显示给管理员接受处理,从而最大限度地增加网络的可用时间,提高网络性能、服务质量和安全性,保证网络设备的正常运行,控制网络运行成本以及提供网络长期规划等。网络管理的目标是:

(1)减少停机时间,改进响应时间,提高设备利用率;

(2)减少运行费用,提高效率;

(3)减少网络瓶颈;

(4)适应新技术;

(5)使网络更容易使用;

(6)确保网络安全。

2.网络管理的目的

(1)网络应是有效的。也就是说,网络要能准确及时地传递信息。

(2)网络应是可靠的。网络必须保证能够稳定地运转,不能时断时续,要对各种故障以及自然灾害有较强的抵御能力和一定的自愈能力。

(3)现代网络要有开放性,即网络要能够接受多厂商生产的异种设备。

(4)现代网络要有综合性,即网络业务不能单一化。

(5)网络要有很高的安全性。随着人们对网络依赖性的增强,对网络安全性的要求也越来越高。

(6)网络的经济性。网络的经济性有两个方面的含义:一是对网络经营者而言的经济性,二是对用户而言的经济性。

网络管理的根本目标就是满足运营者及用户对网络的有效性、可靠性、开放性、综合性、安全性和经济性的要求。

任务8.2 网络安全

8.2.1 网络安全概述

1.网络安全概念

网络安全是指网络系统的硬件、软件及其系统中的数据受到保护,不因偶然的或者恶意的原因而遭受到破坏、更改、泄露,系统连续、可靠、正常地运行,网络服务不中断。

网络安全从其本质上来讲就是网络上的信息安全。从广义来说,凡是涉及网络上信息的保密性、完整性、可用性、真实性和可控性的相关技术和理论都是网络安全的研究领域。

ISO17799定义:"信息安全是使信息避免一系列威胁,保障商务的连续性,最大限度地减少商务的损失,最大限度地获取投资和商务的回报,涉及的是机密性、完整性、可用性。"

2.网络安全的主要特性

(1)保密性:信息不泄露给非授权用户和实体,只允许授权用户访问的特性。

(2)完整性:数据未经授权不能进行改变的特性。即信息在存储或传输过程中保持不被修改、不被破坏和丢失的特性。完整性与保密性不同,保密性要求信息不被泄露给未授权的用户,而完整性则要求信息不受到各种原因的破坏。

(3)可用性:可被授权实体访问并按照需求使用的特征,即当需要时能否存取所需的信息。例如网络环境下拒绝服务,破坏网络和有关系统的正常运行等都属于对可用性的攻击。

(4)可控性:对信息的传播及内容具有控制能力。

(5)不可否认性(不可抵赖性):在信息交互过程中确信参与者的真实同一性,所有参与者都不能否认和抵赖曾经完成的操作和承诺。

(6)可靠性:网络信息系统能够在规定条件下和规定的时间内完成规定的功能的特性。可靠性是系统安全的最基本要求之一,是所有网络信息系统的建设和运行目标。可靠性主要表现在硬件可靠性、软件可靠性、人员可靠性、环境可靠性等方面。

8.2.2 网络信息安全内容

信息安全是对信息的保密性、完整性和可用性的保护,包括物理安全、网络系统安全、数据安全、信息内容安全和信息基础设施安全等。

1. 物理安全

网络的物理安全是整个网络系统安全的前提。物理安全是指用来保护计算机硬件和软件的安全。物理安全主要有:

1)防盗

计算机偷窃行为所造成的损失可能远远超过计算机本身的价值,必须采取严格的防范措施,确保计算机设备不丢失。

2)防火

计算机机房发生火灾一般是由于电器原因、人为事故或外部火灾蔓延引起的。电器设备和线路因为短路、过载、接触不良、绝缘层破坏或静电等原因引起火灾。人为事故是指由于操作人员不慎(如吸烟、乱扔烟头等),使充满易燃物质(如纸片、磁带、胶水等)的机房起火。外部火灾蔓延是指因外部房间或者其他建筑物起火而蔓延到机房而引起火灾。

3)防静电

静电是由物体间的相互摩擦、接触而产生的,计算机显示器也会产生很强的静电。静电产生后,由于未能释放而保留在物体内,会有很高的电位(能量不大),从而产生静电放电火花,造成火灾。

4)防雷击

随着科学技术的发展,电子信息设备的广泛应用,对闪电保护技术提出了更高、更新的要求。雷击防范的主要措施是:根据电气、微电子设备的不同功能,分类保护;根据雷电和操作瞬间过电压危害的可能通道,从电源线到数据通信线路做多级保护。

5)防电磁泄露

电子计算机和其他电子设备一样,工作时要产生电磁发射。电磁发射包括辐射发射和传导发射。这两种电磁发射可被高灵敏度的接收设备接收并进行分析、还原,造成计算机的信息泄露。20世纪80年代,美国制定TEMPEST标准的军用通信设备,并逐渐形成商品化、标准化。TEMPEST技术是综合性的技术,包括泄露信息的分析、预测、接收、识别、复原、防护、测试、安全评估等技术。

屏蔽是防电磁泄露的有效措施,屏蔽主要分为电屏蔽、磁屏蔽和电磁屏蔽三种类型。

2. 逻辑安全

计算机的逻辑安全需要口令、文件许可、查账等方法来实现。防止黑客的入侵主要依赖计算机的逻辑安全。

可以限制登录的次数或对试探性操作加以时间限制;可以用软件来保护存储在计算机文件中的信息,限制用户存取非自己所有的文件,直到该文件的所有者明确准许其他人可以存取该文件时为止。限制存取的另一种方式是通过硬件完成,在接收到存取要求后,先询问并校核口令,然后访问列于目录中的授权用户标识号。

3.操作系统安全

操作系统是计算机中最基本、最重要的软件。同一计算机可以安装几种不同的操作系统。如果计算机系统可提供给许多人使用,操作系统必须能区分用户,以防止他们相互干扰。例如多数的多用户操作系统不会允许一个用户删除属于另一个用户的文件,除非第二个用户明确地给予允许。

4.互联网安全

互联网的安全性通过以下两方面的安全服务来达到:

(1)访问控制服务。用来保护计算机和联网资源不被非授权用户使用。

(2)通信安全服务。用来认证数据机要性与完整性,以及各通信的可信赖性。例如基于互联网或 WWW 的电子商务就必须依赖并广泛采用通信安全服务。

8.2.3 常用网络安全技术

1.网络操作系统安全防护技术

操作系统是整个网络的核心软件,它的安全将直接决定网络的安全,是最为基本与关键的技术之一。要从根本上解决网络信息安全问题,需要从系统工程的角度来考虑,通过建立安全操作系统构建可信计算基(TCB),建立动态、完整的安全体系。

操作系统安全主要包括系统本身的安全、物理安全、逻辑安全、应用安全以及管理安全等。物理安全主要是指系统设备及相关设施受到物理保护,使之免受破坏或丢失;逻辑安全主要指系统中信息资源的安全;管理安全主要包括各种管理的政策和机制。

在网络环境中,网络的安全很大程度上依赖于网络操作系统的安全性。没有网络操作系统的安全性,就没有主机系统和网络系统的安全性。网络操作系统安全防护通常包括以下几方面内容。

(1)网络操作系统本身提供的安全功能和安全服务,操作系统本身往往要提供一定的访问控制、认证与授权等方面的安全服务,如何对操作系统本身的安全性能进行研究和开发使之符合选定的环境和需求。

(2)对各种常见的操作系统,采取什么样的配置措施使之能够正确应付各种入侵。

(3)如何保证操作系统本身所提供的网络服务得到安全配置。

2.网络信息防护技术

1)数据加密技术

数据加密(Date Encryption)技术是指将一个信息经过加密钥匙(Encryption Key)及加密函数转换,变成无意义的密文(Cipher Text),而接收方则将此密文经过解密函数、解密钥匙(Decryption Key)还原成明文(Plain Text)。加密技术是网络安全技术的基石。

加密技术包括两个元素:算法和密钥。密码算法是用于加密和解密的数学函数,是密码协议的基础。密钥是一种参数,它是在明文转换为密文或将密文转换为明文的算法中输入的参数。密钥按加密算法分为专用密钥和公开密钥两种。

加密技术是网络安全最有效的技术之一。网络加密不但可以防止非授权用户的搭线窃听,而且也是对付恶意软件的有效方法之一。能否切实有效地发挥加密机制的作用,关键在于密钥的管理,包括了密钥的生成、分发、安装、保护、使用以及作废的全过程。

2)认证和数字签名技术

认证技术主要解决网络通信过程中通信双方的身份认可,数字签名作为身份认证技术中的一种具体技术,同时还可用于通信过程中的不可抵赖要求的实现。

认证过程通常涉及加密和密钥交换。加密可使用对称加密、不对称加密及两种加密方法的混合。

UserName/PassWord 认证是最常用的一种认证方式,用于登录操作系统、远程登录(rlogin)等,但由于此种认证方式过程不加密,容易被监听和解密。

3)数字证书

①数字证书(Digital Certificate)又称为数字标识(Digital ID)。它提供一种在 Internet 上验证身份的方式,是用来标志和证明网络通信双方身份的数字信息文件。由权威公正的第三方机构即 CA 中心签发的。它是在证书申请被认证中心批准后,通过登记服务机构将其发放给申请者。

证书包含一个公开密钥、名称以及证书授权中心的数字签名。一般情况下证书中还包括密钥的有效时间,发证机关(证书授权中心)的名称,该证书的序列号等信息,证书的格式遵循 ITU-T X.509 国际标准。

②CA(Certificate Authority,认证中心)作为权威的、可信赖的、公正的第三方机构,专门负责发放并管理所有参与网上交易的实体所需的数字证书。它作为一个权威机构,对密钥进行有效地管理,颁发证书,证明密钥的有效性,并将公开密钥同某一个实体(消费者、商户、银行)联系在一起。

③公钥基础设施(PKI,Public Key Infrastructure)是一个用非对称密码算法原理和技术来实现并提供安全服务的具有通用性的安全基础设施,能够为所有网络应用提供采用加密和数字签名等密码服务所需要的密钥和证书管理。PKI 的核心组成部分是 CA,它是数字证书的签发机构。

采用 PKI 可以满足电子政务、电子商务对信息传输的安全需求;为各种不同的安全需求提供不同的安全服务,如身份识别与认证、数据保密、数据完整及不可否认的安全电子交易;收发双方不需要共享密钥,通过公钥加密传输会话密钥。

3.防火墙技术

1)防火墙(FireWall)概念

防火墙是一种网络访问控制软件或设备,是置于不同网络安全域之间的一系列部件的组合,是不同网络安全域间通信的唯一通道,能根据企业有关的安全策略控制(允许、拒绝、监视、记录)进出网络的访问行为,如图 8-1 所示。防火墙的角色——大门警卫。

防火墙是一种保护计算机网络安全的技术性措施,它通过在网络边界上建立相应的网络通信监控系统来隔离内部和外部网络,以阻挡来自外部的网络入侵。

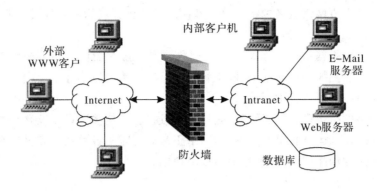

图 8-1　防火墙示意图

2）防火墙主要功能

防火墙是网络安全的屏障；能控制对特殊站点的访问；对网络存取访问进行记录和统计；防止内部网络信息的外泄；地址转换（NAT）等功能。

3）防火墙主要的性能指标

吞吐量：防火墙在不丢包的情况下能够达到的最大包转发速率。

延迟：决定了数据包通过防火墙的时间。

并发连接数：防火墙能够同时处理的点对点连接的最大数目。

平均无故障时间：系统平均能够正常运行多长时间，才发生一次故障。

4）防火墙不能防御什么

虽然防火墙是保护网络免遭黑客袭击的有效手段，不足之处是无法防范通过防火墙以外的其他途径的攻击；不能防止来自内部用户带来的威胁；不能完全防止传送已感染病毒的软件或文件；也无法防范数据驱动型的攻击；防火墙配置不当造成的威胁；物理上的断电、损坏或偷窃等。

5）防火墙产品

从采用的技术来看主要包括两类：包过滤技术和应用代理技术，实际的防火墙产品往往由这两种技术的演变扩充或复合而形成。包过滤防火墙根据数据包头源地址、目的地址、端口号和协议类型等标志确定是否允许通过。代理服务器防火墙通过对每种应用服务编制专门的代理程序，实现监视和控制应用层数据流的作用。

任务8.3　典型的网络故障分析、检测与排除

计算机网络故障与网络畅通是相对应的，计算机网络故障主要是指计算机无法实现联网。引起计算机网络故障的因素多种多样，但总的来说可分为物理故障（硬件故障）与逻辑故障（软件故障、设备配置缺陷）。

8.3.1　网络故障

网络发生故障是不可避免的，网络故障已经成为影响计算机网络使用稳定性的重要因

素之一,加强对计算机网络故障的检测分析和网络维护已经成为用户经常性的工作之一。

1. 网络管理人员注意的问题

网络建成运行后,网络故障诊断是网络管理的重要技术工作。要搞好网络的运行管理和故障诊断工作,提高故障诊断水平,网络管理人员应该重视以下几个问题。

(1)认真学习有关网络技术理论。

(2)清楚网络的结构设计,包括网络拓扑、设备连接、系统参数设置及软件使用。

(3)了解网络正常运行状况,注意收集网络正常运行时的各种状态和报告输出参数。

(4)熟悉常用的诊断工具,准确地描述故障现象。

2. 网络故障诊断

(1)常见的故障诊断工具有:数字电压表、时域反射计、示波器、高级电缆测试器、协议分析器。

(2)网络故障测试程序有:连通性测试程序、路由跟踪程序 Trace Route、网络监视器、MIB 变量浏览器。

8.3.2 有线网络的故障检测排查

1. 物理类故障

物理故障是指设备或线路损坏、插头松动、线路受到严重电磁干扰等情况。例如网络线路突然中断,网络插头误接等都属于物理故障。网络连接故障很隐蔽,要诊断这种故障没有什么特别好的工具,只有依靠网络管理人员的丰富经验。常见的物理故障有:

1)线路故障

在日常网络维护中,线路故障的发生率是相当高的,约占发生故障的70%。线路故障通常包括线路损坏及线路受到严重电磁干扰。

排查方法:短距离范围内,判定网线好坏的方法是将该网络线一端插入一台确定能够正常连入局域网的主机的 RJ-45 接口,另一端插入正常的交换机端口,然后从主机的一端 Ping 线路另一端的主机或路由器,根据通断结果来判定。线路稍长或者网线不方便移动,就用网线测试器来测量网线的好坏。

2)端口故障

端口故障通常包括插头松动和端口本身的物理故障。

排查方法:此类故障通常会影响到与其直接相连设备的信号灯。信号灯比较直观,可以通过信号灯的状态,判定出故障的发生范围和可能原因。

3)主机网卡物理故障

网卡在主机内,靠主机完成配置和通信。网卡故障通常是网卡松动、网卡插槽故障和网卡物理损坏。

排查方法:对于网卡松动和网卡插槽故障最好的解决办法是更换网卡插槽。对于网卡物理故障的情况,更换插槽不能解决问题时,安装在其他正常工作的主机上测试网卡,仍无法工作,就更换网卡。

4)网络硬件故障

硬件故障在实际网络应用中比较复杂,由于网络中硬件设备比较多,长时间处于运行状态,给设备故障带来了隐患。物理损坏,就更换成新设备。

2.逻辑类故障

逻辑故障中最常见情况是配置错误,网络设备的配置错误会导致网络异常或故障。

1)重要进程或端口关闭

一些有关网络连接参数的重要进程或端口受病毒影响而导致意外关闭。例如路由器的 SNMP 进程意外关闭,网络治理系统将不能从路由器中采集到任何数据,失去了对该路由器的控制,线路中断,没有流量。

2)主机逻辑故障

主机逻辑故障所造成的网络故障率是很高的,通常包括网卡的驱动程序安装不当、网卡设备有冲突、主机的网络参数设置不当、主机网络协议或服务安装不当和主机安全性故障等。

①网卡驱动程序问题:

网卡的驱动程序安装不当,包括网卡驱动未安装或安装了错误的驱动,都会导致网卡无法正常工作。

排查方法:在"设备管理器"窗口中,检查网卡选项,看驱动安装是否正常。若网卡型号标识前出现"!"或"X",表明此时网卡驱动错误,安装正确的驱动程序即可。

②网卡设备有冲突:

网卡设备与主机其它设备有冲突,导致网卡无法工作。

排查方法:使用测试和设置网卡参数的程序,分别查验网卡设置的接口类型、IRQ、I/O端口地址等参数。若有冲突,只要重新设置(有些必须调整跳线),或者更换网卡插槽,让主机认为是新设备,重新分配系统资源参数即可。

③主机的网络地址参数设置不当:

主机的网络地址参数设置不当是常见的主机逻辑故障。主机配置的 IP 地址与其他主机冲突,或 IP 地址根本就不在网络范围内,导致该主机不能连通。

排查方法:打开"本地连接"属性窗口,查看 TCP/IP 选项参数是否符合要求,包括 IP 地址、子网掩码、网关和 DNS 等参数。

④主机网络协议或服务安装不当:

主机网络协议或服务安装不当也会出现网络无法连通。主机安装的协议必须与网络上的其它主机相一致,否则就会出现协议不匹配,无法正常通信。

故障案例:计算机在局域网中能看到其他计算机,就是上不了网。计算机的设置和其它计算机一样,网关、DNS 服务器地址、IP 地址设置都正确,网卡也没有故障。

故障分析:能在网络中看到其它计算机,说明网络连接和网络协议安装是正确的。

首先确认 IP 地址信息设置无误,可以试着 ping 一下网络内的其他计算机、默认网关、外部 Web 网站的 IP 地址和 DNS。

如果 ping 不通网络内的计算机,说明 IP 地址信息设置有问题,或者没有正确安装 TCP/IP 协议。

如果 ping 不通默认网关,说明 IP 地址信息中默认网关设置是错误的,应当认真检查网关设置。

如果 ping 不通外部 Web 网站的 IP 地址(要先使用连接正常的计算机进行测试,确认可以 ping 通该 IP 地址),说明 IP 地址信息中默认网关的设置是错误的,有可能没有安装代理服务器软件或者在代理服务器上作了限制,不允许该 IP 地址或 MAC 地址访问网络。

如果以上 ping 测试全部通过,仍然无法访问 Web 网站,查看 IE 浏览器的局域网设置。"工具"→"Internet 选项"→"连接"→"局域网设置"命令,取消"自动检测设置"复选框。如果采用宽带路由器或者网关类代理服务器共享 Internet 连接,取消选中"为 LAN 设置代理服务器"复选框。

⑤主机安全性故障:

主机资源被盗、主机被黑客控制、主机系统不稳定等。

3. 网络配置故障的分析与诊断

网络配置故障是由于网络中的各项配置不当而产生的故障。它是一种较复杂的故障现象,不但要检查服务器的各项配置、工作站的各项配置,还要根据出现的错误信息和现象查出原因。

计算机无法上网故障排除案例分析:

(1)首先确定此计算机的网卡安装是否正确,是否存在硬件故障,网络配置是否正确。

①采用 ping 本机的回送地址(127.0.0.1)来判断网卡硬件安装和 TCP/IP 协议的正确性。如果能 ping 通,说明 TCP/IP 协议没有问题。

②如果出现超时,检查计算机的网卡是否与机器上的其它设备存在中断冲突。

③查看系统属性中的"设备管理器",查看是否在"网络适配器"前面有黄色感叹号或红色叉号,如有则说明硬件的驱动程序没有安装成功,重新安装驱动。

④在要确保 TCP/IP 协议安装的正确情况下,还是 ping 不通回送地址,就更换网卡。

(2)如果在局域网中划分了 VLAN,那么连在不同 VLAN 中的计算机都有各自不同的 IP 地址、子网掩码和网关。查看设置的 IP 地址等参数与连接的 VLAN 是否匹配,否则将出现网络不通的情况。

(3)确保了计算机硬件设备和网络配置正确后,接着查看计算机与交换机之间的双绞线、交换机的 RJ-45 端口、交换机的配置是否有问题。

8.3.3 无线网络的故障检测排查

随着人们对移动网络的钟爱,基于 IEEE802.11 标准的 WLAN 逐渐进入主流网络,使得针对无线网络的故障诊断和安全保障变得与有线网络一样重要。

当一个无线网络发生故障时,首先从关键环节入手进行排错。硬件的问题会导致无线网络故障,同时错误的配置也会导致网络不能正常工作。

1. 硬件排错

(1)在只有一个接入点(AP)的环境中,若某个无线客户端发生故障,会很快排查故障的。

(2)在大型无线网络(多个 AP)环境中,如果有些用户无法连接网络,而另一些用户却没有任何问题,那么很有可能是某个接入点出现了故障。可以通过察看有问题客户端的物理位置,就能判断出是哪个接入点出现了问题。

当所有客户都无法连接网络时,问题可能来自多方面。如果网络只使用了一个接入点,那么这个接入点硬件可能有问题或者配置有错误;也有可能是由于附近无线电干扰过于强烈,或者是无线接入点与有线网络间的连接出现了问题。

2.检查接入点的连接性

检测方法是在有线网络中的电脑中 ping 无线接入点的 IP 地址

(1)如果无线接入点响应了 ping 命令,那么证明有线网络中的电脑可以正常连接到无线接入点。

(2)如果无线接入点没有响应,有可能是电脑与无线接入点间的有线连接出现问题,或者是无线接入点本身出现了故障。要确定具体是什么故障问题,可以尝试从无线客户端 ping 无线接入点的 IP 地址,如果成功,说明刚才那台电脑的网络连接部分可能出现了问题,比如网线损坏。

(3)如果无线客户端无法 ping 到无线接入点,那么证明无线接入点本身工作异常。可以将其重新启动,等待大约五分钟后再通过有线网络中的电脑和无线客户端,利用 ping 命令查看它的连接性。

(4)如果无线接入点依然没有响应,那么证明无线接入点已经损坏或者配置错误。可以将这个无线接入点连接到一个正常工作的网络,检查它的 TCP/IP 配置。在有线网络客户端 ping 这个无线接入点,如果依然失败,则表示这个无线接入点已经损坏,要更换新的无线接入点。

3.配置问题

如果无线网络设备硬件质量可靠,故障问题就出在设备的配置上。

1)测试信号强度

可以通过网线直接 ping 通无线接入点,但不能通过无线方式 ping 通它,那么可以认定无线接入点的故障只是暂时的。如果经过调试,问题还没有解决,可以检测一下接入点的信号强度。

无线路由器的位置摆放不当是造成信号微弱的直接原因。解决办法是放置在相对较高的位置上,摆放位置与接收端不应间隔较多水泥墙,尽量放置在使用端的中心位置。

2)改变频道

经过测试,发现信号强度很弱,又没有移动过,可以改变无线接入点的频道,通过无线终端检验信号是否有所加强。

3)检验 SSID

SSID(Service Set Identifier)是一个局域网的名称,只有设置为名称相同 SSID 的值的无线网络设备才能互相通信。如果 SSID 没有正确指定网络,那么设备根本不会 ping 到无线接入点,它会忽略无线接入点的存在,按给定的 SSID 来搜索对应的接入点。

SSID 是用来区分不同的网络,无线网卡设置了不同的 SSID 就可以进入不同网络。SSID 通常由 AP 广播出来,无线网络终端的扫描功能可以找到当前区域内的 SSID。出于安全考虑可以不广播 SSID,此时用户就要手工设置 SSID 才能进入相应的网络。

4)检验 WEP 密钥

如果 WEP(Wired Equivalent Privacy)设置错误,则无法从无线终端 ping 到无线接入点。不同厂商的无线网卡和接入点需要指定不同的 WEP 密钥。例如有的无线网卡需要输入十六进制数的密钥,有的需要输入十进制数的密钥。同样有些厂商采用 40 位和 64 位加密,而另一些厂商则只支持 128 位加密方式。要让 WEP 正常工作,所有的无线客户端和接入点都必须正确匹配。很多时候,无线客户端已经正确配置了 WEP,但是依然无法和无线接入点通信。针对这种情况,用户将无线接入点恢复到出厂状态,重新输入 WEP 配置信息,并启动 WEP 功能。

5)DHCP 配置问题

DHCP 配置错误造成无法访问无线网络。很多新款的无线接入点都自带 DHCP 服务器功能。这些 DHCP 服务器会将 192.168.0.x 这个地址段分配给无线客户端,DHCP 接入点不会接受不是自己分配的 IP 地址的连接请求,具有静态 IP 地址的无线客户端或者从其它 DHCP 服务器获取 IP 地址的客户端就无法正常连接到这个接入点。对于这种情况,解决方法:

①禁用接入点的 DHCP 服务,并让无线客户端从网络内的 DHCP 服务器处获取 IP 地址。

②修改 DHCP 服务的地址范围,使它适用于现有的网络。

4.多个接入点的问题

假如有两个无线接入点同时按照默认方式工作。在这种情况下,每个接入点都会为无线客户端分配一个 192.168.0.X 的 IP 地址。两个无线接入点并不能区分哪个 IP 是自己分配的,哪个又是另一个接入点分配的。因此网络中会产生 IP 地址冲突的问题。要解决这个问题,可在每个接入点上设定不同的 IP 地址分配范围,以防止地址重叠。

习　题

一、选择题

1.防火墙是指(　　)。

A.一个特定软件　　　　　　　　　B.一个特定硬件

C.执行访问控制策略的一组系统　　D.一批硬件的总称

2.设置防火墙的主要目的是(　　)。

A.起路由功能　　　　　　　　　　B.起重发的功能

C.防止局域网外部的非法访问　　　D.起加速网络传输的功能

3.网络信息安全并不是指网络信息的(　　)。

A.机密性　　　　　　　　　　　　B.时效性

C.完整性　　　　　　　　　　　　D.可控性

4.一台计算机突然无法连入局域网,绝对不可能的原因是(　　)。

A.服务器网卡坏　　　　　　　　　B.交换机坏

C.网卡坏　　　　　　　　　　　　D.网线接触不良

5.CA 的主要功能为(　　)。

A.确认用户的身份

B.为用户提供证书的申请、下载、查询、注销和恢复等操作

C.定义了密码系统的使用方法和原则

D.负责发放和管理数字证书

6.为访问网上邻居而打开"网上邻居"窗口后,发现只能看到部分邻居计算机,不可能的原因是(　　)。

A.网络不通　　　　　　　　　　　B.没有安装网卡驱动程序

C.没有安装 MODEM　　　　　　　D.没有安装 NetBEUI 协议

7.在更换某工作站的网卡后,发现网络不通,网络工程技术人员首先要检查的是(　　)。

A.网卡是否松动　　　　　　　　　B.路由器设置是否正确

C.服务器设置是否正确　　　　　　D.是否有病毒发作

8.网络的软件故障主要有(　　)。(多项选择题)

A.软件配置错误　　　　　　　　　B.软件组合使用冲突

C.线缆与网卡的连接松动　　　　　D.网络通信协议丢失

9.在某局域网中,工作站找不到服务器的可能原因有(　　)。(多项选择题)

A.线缆有故障　　　　　　　　　　B.工作站硬件有冲突

C.服务器网卡安装不正确　　　　　D.工作站网卡的设置不正确

E.服务器网络协议没有与网卡驱动程序绑定

10.(　　)网络管理功能使得网络管理人员可以通过改变网络设置来改善网络性能。

A.配置管理　　　　　　　　　　　B.计费管理

C.性能管理　　　　　　　　　　　D.故障管理

11.网上银行系统的一次转账操作过程中发生了转账金额被非法篡改的行为,这破坏了信息安全的(　　)属性。

A.保密性　　　　　　　　　　　　B.完整性

C.不可否认性　　　　　　　　　　D.可用性

12.我国正式公布了电子签名法,数字签名机制用于实现(　　)需求。

A.抗否认　　　　　　　　　　　　B.保密性

C.完整性　　　　　　　　　　　　D.可用性

13.下列(　　)不属于物理安全控制措施。

A.门锁　　　　　　　　　　　　　B.警卫

C.口令　　　　　　　　　　　　　D.围墙

14.网络信息安全的基本特性有(　　)。(多项选择题)

A.保密性　　　　　　　　　　　　B.完整性

C.可用性　　　　　　　　　　　　D.可控性　　　　　　E.不可否认性

15.为了数据传输时不发生泄密,采取了加密机制。体现了信息安全的(　　)属性。

A.保密性　　　　　　　　　　　　B.完整性

C.可靠性　　　　　　　　　　　　D.可用性

二、思考题

1.在某网吧,如果你正在一台计算机上登录互联网聊天,突然登录不了互联网。试分析

会存在哪些故障。

2. 结合学习过的网络测试命令以及常见故障排除方法,试述自己遇到的网络故障状况以及可以采用的解决方法。

3. 根据目前网络状况,试述网络是否安全,那么我们应采取什么样应对措施和方法?

4. 网络管理的主要范围是什么?

5. 什么是网络管理? 网络管理的主要功能是什么?

电子商务基础

DIANZISHANGWUJICHU

任务描述：2015 年《政府工作报告》明确提出制定"互联网＋"行动计划。李克强总理讲到电子商务大大降低了流通成本，带动了实体经济的发展，极大地促进了就业。他下基层考察时还多次为电子商务"站台"，并在 2015 年 04 月 24 日第一次在互联网金融平台上为小微企业发布融资请求。国家总理如此重视电子商务的发展与应用，走进电子商务看看。

学习目标：理解什么是电子商务；掌握电子商务的基本类型和特点；了解当前电子商务发展的现状和趋势等。

学习重点：按照交易主体对电子商务的分类；相对于传统商务，电子商务的特点等。

任务9.1　走进电子商务

在网络经济时代，电子商务不仅和我们的生活息息相关，也改变着越来越多企业的经营模式和发展方向。电子商务的应用成为越来越多企业和个人的选择。先来通过我们身边的一些实例，看看什么是电子商务，电子商务又对我们的生活、工作有着怎样的影响。

9.1.1　走进电子商务——从一场亿元赌局开始

实例 1：当电子商务与传统商业的两位大佬站在一起会发生什么？答案是赌未来。

在 2012 CCTV 中国经济年度人物颁奖现场，万达集团董事长王健林与阿里巴巴集团董事会主席马云针尖对麦芒地"火拼"了一把。王健林称："我跟马云先生赌一把：2020 年，也就是 8 年后，如果电商在中国零售市场占 50%，我给他一个亿，如果没达到 50%，他还我一个亿。"如图 9-1 所示。

图 9-1　王健林和马云在颁奖现场

作为曾经的中国首富,王健林和他的万达集团是典型的实体经济的代表,其旗下的万达地产、万达影院都具有极高的知名度。而马云则带领着阿里巴巴成功在美国上市,市值超过2300亿美元,成为仅次于谷歌的全球第二大互联网公司。这场赌局,表面上看是两个商业大佬的"口水战",实质是传统的实体经济和新兴的互联网经济、特别是电子商务的碰撞。这场赌局在引发舆论话题的同时,也带给我们更多的思考。

实例2:吴小姐是上海一家科技公司的客户经理,平时工作异常忙碌,还经常加班,很少有时间去逛街购物。眼看春节就快到了,而自己过年回家的衣服还没有着落,于是她选择了网购。她打开经常光顾的几家购物网站(唯品会、聚美优品等,如图9-2所示),不出半天,所有需要的衣物都订购齐全。既可以打扮一新回家,又节约了时间,不影响工作。

图9-2 唯品会

实例3:小王是陕西财经职业技术学院会计二系的一名大三学生,家在陕北。临近毕业的她这学期忙于找工作,一直在西安赶招聘会,参加各种面试。由于工作一直没有落实,所以五一假期原本不打算回家,结果意外的是恰好在四月底终于签好了就业协议,心情大好的她临时决定要回家,和家人一起分享这份喜悦。这时候火车售票窗口已经买不到合适车次的票了。抱着试一试的想法,她登录了火车票售票网站 www.12306.cn。经过不懈的努力,终于订到了一张回榆林的火车票,如图9-3所示。

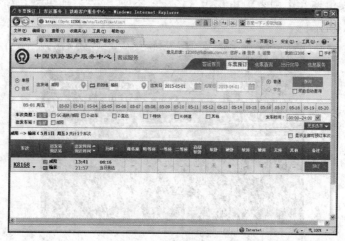

图9-3 12306网站

实例4:电商已成为解决农产品滞销的"金钥匙"。甘肃省定西市渭源县是我国重要的药材种植基地。2014年,受全国药材市场行情影响,渭源县党参、黄芪等中药材严重滞销,在一定程度上损害了农民的利益。针对以上问题,渭源县委、县政府抓住全省发展电子商务产业的有利时机,县财政每年列支300万元扶持电商发展,并鼓励政府机构、企事业单位、农业种植(养殖)农户、农民专业合作社发展电子商务,使农村发展电商的观念深入千家万户。在电商企业的示范带动下,许多种植养殖大户纷纷加入到电商的队伍中,优质中药材和特色农产品的电商销售模式已初具规模。党参、黄芪等中药材再也不怕销路问题,特色农产品销售难的问题也得到了有效解决,如图9-4所示。

图9-4 网上销售的渭源农产品

通过这些简单的例子我们可以看到,上到大型传统企业,下到我们的日常生活,电子商务已经深入到了我们经济生活的方方面面。电子商务时代已经全面到来。

9.1.2 什么是电子商务

电子商务是结合现代通信技术、计算机和网络技术而产生的一种新的经济形态,其目的是通过降低社会经营成本、提高社会生产效率、优化社会资源配置,从而实现社会财富的最大化利用。相对于市场营销、会计等其他传统学科,电子商务学科的发展仅有十多年的时间,各个专家学者研究领域不同,所处的行业角度不同,所以对电子商务的理解也存在较大差别。所以到目前为止,还没有一个统一、权威的关于电子商务的定义。

电子商务,即电子化的商业活动,是指借助计算机及网络技术,利用电子工具,实现的各种商业活动的总称。

具体来讲,电子商务又可分为狭义的电子商务(Electronic Commerce,简称EC)和广义的电子商务(Electronic Business,简称EB)。就概念而言,EC和EB二者没有本质区别,都可以用来指代电子商务,一般也不做特别的区分。通常我们认为,狭义的电子商务,主要指的是从20世纪90年代开始的,基于Internet的网上交易(我们熟知的网上购物);广义的电子商务,更多指的是基于一切通讯网络(早期的电报电话、VAN(增值网)和Intranet等),跟电子交易相关的各种商务活动的总称(EDI、ERP、CRM和电子政务等)。

9.1.3　电子商务的类型

按照不同的分类标准,电子商务可以分为不同的类型。按照交易主体划分是最主要的分类方式。

1. 按电子商务的交易主体划分

交易主体,即交易的主要参与者。电子商务的交易主体主要有三个,分别是企业(Business)、消费者/个人(Customer)及政府(Government)。因为正常商品交易至少需要两个主体参与(即买方和卖方),所以按照交易主体划分,电子商务主要有五种类型。

1)企业对消费者

企业与消费者之间的电子商务,即 Business to Customer,简称 B2C。常见的如京东商城(图 9-5)、淘宝商城(天猫)、1 号店、苏宁易购、唯品会、当当网、卓越亚马逊、小米商城、华为商城等都属于典型的 B2C 交易。一般来讲,消费者在正规 B2C 商城购买商品时,商家都会无条件提供正式发票(税票)。

图 9-5　京东商城

2)企业对企业

企业与企业之间的电子商务,即 Business to Business,简称 B2B。最知名的 B2B 企业当属阿里巴巴(图 9-6),此外比如慧聪网、能源一号网等。

图 9-6　阿里巴巴网

3)消费者对消费者

消费者与消费者之间的电子商务,即 Customer to Customer,简称 C2C。属于 C2C 交易的有淘宝网(图 9-7)、拍拍网等。

图 9-7　淘宝网

4)企业对政府

企业与政府之间的电子商务,即 Business to Government,简称 B2G。如企业的网上报税(图 9-8),政府网上采购等。

图 9-8　湖南地税网上办税服务厅

5)消费者对政府

消费者与政府之间的电子商务,即 Customer to Government,简称 C2G,如图 9-9所示。

需要特别指出的是,虽然是属于电子商务的交易主体之一,但由于政府自身职能的特殊性,一般情况下,政府很少以商品交易者的身份参与电子商务,更多扮演的是服务大众的角色,也就是电子政务的形式。所以通常我们提到电子商务的类型时,往往只讲前面三种。

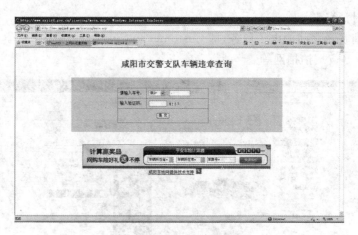

图 9 - 9　咸阳车辆违章查询系统

2.其他分类方式

其他分类方式见表 9 - 1。

表 9 - 1　其他分类方式

分类标准	类型	实例
按商品类型	不完全电子商务	有形产品:手机、服装、奶粉等
	完全电子商务	无形产品:网上充值、游戏点卡等 在线服务:在线电脑救援、网校等
按服务范围	本地电子商务	网上家政、网上订餐等
	异地电子商务	网上购买特产
按使用平台	传统电子商务	通过电脑购物
	移动电子商务	通过手机 APP 购买火车票

3.新兴的电子商务类型

除过这些传统的电子商务类型,近些年随着网络及电子商务的发展,电子商务也出现了一些新的类型,并且大多都属于当下电子商务应用和竞争的热点。

1)O2O

O2O 即 Online To Offline(线上对线下),是指将线下的商务机会与互联网结合,让互联网成为线下交易的前台,是线上和线下结合的新型营销模式,线上商品展示引流,线下体验、服务和消费。线上引流,线下体验消费,这是未来电商的趋势。

苏宁云商(苏宁电器)是传统的家电连锁巨头,在全国各大城市拥有近 2000 家门店。2014 年更是以 2800 亿元的营业收入位居中国民营企业百强榜榜首。虽然取得了如此骄人的业绩,但苏宁还是看到了电商更大的潜力,不断加强其电商平台苏宁易购的投入和推广。相对于其他电商平台,苏宁拥有遍布全国庞大的门店优势。但是长久以来,苏宁的门店和电商分别独立经营,使得消费者在门店无法享受到电商平台的价格优势,而门店拥有的物流、售后等优质资源也被闲置。为了彻底打通线上和线下,苏宁成立了全新的运营总部,彻底整合了其线上和线下资源,并且实行双线同价,全网比价的 O2O 模式。线上线下共用一个采购平台、一个运营平台、一个客户关系、库存一致、商品一致、服务响应一致,取得了很好的效果,如图 9-10 所示。

图 9-10　苏宁 O2O

2) ABC

ABC 即 Agent ＋ Business ＋ Consumer,也就是由代理商、商家和消费者共同搭建的集生产、经营、消费为一体的电子商务平台,三者之间可以转化。大家相互服务,相互支持,你中有我,我中有你,真正形成一个利益共同体。

3) 众筹

众筹,即大众筹资或群众筹资,是指用团购＋预购的形式,向网友募集项目资金的模式。由发起人、跟投人、平台构成。一般而言是通过网络上的平台连结起赞助者与提案者。众筹的项目也大多用于网购商品,所以可以看作是电子商务的一种特殊类型,如图 9-11 所示。

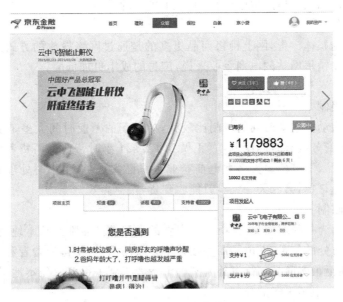

图 9-11　京东众筹

9.1.4　电子商务的优势

和传统商务活动相比,电子商务的优势非常明显,主要体现在以下几个方面:

1. 低成本

1)无店面租金费用

在传统的实体经济中,店面租金往往在个体经营成本中占很大的比例,不断上涨的租金往往使得经营者的利润越来越低,甚至难以为继。而电子商务完全实现了店铺的虚拟化,即使为了吸引顾客需要进行必要的店铺装修,但和实体中高昂的租金相比,这笔费用几乎可以忽略不计。节省了这部分费用,自然使得产品的成本要远低于实体店。这也正是同样的商品,网店销售的价格要低于实体店的重要原因。

2)销售人员少,要求低

实体经济中往往需要大量的销售人员,而且对于很多行业来讲,对销售人员的外貌、气质、语言表达能力等都有较高要求,相应的人力成本也比较高;而在电子商务平台下,顾客面对的只是网站中的文字、图片、动画等,只需要极少数的客服通过聊天软件和顾客交流即可,而且对客服的要求很低。所以很多残疾人在实体经济中很难找到理想的工作,但在电子商务中却很容易就业,很多甚至自己开店,取得了不错的业绩。

3)库存压力小

由于传统的交易大都是属于实时交易,也就是一手交钱一手拿货,这样对于商家来讲,就必须提前备货,库存压力很大;而网上交易存在时间差,也就是在消费者下订单后,往往需要若干天才能收到货,这就给商家尽可能降低库存、甚至实现零库存提供了条件。商家可以先将商品发布出去,等有了订单再去组织货源,这样使得经营的风险大大降低,非常适合创业者。众所周知的小米手机、华为手机都采取了饥饿营销+期货的网络销售模式。通过抢购、预约购买等方式,极大地降低了库存,取得了极大的成功。

4)广告费用低

相对于传统的媒体广告,网上销售商品更多的是通过网络投放的方式来进行宣传。特别对于有自己独立销售网站的电商企业来说,广告的成本更加低廉。

2. 方便性

1)没有时间限制

传统的商业活动往往受时间的限制比较大,如商场的营业时间大多是从 9:00—20:00,有些更短,而电子商务没有时间限制,真正做到了 7x24 小时营业。消费者任何时间都可以登录网站、浏览商品、下订单。大多数电商企业也早已实现了 24 小时处理订单。甚至消费者晚上睡觉前下个订单,第二天一大早就能收到货,快捷高效。

2)不受地域限制

传统的商业因为是面对面交易,所以消费者的大多数商品都是从本地购买,商家的顾客群也局限于店铺所处的位置;而电子商务依托于互联网平台,使得消费者和商家的交易选择范围大大增加,甚至很多商品都是海外购买。消费者买到了很多原先本地买不到的东西,商家也扩大了经营,吸引了更多的顾客。

3. 高效性

(1)标准化的商业报文能在世界各地瞬间传递,并由计算机自动处理。

作为电子商务的重要组成部分,EDI(电子数据交换)大大提高了数据和单据的处理效率。通过计算机的自动处理,使得单笔交易的周期大大缩短。对于电商平台,亦实现了订单的自动处理,同时辅以高度自动化的仓储管理和高效的物流系统,使得订单的处理速度大大加快,甚至可以实现订单的隔日达、限时达。

(2)电子货币提高了资金利用率。

电子交易大多都采用的是在线支付的方式,完全实现了货币的电子化。相对于传统贸易中的现金、票据、银行转账等支付方式,在线支付有效提高了资金的周转速度和利用率,降低了企业的资金成本。

9.1.5 电子商务的劣势

虽然电子商务具有很多传统贸易无可比拟的优点,代表了未来商业发展的趋势,但不可否认,电子商务也存在一些先天的不足,仍然需要我们加以努力解决和完善。

1.直观性差

因为网上交易无法展示实物,只能通过文字、图片、动画、视频、真人演示等方式来展示商品,消费者很难对销售商品有直观的感受,往往出现实物和介绍不符、甚至差距很大的情况,使消费者有了上当受骗的感觉。

2.安全性有待进一步提高

网上支付必然涉及到资金问题,而电子货币、网上银行还存在很多不安全的因素,加上消费者自身使用不当等原因,网银被盗的案例时有发生,需要进一步加强。

3.部分商品不适合网上销售

电子商务虽然方便,但并不是所有商品都适合在网上销售,价格低廉的小件物品(如一只铅笔,一管牙膏)、物流成本远远超过产品价格或销售利润的大件商品(如自行车、汽车)、保质期短的熟食品等。

4.维权困难

和传统贸易不同,电子商务环境下消费者和卖家不直接见面,甚至不知道卖家具体在什么地方。一旦出现纠纷或被骗的情况,消费者的维权就会变得异常麻烦和困难,甚至出现不知道该去找谁维权的尴尬局面。

任务9.2 我国电子商务的发展及现状

9.2.1 我国电子商务发展的过程

相对于西方发达国家,我国的计算机及网络的信息化水平相对滞后,也使得我国电子商务的起步要远远落后于西方国家,早期的发展过程也较为缓慢。我国电子商务的发展大致经历了以下几个阶段。

1.1990~1993年,实现EDI的初步开展

我国从20世纪90年代开始开展EDI的电子商务应用。自1990年开始,原国家计委、科委将EDI列入"八五"国家科技攻关项目,如外经贸部国家外贸许可证EDI系统、中国对外贸易运输总公司中国外运海运/空运管理 EDI 系统、中国化工进出口公司"中化财务、石油、橡胶贸易 EDI 系统"及山东抽纱公司"EDI 在出口贸易中的应用"等。1991 年 9 月由国务院电子信息系统推广应用办公室牵头发起成立"中国促进 EDI 应用协调小组",同年 10 月成立"中国 EDIFACT 委员会"并参加亚洲 EDIFACT 理事会,EDI 在国内外贸易、交通、银行等部门得到广泛应用。

2.1993 年～1997 年,开展"三金工程",为电子商务发展打基础

1993 年国务院成立国民经济信息化联席会议及其办公室,相继组织建设了金桥、金关、金卡等"三金工程",取得了重大进展。1994 年,我国正式接入国际互联网,同年 10 月"亚太地区电子商务研讨会在京召开",使电子商务概念开始在我国传播。1995 年,中国互联网开始商业化,互联网公司(ISP、COM 公司)开始兴起。

1997 年,国务院信息办组织有关部门起草编制我国信息化规划,1997 年 4 月在深圳召开全国信息化工作会议,各省市地区相继成立信息化领导小组及其办公室,开始制订本省包含电子商务在内的信息化建设规划。1997 年,广告主开始使用网络广告。1997 年 4 月以来,中国商品订货系统(CGOS)开始运行。

3.1998 起年开始进入互联网电子商务起步发展阶段

1998 年 3 月 6 日,我国国内第一笔 Internet 网上电子商务交易成功,它是由世纪互联通讯技术有限公司和中国银行携手完成。这标志着我国电子商务已经开始进入实用阶段。

1998 年 7 月,中国商品交易市场正式宣告成立,被称为"永不闭幕的广交会"。中国商品现货交易市场是我国第一家现货电子交易市场,1999 年现货电子市场电子交易额当年达到 2000 亿人民币。中国银行与电信数据通信局合作,在湖南进行中国银行电子商务试点,推出我国第一套基于 SET 的电子商务系统。

1999 年,网上购物进入实际应用阶段。中国电子商务 B2C 和 B2B 的两大鼻祖,王峻涛的 8848 网和马云的阿里巴巴网在这一年正式运行。企业上网、电子政务(政府上网工程)、网上纳税、网上教育和远程医疗等广义电子商务开始启动,并进入实际试用阶段。2000 年,我国电子商务进入了务实发展阶段。

4.2000～2003 年,中国互联网经济进入寒冰期

受全球互联网泡沫破灭的影响,从 2000 年开始,我国互联网经济,特别是电子商务发展陷入困境,相当数量的电子商务企业倒闭。值得一提的是,大多数从事 B2B 的电商企业没有受到太多的影响。

5.2003 年,互联网经济逐渐复苏,电子商务发展迎来黄金期

从 2003 年开始,我国网民数量开始快速增长,互联网经济也开始全面复苏,电子商务企业开始迅速发展。淘宝网、京东商城、当当网等一大批新兴电子商务企业开始进入人们视野,并迅速发展壮大。同时也带动了快递、包装等相关行业的发展。2014 年,京东、阿里巴巴先后在美国上市,阿里巴巴成为仅次于谷歌的全球第二大互联网公司,造就了中国电子商务的神话。

9.2.2　我国电子商务的现状

根据中国互联网络信息中心(CNNIC)2015 年 3 月 13 日发布的第 35 次《中国互联网络

发展状况统计报告》,截至 2014 年 12 月 31 日,我国网民规模为 6.49 亿,网络购物用户规模为 3.61 亿,继续保持稳定增长。全国开展在线销售的企业比例为 24.7%,其中制造业高达 38.4%,表明有越来越多的传统实体经济开始朝互联网转型。

另据艾瑞咨询的统计,2014 年中国电子商务市场交易规模 12.3 万亿元,增长 21.3%,其中网络购物市场交易规模达到 2.8 万亿元,增长 48.7%,在社会消费品零售总额渗透率年度首次突破 10%,成为推动电子商务市场发展的重要力量。另外,在线旅游增长 27.1%,本地生活服务 O2O 增长 42.8%,共同促进电子商务市场整体的快速增长,如图 9-12 所示。

通过这些数据我们可以看到,我国电子商务,特别是网络购物市场日趋成熟,从以前的陌生、怀疑,到现在的人人网购,双十一的狂欢,充分说明电子商务已经彻底被大家所接受。今后的电子商务市场会更加繁荣,也会有越来越多的企业加入到电子商务中来。电子商务也必将出现更多的应用,丰富我们的生活。

来源:综合企业财报及专家访谈,根据艾瑞统计模型核算。

图 9-12 中国电子商务市场规模

习 题

一、选择题

1.下列比较适合在网上销售的商品是( )。

A.家具 B.大闸蟹 C.茶叶 D.宠物

2.下列不属于电子商务交易主体的是( )。

A.企业 B.消费者 C.政府 D.银行

3.下列不属于 O2O 应用的是( )。

A.肯德基网上订餐 B.团购当地景点门票

C.滴滴打车 D.网上充值手机话费

4.最早是以图书作为主打销售的电子商务网站( )。

A.京东商城 B.当当网 C.拉手网 D.华为商城

5.除了马云和王健林的赌局,格力董事长董明珠也和哪一位互联网销售大佬有过类似赌局( )。

A.刘强东   B.张近东   C.马化腾   D.雷军

6.下列关于电子商务与传统商务的描述,( )说法最准确。

A.传统商务受到地域的限制,通常其贸易伙伴是固定的,而电子商务充分利用 Internet,其贸易伙伴可以不受地域的限制,选择范围很大

B.随着计算机网络技术的发展,电子商务将完全取代传统商务

C.客户服务只能采用传统的服务方式,电子商务在这一方面还无能为力

D.用户购买的任何产品都只能通过人工送达,采用计算机网络的用户无法收到其购买的产品

7.电子商务按参与交易的对象分类时,企业与政府之间的电子商务简称为( )。

A.C2C   B.C2G   C.B2G   D.B2B

8.人们常说的网上购物属于下列( )类型。

A.B2B   B.B2C   C.B2G   D.C2C

9.电子商务的四流中,可以双向流动的是( )。

A.物流   B.资金流   C.商流   D.信息流

10.以下( )电子商务网站属于 B2B 模式。

A.淘宝网   B.易趣网   C.拍拍网   D.阿里巴巴

二、思考题

1.和传统商务活动相比,电子商务的优势和劣势体现在哪些方面?

2.结合自己网购经历,谈谈电子商务的交易过程。

3.简述政府在电子商务中的角色及定位。

任务描述:2015 年 1 月 4 日,李克强总理在深圳前海微众银行敲下电脑回车键,卡车司机徐军就拿到了 3.5 万元贷款。很多企事业单位的员工每个月手机会收到银行发放工资到账的短信。近几年网购族在网上购买东西,敲敲键盘就完成了交易。这些操作是借助于什么实现资金流转的?电子商务时代对于在线支付的需求越来越大,在线支付离不开网上银行的参与,通过网上支付来完成资金流转。

学习目标:理解网上支付对电子商务的重要性;掌握网上支付的几种方式;熟练使用网上银行等。

学习重点:网上支付系统的组成;个人及企业支付方式的类型和支付过程;网银的安装及安全技术等。

任务 10.1　网上支付概述

10.1.1　电子支付

支付是指在商业活动中,为了清偿由于商品交换或劳务活动而引发的债权债务关系,由一方向另一方付款的过程。

电子支付是网上交易中至关重要的环节。电子商务过程中不可避免地要发生支付、结算和税务等财务往来业务,势必要求企业、银行、个人之间能够通过网络进行直接的转账、对账、代收费等业务往来。电子商务的应用普及必须有金融电子化作保证,即通过良好的网上支付与结算手段提供高质高效的电子化金融服务。电子支付是电子商务发展中资金流的重要组成部分。能否安全、及时、准确的将资金从买方支付给卖方,决定着交易能否顺利进行。对于大多数网购平台来说,在成功支付之前,即使买方已经提交了订单,这个订单也只是非正式订单,可以随时无条件终止和取消;或者不采取任何操作,到系统规定的时间之后,订单会自动作废,也意味着消费者丧失了此次购买权。一旦支付成功,这个订单也就正式生效,正常情况下卖方就必须履行订单内容。

传统的商业支付包括现金、票据、银行转账汇款等多种方式。这些支付方式都需要买方专门去柜台办理,既繁琐又耽搁时间。在电子商务时代,买方和卖方不见面,消费者足不出户就能完成整个交易。所以传统的支付方式已经难以满足电子商务的内在要求,必须采用一种能够仅通过网络就能完成整个支付全过程的一种支付方式,这就是网上支付。

10.1.2　网上支付基本概念

网上支付是指电子交易的当事人,包括消费者、厂商和金融机构,以金融电子化网络为基础,以商用电子化机具和各类交易卡为媒介,以计算机技术和通信技术为手段,以电子数据形式存储在银行的计算机系统中,使用安全电子支付手段通过计算机网络系统进行的货币支付或资金流转。

与传统支付相比,网上支付具有以下几个特点:

1. 各种支付方式都采用数字化的方式进行

计算机和网络只能处理、存储和传递数字化的信息,要想在网上完成支付的全过程,支付也就只能采用数字化的方式进行。

2. 对软硬件及技术保障要求较高

在网上支付中,货币资金也是以电子化的方式出现的,即电子货币。传统的支付方式已经有完善的系统支持和安全的技术手段加以保证,而电子货币的支付,是在一个相对开放的网络环境中完成,而网络中的病毒、木马、黑客攻击等不安全因素很多,为了保证资金的绝对安全,对软硬件及相关的技术保障的要求也更高一些。

3. 方便、快捷、高效

电子商务的参与人群已经从早期的高学历者向整个社会群体过渡,而生活的快节奏也需要我们在进行网上支付时,支付的过程更加的简单、方便,支付的速度和效率更加高效。

10.1.3　网上支付系统

电子商务网上支付系统主要由客户、商家、客户开户行、商家开户行、支付网关、银行专用网、CA 中心七个主要要素构成,其结构示意如图 10-1 所示。

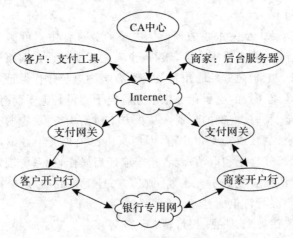

图 10-1　网上支付系统构成

1. 客户

客户一般是指商品交易中负有债务的一方,也就是我们俗称的买方。客户使用支付工具进行网上支付,是支付系统运作的原因和起点。

2.商家

商家是商品交易中拥有债权的另一方,即卖方。商家可以根据客户发出的支付指令向金融体系请求资金入账。

3.客户开户行

电子商务的各种支付工具都要依托于银行信用,没有信用便无法运行。

客户开户行是指客户在其中拥有自己账户的银行,客户所拥有的支付工具一般就是由开户行提供的,客户开户行在提供支付工具的同时也提供了银行信用,保证支付工具的兑付。在信用卡支付体系中把客户开户行称为发卡行。

4.商家开户行

商家开户行是指商家在其中拥有自己账户的银行。商家将客户的支付指令提交给其开户行后,就由商家开户行进行支付授权的请求以及银行间的清算等工作。商家开户行是依据商家提供的合法账单(客户的支付指令)来操作,因此又称为收单行。

5.支付网关

支付网关是因特网和银行专用网之间的接口,支付信息必须通过支付网关才能进入银行支付系统,进而完成支付的授权和获取。支付网关主要作用是完成两者之间的通信、协议转换和进行数据加密、解密,以及保护银行专用网的安全。

6.银行专用网

银行专用网是银行内部及行间进行通信的网络,具有较高的安全性,包括中国国家现代化支付系统(CNAPS)、人行电子联行系统、商行电子汇兑系统、银行卡授权系统等。

7.CA 认证中心

CA 认证中心为参与的各方(包括客户、商家与支付网关)发放数字证书,以确认各方的身份,保证网上支付的安全性。

10.1.4 网上支付的一般流程

目前,各个网站使用的支付工具和支付系统不尽相同,但支付的流程基本类似,主要分为以下几个步骤:

(1)客户在网上浏览、选购商品并选择网上支付方式。

(2)客户机对相关订单信息进行加密处理,在网上提交定单。

(3)商家服务器对客户的订购信息进行检查、确认,并把支付信息发送给银行进行确认。

(4)银行验证确认后,给商家服务器回送确认及支付信息,并给客户回送支付授权请求。

(5)银行得到客户传来的进一步授权结算信息后,进行资金划拨。

(6)商家服务器收到银行发来结算成功信息后,给客户发送网络付款成功信息和发货通知。

任务 10.2　网上支付方式

1.银行卡支付

银行卡:(Bank Card)一般是指由具有一定规模的银行或金融机构发行、供客户办理存取款业务的新型服务工具的总称。因为各种银行卡都是塑料制成的,又用于存取款和转帐支付,所以又称之为"塑料货币"。在目前的 Internet 上,银行卡支付时最普通也是首选的支付方式,主要用于个人支付,如 B2C、C2C 等。

银行卡主要有两种类型,一种是借记卡,是指先存款后消费(或取现),没有透支功能的银行卡;另外一种是贷记卡,俗称信用卡,由银行或信用卡公司依照用户的信用度与财力发给持卡人,持卡人持信用卡消费时无须支付现金,待账单日时再进行还款,即具备透支功能。在银行卡的使用习惯上,我国居民和西方国家存在较大差别。西方国家民众使用的大多都是信用卡,平时的消费也多以透支为主;而我国发行的银行卡多以借记卡为主,大多数人的银行卡也主要是做储蓄卡使用,如图 10-2 所示。

图 10-2 中国银行借记卡

目前,我国银行卡在进行网上支付时,必须先开通其网上银行功能。所以银行卡支付实际上就是个人网上银行支付。

2.电子现金支付

电子现金(E-Cash),是一种以电子形式存在的现金货币,又称为数字现金。它把现金数值转换成为一系列的加密序列数,通过这些序列数来表示现实中各种金额的币值。电子现金使用时与纸质现金完全类似,多用于小额支付,是一种储值型的支付工具。和现实交易中的现金类似,电子现金仅适用于个人小额支付。电子现金支付的流程如下:

(1)客户用现金或银行存款向发行机构申请兑换电子货币。现金直接交付,银行存款则通过金融专用网由客户开户行的存款账户转入发行机构的账户中。发行机构则将同等金额的货币输入客户的计算机中或智能卡中。其中客户计算机上的电子钱包是管理电子现金的软件或硬件设备。

(2)客户持电子现金进行网上购物,将电子现金货款金额转移到商户的电子钱包中。

(3)商户验证电子现金的数量及真伪。若为硬盘数据文件型电子钱包,则通过与发行机构的连线进行联机操作验证;若为智能卡型电子现金,则由电子钱包验证。

(4)商家将一定量的电子现金向发行机构申请兑换成存款账户。

(5)发行机构验证并收回电子现金,同时将等额的货币金额由自己的银行账户中转移到商家的银行账户中。

3.电子支票支付

电子支票是一种借鉴纸质支票转移支付的优点,利用计算机网络传递经付款人私钥加密的写有相关信息的电子文件,进行资金转账的电子付款形式。是客户向收款人签发的、无条件的数字化支付指令。与传统支票相比,电子支票为数字化信息通过网络传输,所以能够加快支票的解付速度,缩短资金的在途时间,处理成本也比较低。

电子支票采用公开密钥体系结构,使用数字签名代替手写签名,可以实现支付的真实性、保密性、完整性和不可否认性,比传统支票更加安全。一般适用于大额在线交易。电子支票的支付流程如下:

(1)消费者和商家达成购销协议并选择用电子支票支付。

(2)消费者通过网络向商家发出电子支票,同时向银行发出付款通知单。

(3)商家通过验证中心对消费者提供的电子支票进行验证,验证无误后将电子支票送交银行索付。

(4)银行在商家索付时通过验证中心对消费者提供的电子支票进行验证,验证无误后即向商家兑付或转账。

4.智能卡

智能卡(smart card)是一种将具有微处理器及大容量存储器的集成电路芯片嵌装于塑料基片上而制成的卡片,也称集成电路卡(IC卡),如图10-3所示。

智能卡的优点主要有:

(1)体积小,可靠性强,交易简便易行。

(2)安全性高。

(3)存储容量大。

图10-3 智能卡

(4)智能卡既可在线使用,也可脱机处理。

(5)适用范围广。

5.电子钱包

电子钱包是电子商务购物活动中常用的一种支付工具,适于小额购物。在电子钱包内存放的电子货币,如电子现金、电子零钱、电子信用卡等。使用电子钱包购物时,通常需要在电子钱包服务系统中进行。电子商务活动中电子钱包的软件通常都是免费提供的。

电子钱包的功能和实际钱包一样,可存放信用卡、电子现金、所有者的身份证、所有者地址以及在电子商务网站的收款台上所需的其他信息。目前,世界上有 VISA Cash 和 Mondex 两大在线电子钱包服务系统。

6.第三方支付

所谓第三方支付,就是一些和产品所在国家以及国外各大银行签约、并具备一定实力和信誉保障的第三方独立机构提供的交易支持平台。在通过第三方支付平台的交易中,买方选购商品后,使用第三方平台提供的账户进行货款支付,由第三方通知卖家货款到达、进行发货;买方检验物品后,就可以通知付款给卖家,第三方再将款项转至卖家账户。

根据艾瑞咨询的统计,2014Q3我国第三方互联网交易规模达到 20154.3 亿元,同比增长 41.9%,环比上升 9.5%,如图10-4所示。

目前,我国已经获得央行批准的第三方支付平台中,支付宝知名度最高,占到半壁江山,优势明显,其他公司则瓜分其余的一半份额,如图10-5所示。

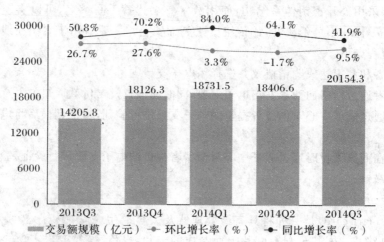

2013Q3-2014Q3中国第三方互联网支付业务交易规模

注释:1.互联网支付是指客户通过桌面电脑、便携式电脑等设备,依托互联网发起支付指令,实现货币资金转移的行为;2.统计企业中不含银行、银联,仅指规模以上非金融机构支付企业;3.艾瑞根据最新掌握的市场情况,对历史数据进行修正。

来源:综合企业及专家访谈,根据艾瑞统计模型核算。

图 10 - 4　中国第三方支付交易规模

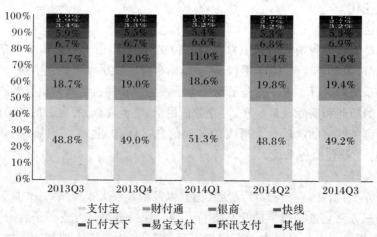

2013Q3-2014Q3中国第三方互联网支付业务交易规模份额

注释:1.互联网支付是指客户通过桌面电脑、便携式电脑等设备,依托互联网发起支付指令,实现货币资金转移的行为;2.统计企业中不含银行、银联,仅指规模以上非金融机构支付企业;3.2014Q3中国第三方互联网支付交易规模为20154.3亿元;4.艾瑞根据最新掌握的市场情况,对历史数据进行修正。

来源:综合企业及专家访谈,根据艾瑞统计模型核算。

图 10 - 5　第三方支付平台交易份额

7.其他支付方式介绍

除了上述常见的支付方式外,为了使在线支付更加快捷、方便,很多电子商务企业为了适应用户需求,也推出了很多其他的支付工具和方式,丰富了不同客户群体的选择。

1)快捷支付

快捷支付是指用户购买商品时,不需开通网银,只需提供银行卡卡号、户名、手机号码等信息,银行验证手机号码正确性后,第三方支付发送手机动态口令到用户手机号上,用户输入正确的手机动态口令,即可完成支付。如果用户选择保存银行卡信息,则用户下次支付时,只需输入第三方支付的支付密码或者是支付密码及手机动态口令即可完成支付。

2)微信支付

随着微信使用人数的迅速增加,以及微店越来越被大家所接受,微信支付也成为当下热门的移动支付方式之一。用户只需在微信中关联一张银行卡,并完成身份认证,即可将装有微信 APP 的智能手机变成一个全能钱包,随后即可购买合作商户的商品及服务。用户在支付时只需在自己的智能手机上输入密码,无需任何刷卡步骤即可完成支付,整个过程简便流畅。目前微信支付已实现刷卡支付、扫码支付、公众号支付、APP 支付,并提供企业红包、代金券、立减优惠等营销新工具,满足用户及商户的不同支付场合。

3)条码(二维码)支付

二维码支付是一种基于账户体系搭起来的新一代无线支付方案。在该支付方案下,商家可把账号、商品价格等交易信息汇编成一个二维码,并印刷在各种报纸、杂志、广告、图书等载体上发布。用户通过手机客户端扫拍二维码,便可实现与商家支付宝账户的支付结算。最后,商家根据支付交易信息中的用户收货联系资料,就可以进行商品配送,完成交易。

值得注意的是,二维码支付虽然使得在线支付变得异常快捷和方便,但由于许多二维码扫码工具没有对有恶意网址识别与拦截的能力,这就给了手机病毒极大的传播空间。并且由于太过简单,也给用户账户的资金安全带来极大的风险。

4)指纹支付

指纹支付即指纹消费,是采用目前已成熟的指纹系统进行消费认证,即顾客使用指纹注册成为指纹消费折扣联盟平台会员,通过指纹识别即可完成消费支付。在最新的支付宝钱包 8.4 版本中,苹果手机用户已经可以利用苹果手机内的 TouchID 硬件在钱包内使用指纹支付功能。

5)"刷脸"支付

摆脱密码,依靠对人脸生物特征识别就完成身份认证和支付的方式,已经逐步在科技界得到应用。如北京时间 2015 年 3 月 16 日凌晨,全球最知名的 IT 和通信产业盛会 CeBIT(汉诺威消费电子、信息及通信博览会)在德国拉开帷幕。开幕式上,马云向德国总理默克尔与中国副总理马凯,演示了蚂蚁金服的 Smile to Pay 扫脸技术,为嘉宾从淘宝网上购买了 1948 年汉诺威纪念邮票。

任务 10.3 网上银行

网上银行,是指采用 Internet 数字通信技术,以 Internet 作为基础的交易平台和服务渠道,在线为公众提供办理结算、支付、信贷服务的商业银行或金融机构。网上银行在电子商务的整体框架中是必不可少的重要组成部分,是电子商务开展的必要条件。

10.3.1　网上银行的产生和发展

网上银行的产生主要原因来自两方面：

1. 电子商务发展的需要

电子商务时代对于在线支付的需求越来越大,而在线支付离不开网上银行的参与。

2. 银行自身发展并获取市场竞争优势的需要

网上银行具有成本低,方便快捷的优势。各商业银行为了吸引客户,在竞争中取得优势地位,势必要大力开展和推广其网上银行平台,促进了网上银行的进一步发展。

1995 年,美国成立了全球第一家网络银行—安全第一网络银行(SFNB, Security First Network Bank)银行。网络银行(Internet-Bank)的出现标志着银行从实体银行向虚拟银行发展,进入全新的电子商务时期。

10.3.2　网上银行的优缺点

随着电子商务的发展,线上支付显得尤为重要,而网上银行肩负起了这一重任,电子商务缺少了网上银行是难以存在的,网上银行发挥着不可缺的作用。

1. 网上银行的优势

(1)无时间地域限制。

(2)可以减少用户在柜台、ATM 机等待排队时间。

(3)可以降低银行、客户的交易成本。

(4)全球化、无分支机构。

(5)促使银行的管理更高效、更科学。

(6)可以为客户提供更加方便、个性化的银行服务。

2. 主要缺点

风险太大。有着与传统银行业务的一切风险,如信用风险、市场风险、流动性风险、交易风险、法律风险、外汇风险、战略风险、信誉风险等。特有风险是网上交易的网络安全风险、资金转移中可能涉及严重的操作风险和潜在债务、消费者权益保护的问题等。

10.3.3　网上银行的类型

1. 按照使用对象分

有个人网上银行和企业网上银行。

个人网上银行是指通过互联网,为个人客户提供账户查询、转账汇款、投资理财、在线支付等金融服务的网上银行渠道。个人网银的功能主要包含了账户查询、转账汇款、捐款、买卖基金、国债、黄金、外汇、理财产品、代理缴费等,如图 10-6 工行个人网银。

企业网上银行是指通过互联网或专线网络,为企业客户提供账户查询、转账结算、在线支付等金融服务的渠道。企业网上银行业务功能分为基本功能和特定功能。基本功能包括账户管理、网上汇款、在线支付等功能;特定功能包括贵宾室、网上支付结算代理、网上收款、网上信用证、网上票据和账户高级管理等业务功能。

2. 按照性质分

有纯网上银行和网络分支银行。

图 10 - 6　工行个人网银

纯网上银行是指没有实体银行柜台，所有业务都只在网上完成的银行，如前面提到的安全第一网络银行和 2014 年 12 月开业的深圳前海微众银行（WeBank 微众银行）。

网络分支银行是指传统商业银行在开展柜台业务的同时，也开通网上银行平台，满足不同用户的需要。目前，我们见到的网上银行绝大多数都是属于网络分支银行。

3. 按照功能强弱分

有完全版网银和简版网银。

完全版网银具有网银的所有功能，需要客户使用身份证去柜台才能开通。

简版网银的大部分功能都会受到限制，如只能查询账户不能在线支付，或支付的金额和类型受到严格限制。简版网银是为了满足仅需要了解账户信息的客户使用，一般只需要在银行网站填写相关信息、进行手机验证后就可开通使用。

10.3.4　网上银行的使用

客户在柜台开通完全版网银后，一般都会领到一个 USB 证书验证工具，各个银行叫法不一，如中国工商银行叫 U 盾，中国建设银行叫网银盾，但功能都相同。将银行颁发给客户的 CA 数字证书下载安装到 U 盾中，今后用户在通过网银进行支付、转账等资金操作时，都需要插上 U 盾进行身份验证，确保账户安全。首次开通网银后，还不能直接使用 U 盾进行在线支付，还需在电脑上进行安装。下面以中国工商银行网银为例，图解安装的过程。

（1）首次使用网银，需要先下载安装中国工商银行网银助手。网银助手会自动检测电脑系统，根据需要，安装相关网银控件，如图 10 - 7 所示。

（2）中国工商银行在全国各个地区、各个时间段发放使用的 U 盾种类较多，根据自己的 U 盾选择相应的驱动，下载安装，如图 10 - 8 所示。

图 10-7　安装网银助手

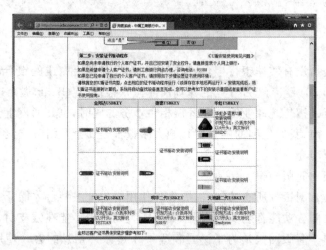

图 10-8　下载安装驱动

（3）正确安装网银助手后，通过"开始"菜单，打开中国工商银行网银客户端软件，并且插入 U 盾，如图 10-9 所示。

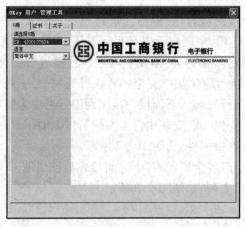

图 10-9　打开网银客户端软件

（4）切换到"证书"选项卡，输入在柜台开通网银时预留的密码，点击确定。注意密码要牢记，输错 6 次 U 盾就会被锁定，需要去柜台重置密码，如图 10 - 10 所示。

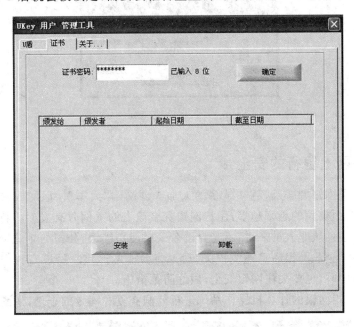

图 10 - 10　输入证书密码

（5）密码验证通过后，在证书列表里，就会显示出该 U 盾中安装的证书信息，选择安装，将 U 盾中的证书安装到电脑系统中，如图 10 - 11 所示。

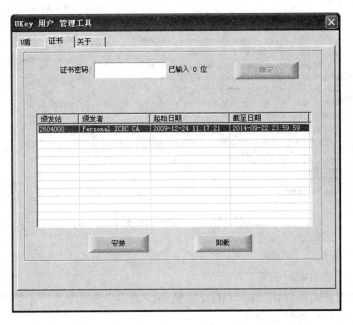

图 10 - 11　安装证书

(6)证书安装成功后,如图 10-12 所示,便可以进行在线支付等账户操作。

图 10-12　证书安装成功

10.3.5　网上银行的安全

随着互联网及网银的普及,越来越多的人加入到网购"大军"。但网银安全问题越来越严重,因使用网银而被骗的越来越多,用户网银资金被盗的案例时有发生。特别是对于从事企业财务工作的会计从业人员来讲,不光自己个人要使用网银,公司的企业网银也可能需要进行管理和操作。企业网银一旦遭受损失,后果将会非常严重。所以在我们享受网银便捷高效带来便利的同时,也要关注网银安全,做好防范措施。

(1)定期对使用网银的计算机操作系统进行漏洞修复和病毒的查杀,如图 10-13 所示。

图 10-13　修复系统漏洞

(2)加强密码安全。

①尽量使用复杂的密码格式。

②不要将网银密码和常用的邮箱、QQ 等密码设为同一密码。

③输入密码时尽量使用软键盘。

④可以使用手机短信验证密码的方式。

（3）使用 U 盾后及时将 U 盾从计算机上拔下来。

（4）在其他计算机上支付完成后及时卸载个人证书，如图 10 - 14 所示。

（5）开通短信通知业务，随时掌握账户信息。

图 10 - 14　卸载数字证书

10.3.6　安全电子交易技术

电子交易的一个重要特征就是在线支付，如何保证安全的在线电子支付，是用户、商家及金融机构最为关注的问题，如账户会不会被盗、资金会不会流向非法的用户、电子合同会不会造假、商家或私人的信息会不会泄露等。现实中，不同的企业可能会采用不同的技术手段来加以实现，这就在客观上要求必须采用统一的安全标准。目前最常用的安全电子交易标准有两个，即 SSL 协议和 SET 协议。

1. SSL（Secure Sockets Layer 安全套接层）协议

SSL 协议是 1995 年由 Netscape（网景）公司提出的，对计算机之间整个通信过程进行加密的协议，已经成为事实上的工业标准。目前 SSL 的版本已经升级到 3.0，被广泛应用于电子商务的网上购物交易中。SSL 在传输层对网络连接进行加密，能提供用户和服务器的认证、数据传送的隐蔽性以及信息传输的完整性等安全措施。

凡是支持 SSL 协议的网页，都会以"https://"作为 URL 的开头，即安全超文本传输协议，如图 10 - 15 所示。客户在与服务器进行 SSL 会话时，如果是使用 IE 浏览器，可以在状态栏中看到一只锁形安全标志，用鼠标双击该标志，就会弹出服务器证书信息。

作为一种开发时间较早，使用广泛的协议，SSL 协议支持多种加密算法，且已经被大多数的浏览器所内置，如图 10 - 16 所示，用户不需要单独安装即可使用。

图 10-15　安全超文本传输协议

图 10-16　浏览器中的 SSL 协议

2. SET(Secure Electronic Transactions 安全电子交易)协议

SET 协议是为了用于解决客户、商家和银行之间通过信用卡支付的交易安全,由 VISA 和 MasterCard 两家国际信用卡公司于 1997 年合作制定的。SET 协议采用了 RSA 公—私钥加密系统、数字签名、数字证书认证等技术,保证了支付信息的保密性、完整性和不可否认性。SET 协议提供了客户、商家和银行之间的身份认证,而且交易信息和客户信用卡信息相互隔离,即商家只能获得订单信息,银行只能获得持卡人银行卡的支付信息,使得支付的过程更加保密和安全。

SET 交易过程十分复杂,在完成一次 SET 协议交易过程中,需验证电子证书 9 次,验证数字签名 6 次,传递证书 7 次,进行签名 5 次,4 次对称加密和非对称加密。通常完成一个 SET 协议交易过程大约要花费 1.5~2 分钟甚至更长时间。由于各地网络设施良莠不齐,完成一个 SET 协议的交易过程可能需要耗费更长的时间,而且 SET 协议在使用时,大都需要安装单独的客户端软件,较为麻烦。

习 题

一、选择题

1.我国银行卡的应用是( )。

A.信用卡占主导地位 　　　　　　　　B.借记卡占主导位

C.支票卡占主导地位 　　　　　　　　D.智能卡占主导地位

2.用户去柜台开通网上银行,银行会给客户发放一个U盾。U盾里面实际装的是( )。

A.网银的账号和密码 　　　　　　　　B.没装什么东西,就是普通优盘

C.网银使用手册 　　　　　　　　　　D.数字证书

3.某企业计划在阿里巴巴网站上进行原材料采购,最适合的支付方式是( )。

A.电子现金 　　　　　　　　　　　　B.电子支票

C.企业网银 　　　　　　　　　　　　D.银行柜台转账

4.在电子支付系统中,发卡银行和收单银行之间传递支付信息使用( )。

A.因特网 　　　　　　　　　　　　　B.增值网

C.局域网 　　　　　　　　　　　　　D.金融专用网

5.下面不属于智能卡的是( )。

A.公交IC卡 　　　　　　　　　　　　B.银行磁卡

C.第二代身份证 　　　　　　　　　　D.手机SIM卡

6.SSL指的是( )。

A.加密认证协议 　　　　　　　　　　B.安全套接层协议

C.授权认证协议 　　　　　　　　　　D.安全通道协议

7.典型的电子商务采用的支付方式是( )。(多项选择题)

A.汇款 　　　　　　　　　　　　　　B.交货付款

C.网上支付 　　　　　　　　　　　　D.虚拟银行的电子资金划拨

8.网络交易的信息风险主要来自( )。(多项选择题)

A.冒名偷窃　　　　B.篡改数据　　　　C.信息丢失　　　　D.虚假信息

9.我国第一家网上银行(纯网上银行)是( )。

A.深圳前海微众银行 　　　　　　　　B.安全第一网络银行

C.深圳招商银行 　　　　　　　　　　D.花旗银行

10.在电子商务活动中,消费者与银行之间的资金转移通常要用到证书。证书的发放单位一般是( )。

A.政府部门 　　　　　　　　　　　　B.银行

C.因特网服务提供者 　　　　　　　　D.安全认证中心

二、思考题

1.简述B2C和B2B支付方式的种类及特点。

2.网上支付系统由哪些要素组成,分别具有什么样的作用?

3.针对目前网上银行频繁出现的问题,谈谈你对网银安全的认识。

实训 1 计算机网络基本组成与结构的认识

一、实训目的和要求

(1)参观网络实训室,熟悉实训室里计算机网络的组成与拓扑结构。

(2)参观网络中心,了解网络设备、传输介质和网络辅助设施以及它们的作用。

(3)了解网络安装、配置和布线系统。

(4)了解学院校园网接入 Internet 的方式。

二、实训内容与步骤

1. 实训内容

(1)网络组成与结构;

(2)网络功能基本应用(Win7 系统);

(3)使用 Internet。

2. 实训步骤

1)网络组成与拓扑结构

(1)多媒体介绍参观内容

网络实训室老师介绍实训室设施,使学生熟悉计算机网络实训室的设施、网络设备。目的是让学生了解路由器、交换机、防火墙、各种服务器、机柜、模块、设备接口、双绞线、光纤、光纤收发器和无线设备等,为参观前做好准备。

(2)参观网络设备

老师介绍实训室计算机网络连接结构和使用的设备,软件组成和应用,实训室的使用与管理。重点介绍网络实训室的网络硬件设备;了解网络设备的布局和连接情况。仔细观察路由器、交换机等设备的界面接口与类别。现场观看老师配置交换机的过程,学生做好记录。

2)网络功能基本应用(Win7 环境)

(1)查看网上邻居

双击本机桌面上"网络",查看目前上网的计算机分布和编号。

(2)查看网络打印机和文件

双击"网络"图标,然后双击有关的计算机,查看有关共享打印机和共享文件夹。

(3)查找网上计算机

桌面左下角单击 Win7 图标,在"搜索"框中输入计算机名称或文件夹。\\计算机名称\文件夹名称。

3)使用 Internet

(1)查看学院校园网接入 Internet 的设备,浏览器的使用。观察网络中心所使用的设备,如服务器、交换机、路由器、防火墙等,记录设备名称和型号及这些设备是如何接入网络的。了解这些设备的主要功能。服务器使用的操作系统。

(2)通过现场参观校园网网络中心,并访问陕西财经职业技术学院网站 http://www.scy.cn,了解网络中心局域网或校园网的网络拓扑结构。

实训 2　局域网资源共享

一、实训目的与要求

(1)掌握网络打印机的基本概念与作用。

(2)会安装打印机硬件及驱动程序(Win7环境)。

(3)掌握网络资源(文件夹)共享。

二、实训步骤

2.1　安装网络打印机并共享

网络打印机安装相对于本地打印机来说简单一些,无须驱动盘,也无须连接打印机,只要你的计算机能连上共享打印机即可。

Win7环境实现局域网内共享打印机步骤:

1.取消禁用 Guest 用户

(1)点击"开始"按钮,在"计算机"上单击鼠标右键,选择"管理",如图 P2-1 所示。

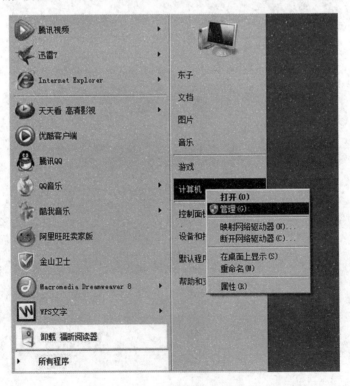

图 P2-1　"管理"选项

(2)在弹出的"计算机管理"窗口中找到"Guest"用户,如图 P2-2 所示。

(3)双击"Guest"账户,打开"Guest 属性"对话框,确保"账户已禁用"选项没有被勾选,

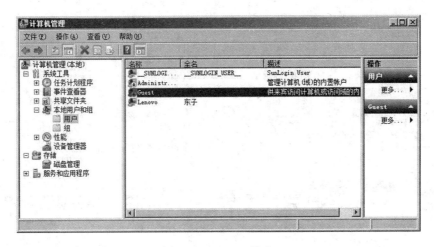

图 P2-2　Guest 账户

如图 P2-3 所示。

2.共享目标打印机

(1)点击"开始"按钮,选择"设备和打印机",如图 P2-4 所示。

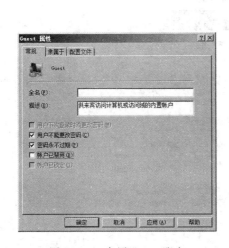

图 P2-3　启用 Guest 账户　　　　　图 P2-4　设备和打印机

　(2)在弹出的窗口中找到想共享的打印机(前提是打印机已正确连接,驱动已正确安装),在该打印机上单击鼠标右键,选择"打印机属性",如图 P2-5 所示。

　(3)选择"共享"选项卡,勾选"共享这台打印机"选项,并且设置一个共享名(请记住该共享名,后面的设置可能会用到),如图 P2-6 所示,共享名定义为 Canon,一般就用打印机名字作为共享名,这样好记忆。

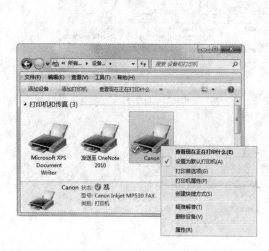

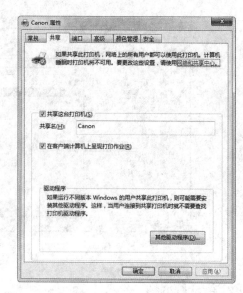

图 P2-5　打印机属性　　　　　　　　　　图 P2-6　已共享的打印机

3.进行高级共享设置

（1）在系统托盘的网络连接图标上单击鼠标右键，选择"打开网络和共享中心"，如图 P2-7所示。

图 P2-7　打开网络和共享中心

（2）记住所处的网络类型（工作网络），选择"更改网络设置"，单击"选择家庭组和共享选项"，如图 P2-8 所示。

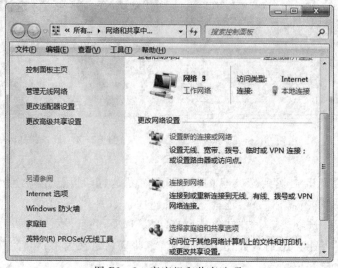

图 P2-8　家庭组和共享选项

（3）单击"更改高级共享设置"，如图 P2-9 所示。

图 P2-9　更改高级共享设置

（4）如果是"家庭或工作"网络，启用网络发现；在"文件和打印机共享"中选择"启用文件和打印机共享"；在"密码保护的共享"中选择"关闭密码保护共享"。设置完成后不要忘记保存修改，如图 P2-10 所示。

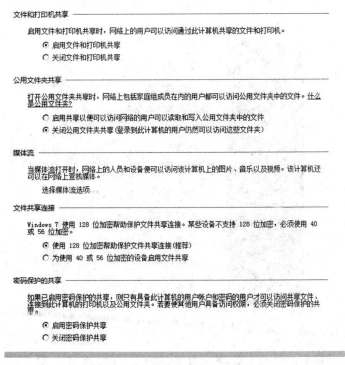

图 P2-10　启用文件和打印机共享

注意：如果是公共网络，具体设置和上面的情况类似，但相应地设置"公用"中的选项，而不是"家庭或工作"下面的选项，如图 P2－11 所示。

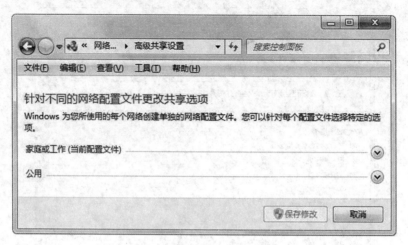

图 P2－11　设置"公用"选项

4.设置工作组

在添加目标打印机之前，首先要确定局域网内的计算机是否都处于同一个工作组，具体过程如下：

（1）点击"开始"按钮，在"计算机"上单击鼠标右键，选择"属性"，如图 P2－12 所示。

图 P2－12　属性

（2）在弹出的窗口中找到工作组，如果计算机的工作组设置不一致，点击"更改设置"；如果一致可以直接退出，跳到 5（5 在其他计算机上添加目标打印机）。注意：一定要记住"计算机名"，后面的设置要用到，如图 P2－13 所示。

图 P2-13 计算机名和工作组名

(3)如果处于不同的工作组,可以在此窗口中进行设置工作组的名称,使计算机处于同一工作组中,如图 P2-14 所示。

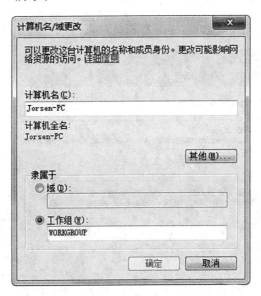

图 P2-14 设置工作组

注意:此设置要在计算机重新启动后才能生效,所以在设置完成后不要忘记重启一下计算机,使设置生效。

5. 在其他计算机上添加目标打印机

注意:此步操作是在局域网内的其他需要共享打印机的计算机上进行的。此步操作在 XP 和 Win7 系统中的过程是类似的,现以 Win7 操作系统为例进行介绍。

(1)进入"控制面板",打开"设备和打印机"窗口,并点击"添加打印机",如图 P2-15 所示。

图 P2-15　添加打印机

（2）选择"添加网络、无线或 Bluetooth 打印机"，点击"下一步"，如图 P2-16 所示。

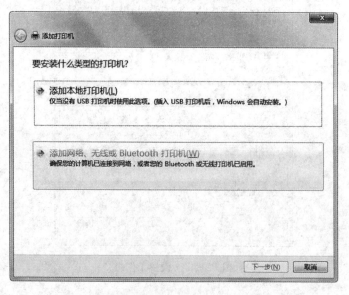

图 P2-16　添加网络、无线或 Bluetooth 打印机

　　（3）点击了"下一步"之后，系统会自动搜索共享了的打印机。如果前面的几步设置都正确的话，那么只要耐心等待一段时间，一般系统都能找到共享的打印机。接下来只需要按照提示一步一步操作就可以了。如果耐心地等待后，系统还是找不到所需要的打印机也不要紧，也可以点击"我需要的打印机不在列表中"，然后点击"下一步"，如图 P2-17、图 P2-18所示。

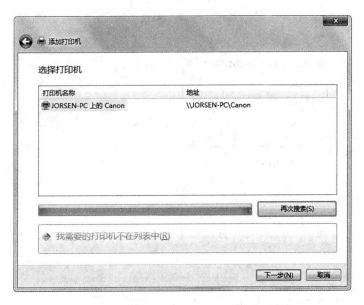

图 P2-17　我需要的打印机不在列表中

（4）如果不想等，可以直接点击"停止"，然后点击"我需要的打印机不在列表中"，接着点击"下一步"，如图 P2-18 所示。

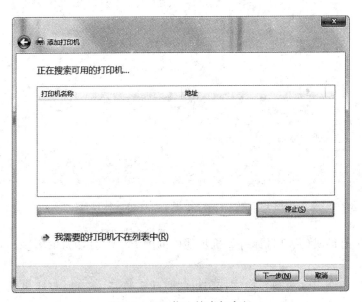

图 P2-18　停止搜索打印机

接下来的设置就有多种方法了，在这里介绍其中的两种方法。

第一种方法：

①选择"浏览打印机"，点击"下一步"，如图 P2-19 所示。

②找到连接着打印机的计算机，点击"选择"，如图 P2-20 所示。

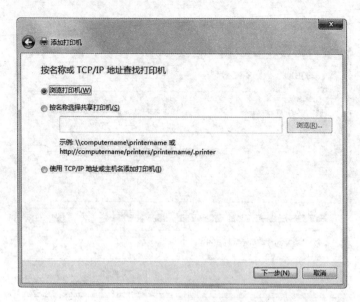

图 P2 - 19   浏览打印机

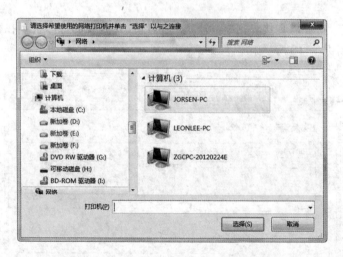

图 P2 - 20   选择连接着打印机的计算机

③选择目标打印机(共享目标打印机步骤中的图 P2 - 6 打印机的名字),点击"选择",如图 P2 - 21 所示。

④接下来系统会自动找到并把该打印机的驱动安装好。至此,打印机已成功添加。

第二种方法:

(1)在"添加打印机"窗口选择"按名称选择共享打印机",并且输入"\\计算机名\打印机名"(计算机名和打印机在上文中均有提及,不清楚时可分别查看第 2 步和第 4 步设置)。如果前面的设置正确的话,当还没输入完名称系统就会给出提示,如图 P2 - 22 所示。接着点击"下一步"。

注意:如果此步操作中系统没有自动给出提示,那么很可能直接点击"下一步"会无法找

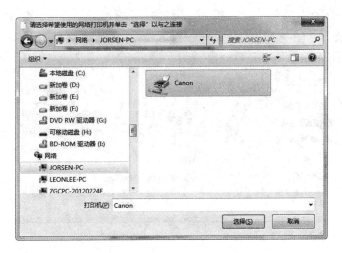

图 P2 - 21 选择目标打印机

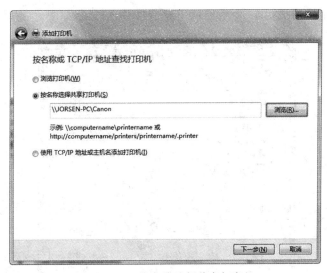

图 P2 - 22 按名称选择共享打印机

到目标打印机(也就是共享的打印机),此时可以把"计算机名"用"IP 地址"来替换,方法如下:

例如笔者计算机的 IP 地址为 10.0.32.80,那么则应输入"\\10.0.32.80\Canon"。怎么知道计算机的 IP 地址呢? 查看计算机 IP 地址的方法是:

①在系统"网络"图标上单击,选择"打开网络和共享中心",如图 P2 - 23 所示。

图 P2 - 23 打开网络和共享中心

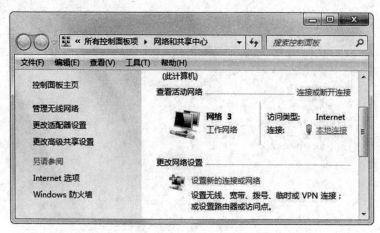

图 P2 - 24 打开"本地连接"

②在"网络和共享中心"找到"本地连接",单击,如图 P2 - 24 所示。

③在弹出的"本地连接状态"对话窗口中点击"详细信息",如图 P2 - 25 所示。

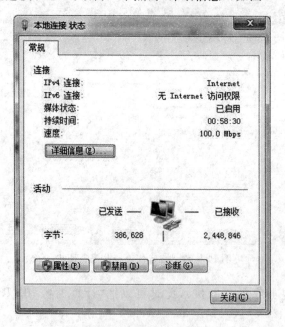

图 P2 - 25 详细信息

④图 P2 - 26 中加圈标示的"IPv4 地址"就是要查询的计算机的 IP 地址。

(2)接下来继续前面的步骤,和第一种方法一样,系统会找到共享的打印机并安装好驱动程序,你只需耐心等待即可,如图 P2 - 27 所示。

(3)系统会给出提示,告诉用户打印机已成功添加,直接点击"下一步",如图 P2 - 28 所示。

(4)至此,打印机已添加完毕,如有需要,用户可点击"打印测试页",测试一下打印机是否能正常打印,也可以直接点击"完成"退出,如图 P2 - 29 所示。

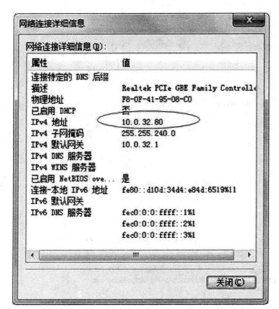

图 P2-26　计算机 IP 地址

图 P2-27　安装驱动

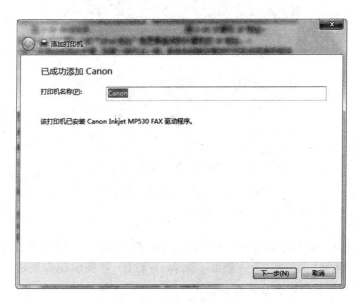

图 P2-28　打印机命名

(5)成功添加打印机后,在"控制面板"的"设备和打印机"窗口中,可以看到新添加的打印机,如图 P2-30 所示。

网络打印机安装整个过程已完成,没介绍的其它方法,(使用 TCP/IP 地址或主机名添加打印机)也比较简单,过程都类似,这里不再赘述。

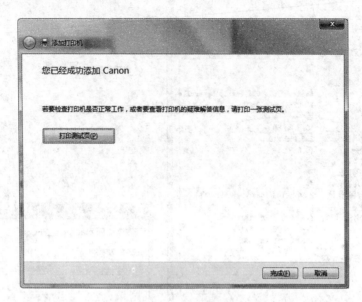

图 P2-29　打印机测试

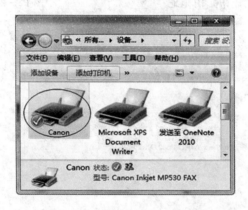

图 P2-30　网络打印机安装完成

注意事项：

(1)本地打印机驱动程序安装前,打印机一定不要先连接计算机,不然有些计算机会自动装驱动,但这驱动和原装的驱动一般都不兼容。所以一般在驱动安装成功以后或者安装提示你连打印机时再把打印机连到计算机上。

(2)网络打印机安装前要确保本机能与网络打印机连通。

2.2　局域网资源(软件资源)的共享

不少办公单位企业都有外网和内网,内网就是由交换机把多人的计算机连成一个局域网,方便不同计算机之间的信息传递。有了这个功能,传输文件就不需要再用 U 盘拷贝了,直接开启文件夹共享,别的计算机可以轻轻松松复制你共享文件夹内的东西。Win7 用户之间可以建立局域网,可以实现文件夹、图片、音乐等资源的共享。

1.创建家庭组局域网

(1)打开"控制面板",选择"网络和 Internet"选项,如图 P2-31 所示。

图 P2-31 控制面板

(2)打开"与运行 Windows 7 的其他家庭计算机共享"窗口,单击"创建家庭组"按钮,如图 P2-32 所示。就可以开始创建一个全新的家庭组网络,即局域网。

图 P2-32 "与运行 Windows 7 的其他家庭计算机共享"窗口

(3)打开"创建家庭组"窗口,默认共享的内容是图片、音乐、视频、文档和打印机 5 个选项,除了打印机以外,其它 4 个选项分别对应系统中默认存在的几个共享文件。选择需要共享的内容进行勾选,如图 P2-33 所示,单击"下一步"按钮。

(4)此时会出现"使用此密码向您的家庭组添加其他计算机"窗口,记住该密码,单击"完成"按钮,完成家庭组局域网的组建,如图 P2-34 所示。其它的计算机要加入该家庭组时需要这个密码。

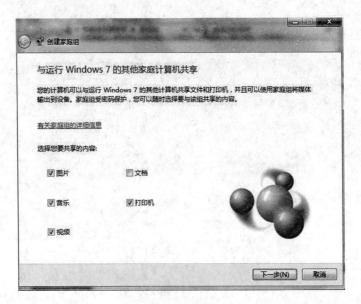

图 P2 - 33　创建家庭组

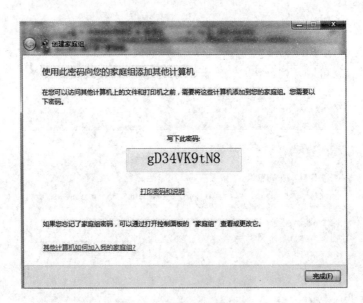

图 P2 - 34　完成创建家庭组

2.资源共享操作步骤

(1)打开"控制面板",选择"网络和 Internet"选项。

(2)选择"家庭组和共享"选项,打开"更改家庭组设置"窗口,如图 P2 - 35 所示。在"与设备共享媒体"下勾选"将我的图片、音乐和视频输出到我的家庭网络上的所有设备"选项,完成后,单击"保存修改"按钮。

(3)想让家庭组中的其他成员共享文件夹中的内容,就在共享选项下勾选"家庭组(读取)"即可;如果希望其他成员共享,同时也允许其他成员修改该文件夹下的内容,就在共享

图 P2-35 "更改家庭组设置"窗口

选项下勾选"家庭组(读取/写入)"选项,如图 P2-36 所示。

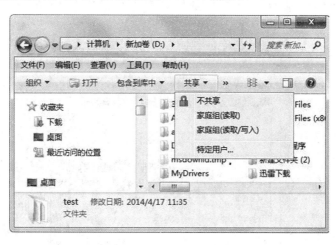

图 P2-36 家庭组中的成员共享文件夹

(4)鼠标右键单击需要共享的文件夹,弹出快捷菜单,选"属性"选项,打开"属性"对话框,选择"共享"选项卡,如图 P2-37 所示。就可以对文件夹的共享选项进行设置了。其中包括共享对象和共享权限的设定,以及设置共享文件夹的密码保护功能,也可以关闭密码保护。以下操作不涉及密码保护或者关闭密码保护操作。

(5)在图 2-37 中单击"高级共享"。勾选"共享此文件夹",单击"权限",如图 P2-38 所示。

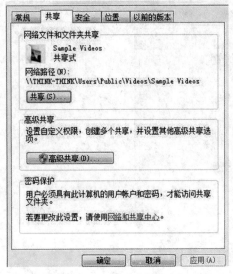

图 P2－37　共享"文件夹"

图 P2－38　共享此文件夹

（6）在"组或用户名"里面有 everyone 的用户或者组。若没有可以通过点击"添加"来添加用户或者组，如图 P2－39 所示。

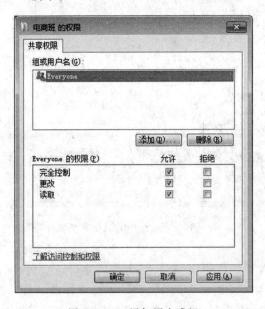

图 P2－39　添加用户或组

（7）everyone 的权限更改设置。选择"安全"选项卡，单击"编辑"，如图 P2－40 所示。默认是没有 everyone 组的，需要手动添加，一般共享不了大多数问题就出在这里的，如图 P2－41所示，这时点击"添加"。

图 P2-40 编辑

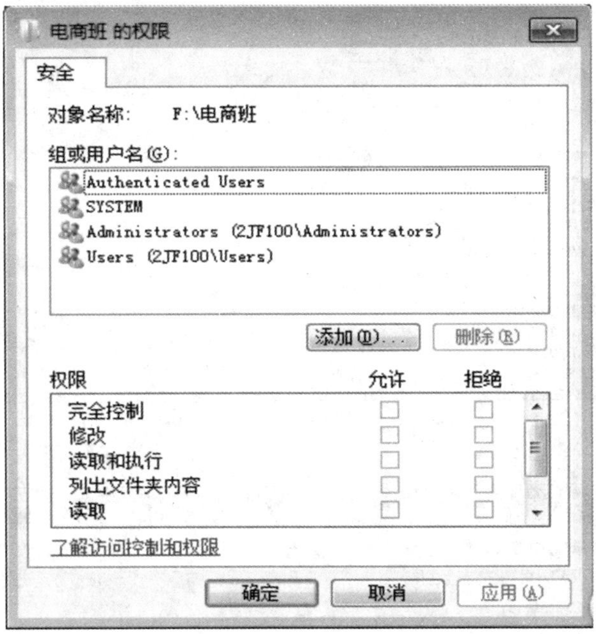

图 P2-41 添加

(8)点击图 P2-42 中的"高级"。在图 P2-43 中点击"立即查找",会在"搜索结果"中罗列出用户列表,找到 everyone 组,双击它,这时就成功添加了"everyone 组",如图 P2-44 所示。

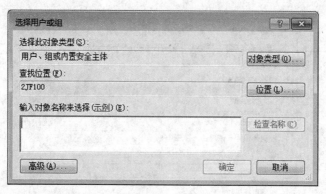

图 P2－42　高级

图 P2－43　查找 everyone 组

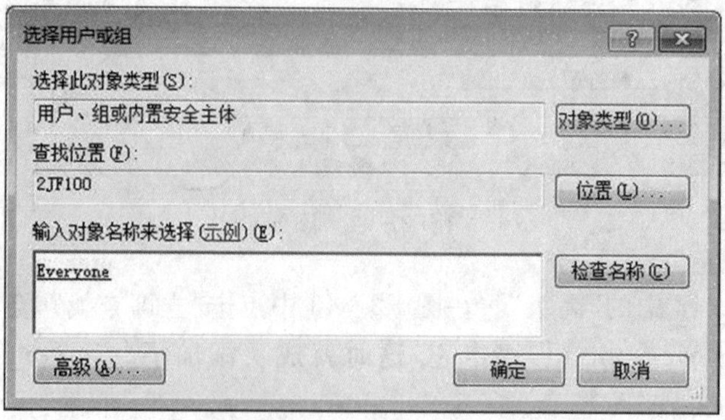

图 P2－44　添加 everyone 组

(9)通过"允许"栏目设置权限,权限前面打上"√",确定,如图 P2-45 所示。至此文件夹共享设置完成,如图 P2-46 所示。

图 P2-45 允许权限设置

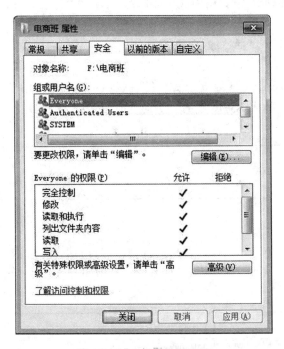

图 P2-46 权限设置成功

实训 3　网络有线介质制作

一、实训目的与要求

(1)了解 T568A/T568B 标准线序的排列顺序。
(2)掌握交叉线(直通线)的制作过程。
(3)掌握交叉线(直通线)连通性的测试。
(4)理解网线模块的制作。
(5)了解光纤熔接。

二、实训内容与步骤

2.1　双绞线制作

1.实训器材

RJ-45 接口若干、双绞线若干米(百兆)、RJ-45 压线钳一把、测试仪一套。

2.双绞线连接标准(百兆网线制作)

双绞线的制作有两种国际标准,分别是美国电子工业协会(EIA)和电信工业协会(TIA)定义的 EIA/TIA568A 和 EIA/TIA568B,分别简称为 T568A 和 T568B。其中 T568B 标准在以太网中应用较广泛。

1)T568A

双绞线的排列顺序为:白绿,绿,白橙,蓝,白蓝,橙,白棕,棕。依次插入 RJ-45 头的 1～8 号线槽中。见表 3-1。

RJ-45 接口(插头)的 1、2、3、4、5、6、7、8 的顺序不是随便定的。把水晶头有金属片的一面向上,塑料扣片向下,插入 RJ-45 座的一头向外时,从左到右依次为 1、2、3、4、5、6、7、8 脚。

表 3-1

RJ-45 接口	1	2	3	4	5	6	7	8
线序	白绿	绿	白橙	蓝	白蓝	橙	白棕	棕

2)T568B

双绞线的排列顺序为:白橙,橙,白绿,蓝,白蓝,绿,白棕,棕。依次插入 RJ-45 头的 1～8 号线槽中,见表 3-2。

表 3-2

RJ-45 接口	1	2	3	4	5	6	7	8
线序	白橙	橙	白绿	蓝	白蓝	绿	白棕	棕

如果双绞线的两端均采用同一标准(如 T568B),则这根双绞线称为直通线。用于异种

网络设备间的连接,如计算机与集线器的连接、集线器与路由器的连接。这是一种用得最多的连接方式,通常直通双绞线的两端均采用 T568B 连接标准。

如果双绞线的两端采用不同的连接标准(如一端用 T568A,另一端用 T568B),则称这根双绞线为交叉线。用于同种类型设备连接,如计算机与计算机的直联、集线器与集线器的级联。需要注意的是:有些集线器(或交换机)本身带有"级联端口",当用某一集线器的"普通端口"与另一集线器的"级联端口"相连时,因"级联端口"内部已经做了"跳接"处理,这时只能用"直通"双绞线来完成其连接。

3. 实训步骤

以 T568B 标准来制作直通线的步骤:

(1)利用斜口钳剪下所需要的双绞线长度,至少 0.6 m,最多不要超过 100 m。然后再利用双绞线剥线切口将双绞线的外皮除去 2~3 cm。有一些双绞线电缆上含有一条柔软的尼龙绳,如果在剥除双绞线的外皮时,若裸露的部分太短,不利于制作 RJ-45 接头时,可以紧握双绞线外皮,再捏住尼龙绳往外皮的下方剥开,就可得到较长的裸露线,如图 P3-1 所示。

图 P3-1　剪线

(2)接下来是进行拨线的操作。将裸露的双绞线中的橙色对线拨向自己的左方,棕色对线拨向右方向,绿色对线拨向前方,蓝色对线拨向后方,如图 P3-2 所示,左:橙,前:绿,后:蓝,右:棕。

(3)小心拨开每一对线,遵循 T568B 的标准(白橙,橙,白绿,蓝,白蓝,绿,白棕,棕)排列

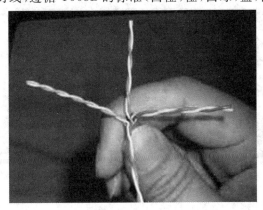

图 P3-2　拨线

好,如图 P3-3 所示。

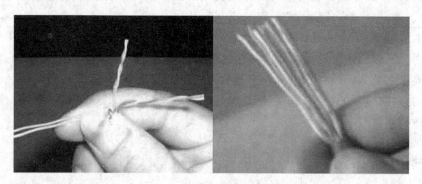

图 P3-3 T568B 的标准排线

(4)将裸露的双绞线用剪刀或斜口钳剪下只剩约为 1.4 cm 米的长度,该长度是为了符合 EIA/TIA 的标准(可参考有关 RJ-45 接头和双绞线制作标准的介绍)。最后再将双绞线的每一根线依序放入 RJ-45 接头的引脚内,第一只引脚内颜色是白橙色的线,依次类推。如图 P3-4 所示。

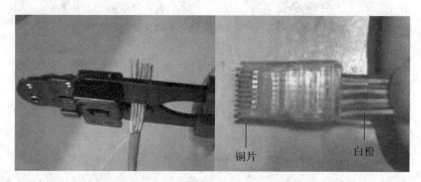

图 P3-4 剪齐线与检查线序

(5)确定双绞线的每根线是否按正确顺序放置,并检查每根线是否进入到水晶头的底部位置,如图 P3-5 所示。

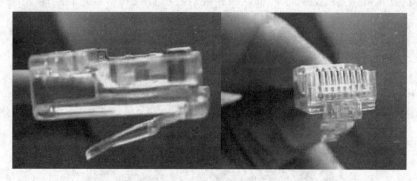

图 P3-5 插线

(6)用 RJ-45 压线钳压接 RJ-45 接头,把水晶头的八个小铜片压下去,使每一个铜片的尖角都触到一根铜线,如图 P3－6 所示。

图 P3－6　压线

(7)重复步骤(1)到步骤(6),再制作另一端的 RJ-45 接头。

(8)用测试仪测试网线和水晶头是否连接正常。将做好的双绞线两端的 RJ-45 头分别插入测试仪两端,打开测试仪电源开关检测制作是否正确。

打开电源至 ON(S 为慢速测试挡,M 为手动挡)将网线插头分别插入主测试器和远程测试端。指示灯从 1 至 G 逐个顺序闪亮,主测试器:1-2-3-4-5-6-7-8-G;远程测试端:1-2-3-4-5-6-7-8-G(RJ-45),测试仪的 8 个指示灯按从上到下的顺序循环呈现绿灯,则说明连线制作正确,如图 P3－7 所示。

图 P3－7　测线

(9)若接线不正常,有下述情况:

①有一根网线,如 3 号线断路,则主测试器和远程测试端的 3 号灯都不亮。

②有几条线不通,则几条线对应的灯都不亮,当网线少于 2 根线联通时,灯都不亮。

③两头网线乱序,例 2、4 线乱序,则主测试器灯亮的顺序为:1-2-3-4-5-6-7-8-G,远程测试端灯亮的顺序为:1-4-3-2-5-6-7-8-G(RJ-45)。

④网线有 2 根短路时,则主测试器显示不变,而远程测试端显示短路的两根线灯都微亮,若有 3 根以上(含 3 根)短路时,则所有短路的几条线号上的灯都不亮。

4.交叉线制作

交叉线制作时,一端是 T568A,另一端是 T568B。

5.千兆网线制作

千兆网线的直通线与百兆直通线相同,而交叉网线则不同。制作方法是:1 对 3,2 对 6,

3 对 1,4 对 7,5 对 8,6 对 2,7 对 4,8 对 5。如果线的一端是 EIA/TIA568B,另一端线序颜色是白绿、绿、白橙、白棕、棕、橙、蓝、白蓝。

6.注意事项

(1)剪线时不要将铜线剪断或剪破。

(2)电缆要整理齐整后才能插入 RJ-45 头,否则可能使有些铜线并未插入正确的插槽中。

(3)电缆插入不能过短,否则会导致铜线并未与 RJ-45 头上的铜片紧密接触。

(4)电缆插入也不能过长,否则会导致外皮完全在 RJ-45 头外面,会使接头易松动或脱落。

2.2　网线模块制作

1.工具和材料

网线模块与打线工具,如图 P3-8、图 P3-9 所示。

图 P3-8　网线模块

图 P3-9　打线工具

2.网线模块的制作

(1)先把网线的外皮剥掉,如图 P3-10 所示。

(2)将线分成左右两组,按照色标 B 的方式把相应颜色的线卡 在模块相应的位置。用 B 接法,从左到右顺序为 1 孔(白橙、橙),2 孔(白绿、绿),3 孔(白蓝、蓝),4 孔(白棕、棕),如图 P3-11 所示。

(3)用工具压住模块和线,用力压下去,将线卡在模块里面,并把多余的线头剪掉,如图 P3 - 12 所示。

图 P3 - 10 剥外皮

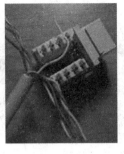
图 P3 - 11 分线

图 P3 - 12 压线

(4)将其他的线都按照一样的方式打好。

(5)用同样方法做好另一侧。用测试仪测试是否合格。

2.3 光纤熔接

光纤接线要比双绞线的接线复杂得多。光缆有坚固的护套,并且使用钢丝保护,以免光纤因为弯曲过度而断裂。通常做法将光缆熔接到光纤跳线上,再接到光纤设备。光纤跳线两端各有一个光纤连接器,如图 P3 - 13 所示。利用光纤连接网络时,接收双方有光纤收发器,如图 P3 - 14 所示。

图 P3 - 13 光纤跳线与连接器

图 P3 - 14 光纤收发器

1.工具与材料

主要设备:光纤熔接机(用于熔接光纤),如图 P3 - 15 所示;OTDR(Optical Time Domain Reflectometer,光时域反射仪,用于对熔接好的光纤进行测试),如图 P3 - 16 所示。

图 P3 - 15 光纤熔接机

图 P3 - 16 OTDR

光纤熔接所需要的工具：专用光纤切割刀（图 P3－17）、专用光纤剥线钳（购买一整套的光纤熔接器配有，如图 P3－18 所示）、医用棉花、酒精、剪刀、黑胶布、扎带尾纤、熔接盒（图 P3－19）、胶管、光纤头（图 P3－20）、光纤。

图 P3－17　光纤切割刀

图 P3－18　光纤剥线钳

图 P3－19　熔接盒

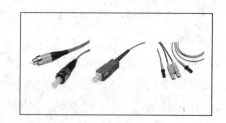

图 P3－20　光纤头

2. 光纤连接方式

（1）模块式连接：利用光纤耦合器（图 P3－21，SC 耦合器）使光纤两端的光纤连接器（图 P3－22，SC 连接器）连接，常见的有 SC 和 ST 光纤连接器。

图 P3－21　SC 耦合器

图 P3－22　SC 连接器

（2）熔接：利用高压放电的瞬间高温熔化焊接两端裸露的光纤。

3. 光纤熔接的过程与步骤

1）光缆熔接遵循的原则

芯数相同时，要相同束管内的对应色光纤对接；芯数不同时，按顺序先熔接大芯数再熔接小芯数。常见的光缆有层绞式、骨架式和中心管束式光缆，纤芯的颜色按顺序分为兰、桔、绿、棕、灰、白、红、黑、黄、紫、粉、青。多芯光缆把不同颜色的光纤放在同一管束中成为一组，这样一根光缆内里可能有好几个管束。正对光缆横切面，把红束管看作光缆的第一管束，顺时针依次为绿、白 1、白 2、白 3 等。

2）选择光纤类型

光纤分为单模与多模，必须是相同类型的光纤才能熔接在一起。现在常用的光纤大部分为单模光纤。它传输距离长，损耗小，色散低。一般黄色外套加蓝色头的尾纤即为单模，如图 P3 - 23 所示。

3）选择对应的光纤头

常见的尾纤头有两头都是方头，两头都是圆头，一方一圆等，如图 P3 - 24 所示。熔接之前查看所要接入的光电转换器是什么类型的接口，应该配备怎么样的接头。

图 P3 - 23　单模光纤

图 P3 - 24　不同光纤头

4）光纤剥皮

估计光纤长度，预留 70 cm 左右即可，剥去黑色外皮，如图 P3 - 25 所示。注意不要损坏内部光纤，不然就得重新剥皮，要是光纤长度没留够，那就悲剧了。光纤外层皮一层非常硬，不同的光纤有不同的剥法。

5）线缆安装

剥好光纤后，一般用熔接盒来固定光纤。将户外接来的用黑色保护外皮包裹的光纤从收容箱的后方接口放入光纤收容盒中。在光纤收容箱中将光纤环绕并固定好防止日常使用松动，如图 P3 - 26 所示。

6）清洗光纤

在剥去光纤最里面保护套这前先装入固定胶管，如图 P3 - 27 所示。光纤在熔接时必须干净无杂，因此在熔接工作开始之前必须对玻璃丝进行清洁。方法就是用医用棉花沾上 99％浓度的酒精，然后擦拭清洁每一根光纤，如图 P3 - 28 所示。

图 P3 - 25　光纤剥皮

图 P3 - 26　线缆安装

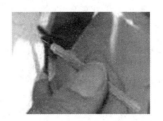
图 P3 - 27　装入固定胶管

图 P3 - 28　清洁

7）切光纤

用光纤切割刀切割合适长度的光纤芯，这一步很重要，熔接效果好坏取决于切得好不好。切割前一定要将光纤头及专用切刀擦干净。

8)光纤熔接

将切好的两个要熔接的光纤头放在光纤熔接机里面,开始熔接,如图 P3 - 29 所示。

图 P3 - 29　熔接

9)另一端做另一端光纤并测试。

注意事项:

光纤接续是一项细致的工作,特别在端面制备、熔接、盘纤等环节,操作者要仔细观察、周密考虑、操作规范。

三、实训思考题

1.双绞线中的线缆为什么要成对绞在一起,其作用是什么? 在实训过程中,为什么把线缆整平直的最大长度不超过 1.2 cm?

2.如何利用测试仪检测双绞线的导通性?

实训4　TCP/IP 协议的安装与配置

一、实训目的和要求

(1)掌握 IP 地址与子网掩码的基础知识。

(2)获取 Windows 7 系统中有关网络配置的信息。

(3)掌握 TCP/IP 通信协议的安装与设置。

(4)测试 Windows 7 系统中 TCP/IP 的工作状况。

二、实训内容与步骤

1. 实训环境

计算机若干台,本地局域网和 Windows 7 系统。

2. 查看 Win7 系统环境中的 TCP/IP 参数

(1)用本机的用户名和口令登录,例如 Administrator 或者某一口令。

(2)选择"开始"→"程序"→"附件",单击"命令提示符"菜单项。

(3)在命令提示符窗口中键入命令:ipconfig /all。将相关信息记录在表 P4－1 中。

表 P4－1　ipconfig /all 命令执行结果

项目	记录内容
主机名	
物理地址	
IPv4 地址	
子网掩码	
默认网关	
DNS 服务器地址	

3. 安装和配置 TCP/IP 协议

(1)在老师的指导下,填写表 P4－2 中的内容,完成安装和配置 TCP/IP 前的准备工作。

表 P4－2　TCP/IP 参数设置

项目内容	记录内容
网络中有无 DHCP 服务器以及是否启用	
网络中可用的 DNS 服务器的 IP 地址	
本地默认网关的 IP 地址	
已分配的本机 IP 地址	
已分配的本机子网掩码	

（2）删除本机的 TCP/IP 协议

①单击"开始"→"控制面板"→"网络和共享中心"，如图 P4-1、图 P4-2 所示。

图 P4-1　控制面板

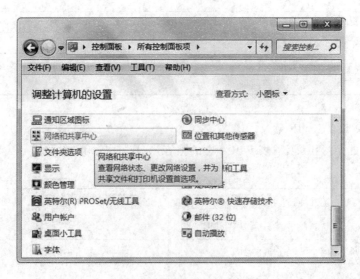

图 P4-2　网络和共享中心

②单击"更改适配器设置"，双击"本地连接"图标，将出现"本地连接属性"对话框如图 P4-3 所示。

③选取其中的"Internet 协议版本 4(TCP/IPv4)",再单击"卸载"按钮。等待卸载完成,如图 P4-4 所示。

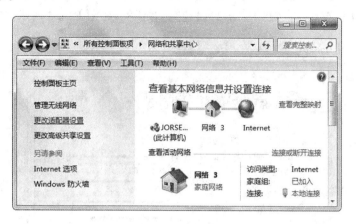

图 P4-3　更改适配器设置

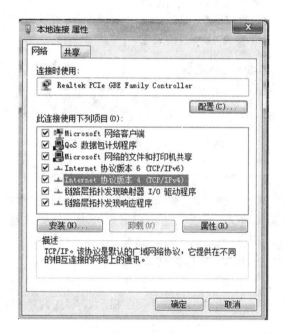

图 P4-4　选择 Internet 协议版本 4

(3)安装 TCP/IP 协议。

①单击"开始"→"控制面板"→"网络和共享中心",单击"更改适配器设置",右键单击"本地连接"→"属性",将出现"本地连接属性"对话框。

②单击对话框中的"安装"按钮,在"选择网络功能和类型"对话框中先选"协议",再选取其中的 TCP/IP 协议,弹出"选择网络组件类型"对话框。然后单击"添加"按钮。系统会询问你是否要进行"DHCP 服务器"的设置。如果你网络内的 IP 地址是固定的,可选择"否",系统开始从安装盘中复制所需文件。

（4）TCP/IP 协议常规配置

①在"网络"选项卡下选择"已安装的 Internet 协议版本 4（TCP/IPv4）"，打开其"属性"，将出现"Internet 协议版本 4（TCP/IPv4）属性"的对话框，如图 P4－5 所示。

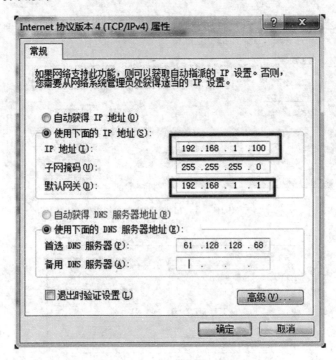

图 P4－5　IP 与 DNS 地址设置

②如果所在网络中有 DHCP 服务器的话，选中"自动获得 IP 地址"。向 DHCP 服务器请求一个动态的临时 IP 地址。否则，手动进行设置。在指定的位置输入已分配好的"IP 地址"和"子网掩码"，在"默认网关"处输入指定网关的地址。在"首选 DNS 服务器"处输入DNS 服务器的 IP 地址。

4.测试 Win7 环境下的 TCP/IP 协议的工作状况

（1）键入命令：ping 127.0.0.1

①选择"开始"→"程序"→"附件"，单击"命令提示符"，在命令提示符窗口中键入：ping 127.0.0.1

②回路地址会自动地返回消息，用户可以根据返回信息内容，判断本机的 TCP/IP 服务是否运行正常。并根据返回信息表内容，记录在表 P4－3 中。

表 P4－3　ping 命令返回结果

项目	标准值	记录信息
返回信息来自于哪一台计算机（该机的 IP 地址）	127.0.0.1（本机）	192.168.100.12
TTL 值	128	
发送的数据包数目	4	

项目	标准值	记录信息
接收的数据包数目	4	
丢失的数据包数目	0	
数据包最大到达时间	0	
数据包最小到达时间	0	
数据包平均到达时间	0	
结论:本机 TCP/IP 运行状况	正常	
如果记录的信息和标准值有差别,分析原因		

(2)键入命令:ping 本子网上其它主机的 IP 地址和主机名。

如果收到正确回应,说明网络连接正常。如果测试失败,则可以断言 TCP/IP 配置中网关或 DNS 设置不正确,或者目标主机对方的 IP 地址不存在。

根据返回信息表内容,记录在表 P4-4 中。

表 P4-4　ping 命令返回结果

项目	记录信息
目标主机的 IP 地址	
返回信息来自于哪一台计算机(该机的 IP 地址)	
TTL 值	
发送的数据包数目	
接收的数据包数目	
丢失的数据包数目	
数据包最大到达时间	
数据包最小到达时间	
数据包平均到达时间	
结论:本机 TCP/IP 运行状况	

实训 5　DHCP 服务器安装与配置

一、实训目的和要求

(1)掌握 Windows Server 2003 DHCP 服务器的安装与配置。

(2)掌握 DHCP 作用域的管理与配置。

(3)掌握 DHCP 客户端的设置。

二、实训内容与步骤

1.实训环境

计算机若干台,已经连接成功的本地局域网,Windows 2003 Server 及安装光盘,Windows 7。

2.安装 DHCP 服务器

(1)"开始"→"控制面板"→"添加删除程序"→"添加删除 WINDOWS 组件"选择"网络服务"选项,单击"详细信息"按钮,选择"动态主机配置协议(DHCP)"确定,如图 P5-1、图 P5-2所示。

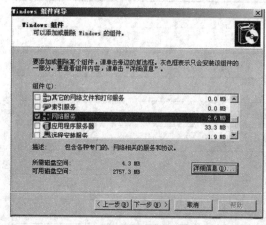
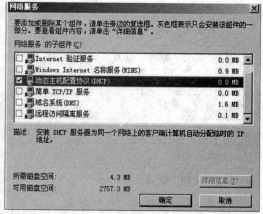

图 P5-1　网络服务　　　　　　　　　图 P5-2　DHCP 服务

(2)按照提示依次操作。单击"下一步"按钮,弹出"完成 Windows 组建安装向导"对话框,分别单击"完成"按钮和"关闭"按钮,关闭控制面板,完成 DHCP 服务器的安装。

(3)安装完成后,在"开始"→"程序"→"管理工具"中多了一个"DHCP"命令。

3.配置 DHCP 服务器

(1)打开 DHCP 管理器。选择"开始"→"程序"→"管理工具"→"DHCP"命令,打开 DHCP 管理器,默认情况下,如图 P5-3 所示,已有了服务器的域名,比如:"mcse. ccna. com",如果没有,转入"安装 DHCP 服务器"。

(2)添加 DHCP 服务器。右击"DHCP",选择"添加服务器"命令,选择"此服务器",单击

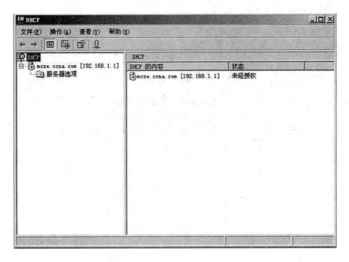

图 P5-3　打开 DHCP 管理器

"浏览"按钮,选择(或者直接输入)本服务器名,例如"My"。

(3)授权 DHCP 服务器。图 P5-3 可看到有一个红色的向下箭头,证明此服务器还没经过授权。如果计算机是在域环境下,那么安装好的 DHCP 服务器需要授权后才可以使用。在左边窗口中鼠标右键服务器 mcse.ccna.com,选"授权"可看到红色向下箭头变成了绿色向上箭头,证明此服务器已经经过了授权,可以使用,如图 P5-4、图 P5-5 所示。

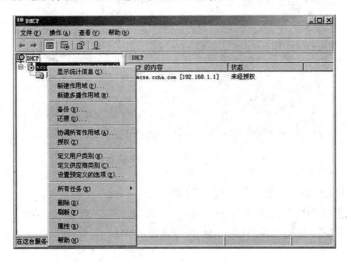

图 P5-4　未授权 DHCP

(4)新建作用域。

①鼠标右键单击服务器,选"新建作用域",打开新建作用域向导,点"下一步",出现作用域名窗口,给此作用域起个名称和描述,如图 P5-6 所示。

②设置可分配的 IP 地址范围,比如可分配 192.168.1.10~192.168.1.20,则在"起始 IP 地址"文本框中填写"192.168.1.10",在"结束 IP 地址"文本框中填写"192.168.1.20",在

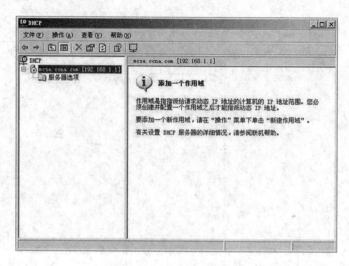

图 P5 - 5　已授权 DHCP

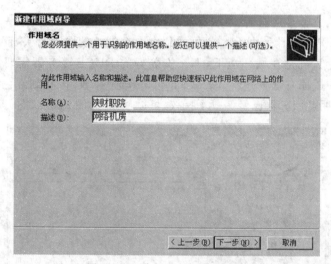

图 P5 - 6　作用域起名称和描述

"子网掩码"文本框中填写"255.255.255.0",如图 P5 - 7 所示。

③设置欲保留的 IP 地址或者 IP 地址范围。单击"下一步"按钮,弹出"添加排除"对话框,如图 P5 - 8 所示。输入欲保留的 IP 地址或者 IP 地址范围;否则直接单击"下一步"按钮。

④在"起始 IP 地址"文本框中填写"192.168.1.10",在"结束 IP 地址"文本框中填写"192.168.1.20",单击"添加"按钮,观察结果,记录在表 P5 - 1 中,保留独立的一个 IP 地址192.168.1.11。

⑤设置租约期限和其它选项。

单击"下一步"按钮,出现"租约期限"对话框,可设定 DHCP 服务器所分配的 IP 地址有效期。默认租期为 8 天,也可以设置为 1 年,如图 P5 - 9 所示。

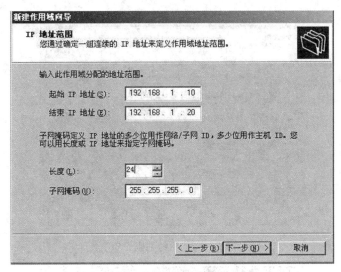

图 P5-7　IP 地址范围设置

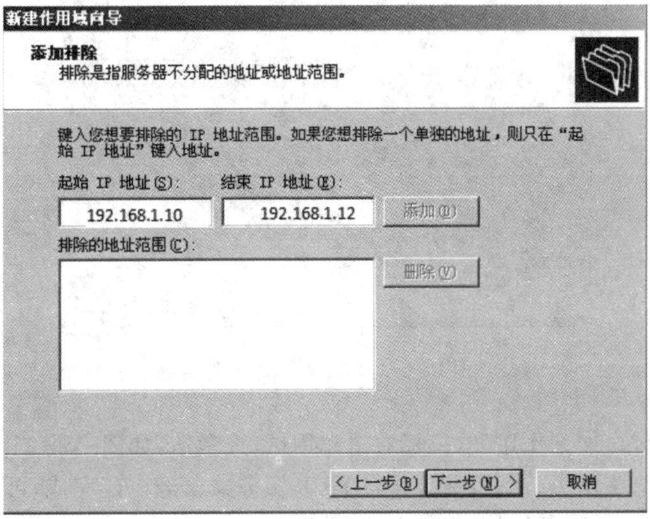

图 P5-8　保留 IP 地址

表 P5-1　设置的 IP 地址范围

记录项目	起始 IP 地址	结束 IP 地址
可分配的 IP 地址范围		
保留的 IP 地址范围		
保留单独的 IP 地址		

　　单击"下一步"按钮,弹出"配置 DHCP 选项"对话框,询问是否现在配置最常用的DHCP选项,就选"是"。这里选择"否,我准备稍后再配置",点"下一步",然后点完成,就完成了新建作用域,如图 P5-10 所示。

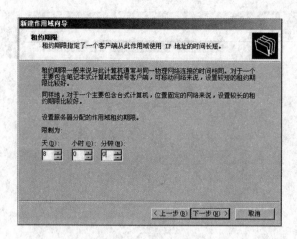

图 P5-9　租约期限设置

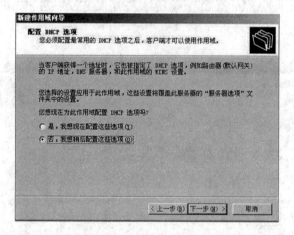

图 P5-10　配置 DHCP 选项

(5)激活作用域。展开作用域,鼠标右击作用域,选激活,如图 P5-11 所示。

激活后,红色箭头消失。到目前为止,DHCP 服务器已经搭建完成,可以投入使用,可以为客户机动态分配 IP 地址了,如图 P5-12 所示。

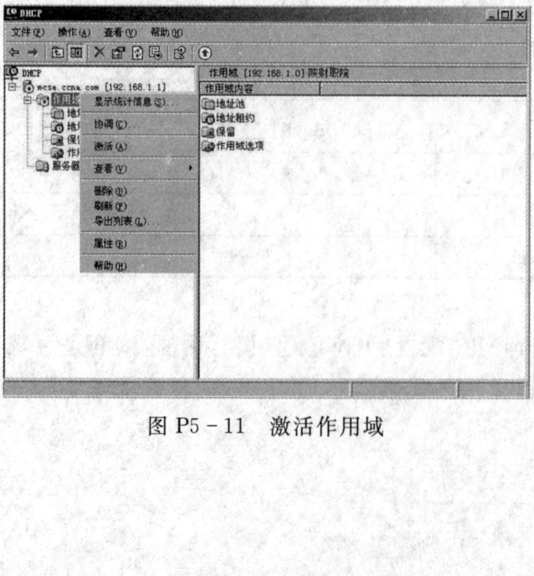

图 P5-11　激活作用域

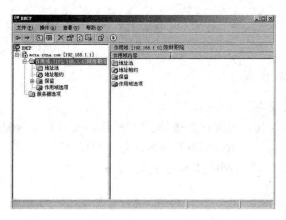

图 P5 - 12　DHCP 服务器完成

4. 设置 DHCP 客户机

设置"自动获得 IP 地址"。在任意一台本网内的客户机的"网络属性"中设置"自动获得 IP 地址"和"自动获得 DNS 服务器地址"即可,如图 P5 - 13 所示。

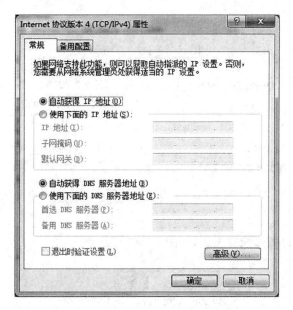

图 P5 - 13　客户端 IP 设置

实训6　交换机连接与简单设置

一、实训目的和要求

(1)掌握交换机的基本连接方法。

(2)掌握交换机的几种常用配置方法(交换机的本地配置和远程配置)。

(3)了解虚拟局域网(VLAN)交换机的特性与应用场合。

(4)掌握 VLAN 交换机组网的基本配置方法。

二、实训内容与步骤

2.1　交换机连接与简单配置(可管理型交换机)

1.实训环境

2 台有串口、Windows 7(XP)系统的计算机;2 台交换机;一根 DB9 配置线、多根超五类双绞线。

2.交换机的硬件连接(级联方法)

如果交换机使用普通端口级联,如图 P6-1 所示。

如果交换机使用 Uplink 端口级联,如图 P6-2 所示。

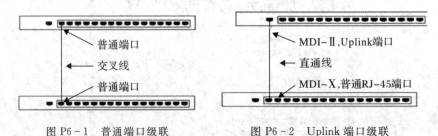

图 P6-1　普通端口级联　　　　　图 P6-2　Uplink 端口级联

3.搭建配置环境

通过 Console 端口搭建配置环境,如图 P6-3 所示。

图 P6-3　交换机 Console 端口连接

1)配置计算机超级终端界面

①选择"开始"→"程序"→"附件"→"通讯"→"超级终端"命令,打开 Windows 中的"超级终端",开始配置设备或监视交换机的运行,或动态的改变设备的配置。第一次使用"超级终端"时,需要对其进行配置。

②在"位置信息"对话框中,"区号"文本框输入"029"(任意一区号),单击"确定"按钮;在出现"电话和调制解调器选项"对话框时再次单击"确定"按钮。

③在"连接描述"对话框中,按需要填写一个任意选定的名字,如"交换机配置",在"连接到"对话框中选择"COM1"。

④在"COM1 属性"对话框中,各个参数选项分别设置为"波特率:9600""数据位:8""奇偶校验:无""停止位:1"和"流量控制:硬件"等参数,单击"确定"按钮。进入超级终端界面,接通交换机电源,稍等片刻,出现如图 P6-4 所示内容。

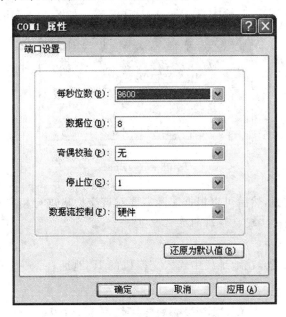

图 P6-4 配置计算机超级终端

2)登录交换机并进行初始化设置

①用交换机的默认用户名"manger"和密码"friend"登录。

②输入"setconfig=none",设置设备下次启动时不用任何配置。输入"restart router",重新启动设备。

③等待交换机重启完毕后,重复操作①,再次登录交换机。

④输入"show vlan",查看 VLAN 的配置情况。可以看到交换机默认的把所有端口划分在一个 VLAN 中。

3)为计算机设置 IP 地址

①在 PC1 中,点击"开始"→"控制面板"→"网络和 Internet"→"网络和共享中心"→"更改适配器设置"→"本地连接",右键单击"本地属性",选择"属性",打开"本地连接"属性对话框。

②在列表中选择"Internet 协议版本 4(TCP/IPV4)",单击"属性"按钮,设置 PC1 的 IP 地址为 192.168.2.4,子网掩码为 255.255.255.0,默认网关为 192.168.2.1。

③用同样的方法设置 PC2 的 IP 地址为 192.168.2.6,子网掩码为 255.255.255.0,默认网关为 192.168.2.1。

4）测试两台计算机的通信情况

①在 PC1 的命令行窗口中使用 ping 命令："ping 192.168.2.6   -n 10"。

②在 PC2 的命令行窗口中使用 ping 命令："ping 192.168.2.4   -n 10"。

③观察运行结果，如果 ping 的返回值正常，都是收发 10 个数据包，则两台计算机能够正常通信；否则需检查两台计算机的 IP 地址，保证两台机器的正常通信。

4. 通过 Telnet 方式实现交换机的远程配置

假设交换机的 IP 地址为 192.168.0.1，具体配置步骤如下：

（1）单击"开始"→"运行"，输入 Telnet 192.168.0.1，如图 P6 - 5 所示。

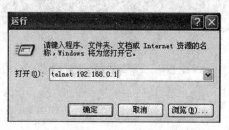

图 P6 - 5   telnet

（2）单击"确定"按钮，然后可以根据实际需要对该交换机进行相应的配置和管理了。

5. 通过 Web 浏览器实现交换机的远程配置

具体配置步骤如下：

（1）运行 Web 浏览器，在地址栏中输入交换机的 IP 地址，回车弹出对话框，如图 P6 - 6 所示。

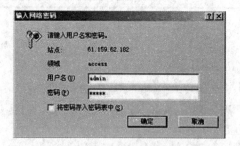

图 P6 - 6   输入网络密码

（2）输入正确的用户名和密码。

（3）连接建立，可进入交换机配置系统。

（4）根据提示进行交换机设置和参数修改。

2.2   VLAN 交换机组网的基本配置

1. 实训环境

1）模拟软件 Cisco Packet Tracer 6.0

Cisco 公司为网络学员认证学习而开发的一套用来设计、配置和排除故障的网络模拟环境。学生可在软件的图形用户界面上直接使用拖曳方法建立网络拓扑，软件中实现的 IOS

子集允许学生配置设备。并可提供数据包在网络中行进的详细处理过程,观察网络实时运行情况。

该软件支持大量的设备仿真模型:路由器、交换机、无线网络设备、服务器、各种连接电缆、终端等,还能仿真各种模块,这在实际实验设备中是无法配置齐全的。对设备均提供图型化和终端两种配置方法,各设备模型均有可视化的外观仿真。软件界面如图 P6-7 所示。

图 P6-7　Cisco Packet Tracer

2)实训设备

思科 3560 交换机 2 台;PC 机 5 台;连接线若干。

3)网络拓扑

网络拓扑如图 P6-8 所示。

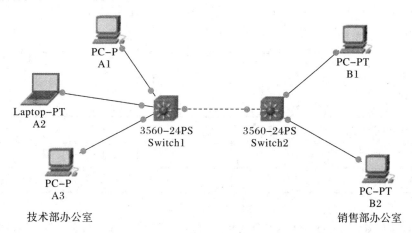

图 P6-8　网络拓扑结构

图中:A1、A2、A3 连接在 Switch1 上,B1、B2 连接在 Switch2 上。设定 A1、A3 属于技术部,B1、B2、A2 属于销售部,要求同一部门的主机在同一个局域网上。

2. 交换机端口连接配置

Switch1 Interfaces		Switch2 Interfaces	
From	To	From	To
FastEthernet 0/1	A1	FastEthernet 0/1	B1
FastEthernet 0/2	A2	FastEthernet 0/2	B2
FastEthernet 0/3	A3	FastEthernet 0/11	Switch1，FastEthernet 0/11
FastEthernet 0/11	Switch2，FastEthernet 0/11		

3. 主机 IP 地址配置

PC 主机	IP 地址	子网掩码
A1	192.168.1.1	255.255.255.0
A2	192.168.1.2	255.255.255.0
A3	192.168.1.3	255.255.255.0
B1	192.168.1.4	255.255.255.0
B2	192.168.1.5	255.255.255.0

4. 配置主机 IP 地址

在 Cisco Packet Tracer 中点击"主机"图标，在弹出的窗口中，点击"Desktop"选项卡，在"IP Configuration"里直接配置 5 个主机已定义好的 IP 地址(192.168.1.1～192.168.1.5)和子网掩码(255.255.255.0)；或者在"Command Prompt"里，输入命令"ipconfig ip_addr net_mask"。

5. VLAN 配置

VLAN num	VLAN name	Switch port
2	tech	Switch1，port 1，3
3	sales	Switch1，port2；Switch2，port1，2

在 Cisco Packet Tracer 中点击"交换机"图标，在弹出的窗口中，点击"CLI"，进入交换机配置终端。

在 Switch1 上创建 VLAN：

Switch＞enable   进入特权模式

Switch＃vlan database   进入 VLAN 配置模式

Switch(vlan)＃vlan 2 name tech

Switch(vlan)＃vlan 3 name sales

Switch(vlan)♯exit

Switch♯configure terminal　　　　　　　进入全局设置模式

Switch(config)♯interface FastEthernet 0/1　将 Switch1 的各端口划分在 VLAN 中

Switch(config-if)♯switchport mode access

Switch(config-if)♯switchport access vlan 2

Switch(config-if)♯interface FastEthernet 0/2

Switch(config-if)♯switchport mode access

Switch(config-if)♯switchport access vlan 3

Switch(config-if)♯interface FastEthernet 0/3

Switch(config-if)♯switchport mode access

Switch(config-if)♯switchport access vlan 2

Switch(config-if)♯interface FastEthernet 0/11　　配置与 Switch2 连接的 Trunk 接口

Switch(config-if)♯switchport mode trunk

在 Switch2 上创建 VLAN：

Switch>enable

Switch♯vlan database

Switch(vlan)♯vlan 3 name sales

Switch(vlan)♯exit

Switch♯configure terminal

Switch(config)♯interface FastEthernet 0/1　　将 Switch2 的各端口划分在 VLAN 中

Switch(config-if)♯switchport mode access

Switch(config-if)♯switchport access vlan 3

Switch(config-if)♯interface FastEthernet 0/2

Switch(config-if)♯switchport mode access

Switch(config-if)♯switchport access vlan 3

Switch(config-if)♯interface FastEthernet 0/11　　配置与 Switch1 连接的 Trunk 接口

Switch(config-if)♯switchport mode trunk

实训 7　无线路由器(TP-LINK)的连接与配置

一、实训目的和要求

(1)掌握无线路由器的连接。

(2)掌握无线路由器的配置。

(3)掌握无线网络的组建。

二、实训内容与步骤

1. 实训设备

无线路由器 1 个,PC 机一台,直通线一根。

2. 无线路由器的硬件连接

(1)如果使用 ADSL 宽带接入,按照图 P7-1、图 P7-2 中的❶、❷、❸、❹顺序依次连接 ADSL 调制解调器、无线路由器和计算机。

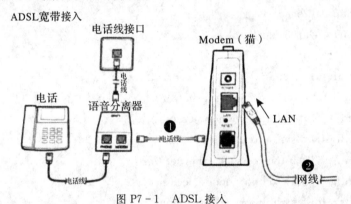

图 P7-1　ADSL 接入

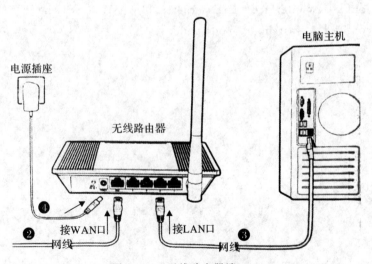

图 P7-2　无线路由器端口

(2)如果使用小区宽带接入,按照图 P7-2 中的❷、❸、❹,图 P7-3 顺序依次连接无线路由器和计算机,将路由器的 WAN 端口直接接入小区宽带接口。路由器的 LAN～LAN4 连接计算机。

小区宽带接入

图 P7-3　小区宽带接入

3. 设置计算机(Win7 环境)

通过有线方式连接到路由器的计算机相关设置。

(1)点击"开始"→"控制面板"→"网络和 Internet"→"网络和共享中心"→"更改适配器设置"→"本地连接",右键单击"本地属性",选择"属性",如图 P7-4 所示。

(2)双击"Internet 协议版本 4(TCP/IP)",如图 P7-5 所示。

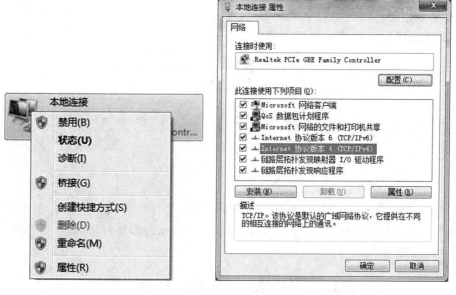

图 P7-4　本地连接属性　　　　图 P7-5　选择"Internet 协议版本 4"

(3)选择"自动获得 IP 地址"和"自动获得 DNS 服务器地址",点击"确定",如图 P7-6 所示。

4. 设置路由器

(1)打开浏览器。

(2)在浏览器的地址栏输入"192.168.1.1",回车。在"设置密码"框中输入管理员登录

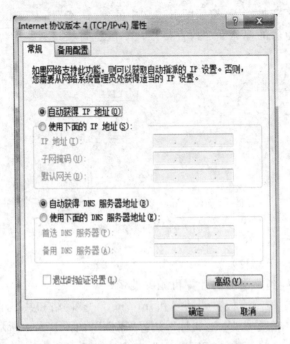

图 P7-6　设置 IP 和 DNS 地址（自动获取）

密码，在"确认密码"框中再次输入相同密码，单击"确认"。

（3）进入路由器设置界面，按照设置向导提示，单击"下一步"，如图 P7-7 所示。

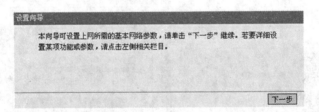

图 P7-7　设置向导

（4）选择上网方式，单击"下一步"。TP-link 提供了三种上网方式，分别为 PPPoE，静态 IP 和动态 IP。一般家用都是 PPPoE，如果不确定，可以让路由器自动选择，这也是 TP-link 推荐的方式，如图 P7-8 所示。

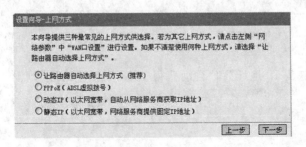

图 P7-8　上网方式

(5)设置上网参数,参数主要是"上网账号和上网口令(网络服务商提供的账号及口令)"。界面里要输入办理宽带时获得的帐号和密码(一定要准确输入否则无法上网),如图P7-9所示。

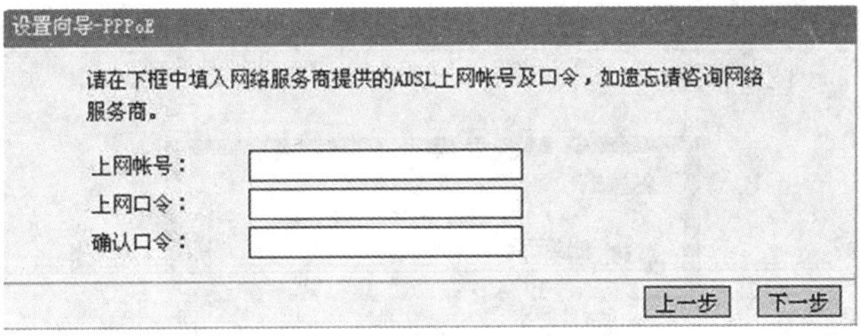

图 P7-9　设置上网参数

(6)设置无线参数,单击"下一步",(SSID 为无线网络名称,用英文来命名;PSK 密码为无线网络密码,设置不少于8位英文+数字),如图 P7-10 所示。

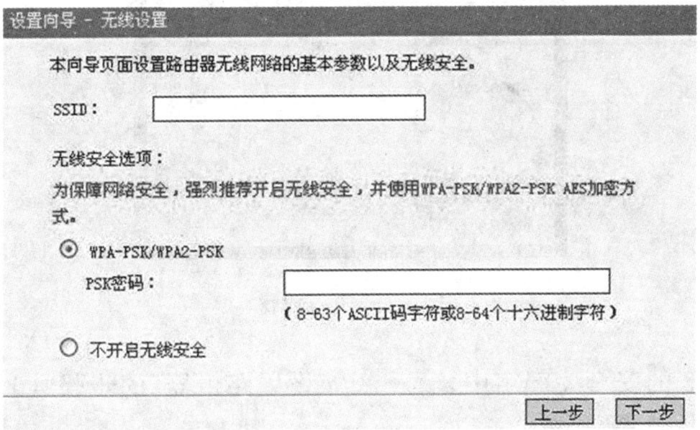

图 P7-10　设置网络密码

(7)点击"完成"退出设置向导。完成设置后,打开浏览器输入网址,尝试能否上网,如图P7-11所示。

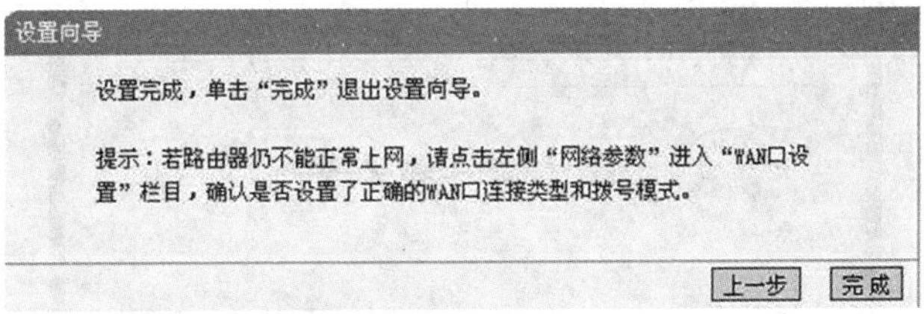

图 P7-11　完成

(8)对无线路由器更多设置可通过相应的菜单,配置向导来完成。分别有 QSS 安全设置、网络参数、无线设置、DHCP 服务器等菜单项目。

5.无线网络连接

若需要使用无线网络,首先必须保证计算机已经配备无线网卡,拔去计算机与路由器之间的网线,按照以下步骤操作(Win7 环境)。

(1)点击桌面右下角的图标,在弹出的网络列表中选择要进行连接的无线网络,点击"连接"按钮,如图 P7 - 12 所示。

图 P7 - 12　连接

(2)在图 P7 - 13 的安全关键字中,输入在"4 设置路由器"的步骤"(6)"中设置的密码(英文字母区分大小写),单击"确定"。

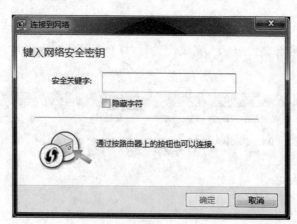

图 P7 - 13　输入密码

(3)当界面显示"已连接"时,表示计算机已经成功加入无线网络,如图 P7 - 14 所示。

图 P7-14 连接成功

6.其他计算机连接到无线路由器

如果还有其他计算机需要通过无线路由器共享上网时,可以按照以下步骤设置。

(1)如果通过有线方式连接到无线路由器,将该台计算机利用网线连接到路由器的任意一个 LAN 口,参照"3 设置计算机"设置计算机的 IP 参数即可。

(2)如果通过无线方式连接到路由器,保证计算机的无线网卡已经正确安装,参照"5.无线网络连接",使用无线网卡连接到路由器即可。

实训 8　IP 地址与子网划分

一、实训目的与要求

(1)掌握子网划分的方法和子网掩码的设置。

(2)理解 IP 协议与 MAC 地址的关系。

(3)熟悉 ARP 命令的使用:arp -d 和 arp -a。

(4)掌握 ping 命令的使用。

二、实训内容与步骤

1.实训内容

(1)IP 地址的使用。

(2)子网掩码的配置测试。

(3)ARP、ping 命令的使用。

2.实训设备

PC 机 4 台(带有 RJ-45 接口的网卡);双绞线若干;交换机(非管理型)一台。并已连成一个局域网。

3.实训方法与步骤

1)不设置网关

①两人一组,分别设置两台主机(A 与 B)的 IP 地址与子网掩码。

主机 A:98.112.2.192　　255.255.254.0

主机 B:98.112.3.193　　255.255.254.0

②两台主机均不设置缺省网关。

③用 arp -d 命令清除两台主机上的 ARP 表,然后在 A 主机与 B 主机上分别用 ping 命令与对方通信,观察和记录结果,并分析原因。

④在两台 PC 上分别执行 arp -a 命令,观察和记录结果,并分析原因。

提示:由于主机将各自通信目标的 IP 地址与自己的子网掩码相"与"后,发现目标主机与自己均位于同一网段(98.112.2.0),因此通过 ARP 协议获得对方的 MAC 地址,从而实现在同一网段内网络设备间的双向通信。

2)改变 A 主机子网掩码,在 A 主机上 ping B 主机

①将 A 主机的子网掩码改为:255.255.255.0,其他设置保持不变。

②在两台 PC 上分别执行 arp -d 命令清除两台主机上的 ARP 表。然后在 A 主机上 ping B 主机,观察并记录结果。

③在两台 PC 上分别执行 arp -a 命令,观察和记录结果,并分析原因。

提示:A 主机将目标 B 主机的 IP 地址(98.112.3.193)和自己的子网掩码(255.255.255.0)相"与"得 98.112.3.0,和自己不在同一网段(A 所在网段为:98.112.2.0),则 A 必须将该 IP 分组首先发向缺省网关。

3)在 B 主机上 ping A 主机

①按照实训 2)的配置,接着在 B 主机上 ping A 主机,观察和记录结果,并分析原因。

②在 B 主机上执行 arp -a 命令,观察和记录结果,并分析原因。

提示:B 主机将目标 A 主机的 IP 地址(98.112.2.192)和自己的子网掩码(255.255.254.0)相"与",发现目标 A 主机与自己均位于同一网段(98.112.2.0),因此 B 主机通过 ARP 协议获得 A 主机的 MAC 地址,并可以正确地向 A 主机发送 Echo Request 报文。但由于 A 主机不能向 B 主机正确地发回 Echo Reply 报文,故 B 主机上显示 ping 的结果为"请求超时"。

在该实训操作中,通过观察 A 主机与 B 主机的 ARP 表的变化,可以验证:在一次 ARP 的请求与响应过程中,通信双方就可以获知对方的 MAC 地址与 IP 地址的对应关系,并保存在各自的 ARP 表中。

实训 9　用友财务软件的安装和卸载

一、实训目的和要求

(1)了解安装用友 ERP-U872 软件的注意事项。

(2)掌握 SQL Server 2000 及用友 ERP-U872 软件的安装方法。

(3)掌握 SQL Server 2000 及用友 ERP-U872 软件的卸载方法。

二、实训内容及步骤

用友 ERP-U872 是面向中型企业的管理软件。它充分适应中型企业高速成长且逐渐规范发展的状况,是蕴涵中国企业先进管理模式、体现各行业业务最佳实践、有效支持中国企业国际化战略的信息化经营平台。

2.1　用友 ERP-U872 的安装

1.安装用友 ERP-U872 时要注意的问题

(1)操作系统选择:采用 Windows XP、32 位的 Windows 7 专业版或旗舰版,其他不推荐。

(2)安装权限要求:管理员最好是超级用户 Administrator。

(3)用户权限设置:设置为最低,即对安装不做限制。

(4)安全管理软件:在安装过程中建议停止运行 360 安全卫士、杀毒软件等,最好先卸载,等 U8 安装成功后再安装这些软件。

(5)不支持同时安装用友的其他版本软件,可以安装 Office、QQ、输入法等软件,也可以同时安装金蝶财务软件。

2.安装环境准备

1)启用超级用户

右击"计算机",在弹出的快捷菜单中选择"管理",然后依次选中"本地用户和组"→"用户"→Administrator。双击"Administrator",取消"账户已禁用",再单击"确定"按钮,退出后重启计算机。

2)更改用户账户控制设置

为了安全,Windows 7 对用户的权限进行了控制,以防止非法软件被安装。但在安装一些软件时是需要最高权限的,不然表面上似乎安装完成,但会因安装人员的权限不够在修改有关系统参数时不成功,从而导致软件安装后无法使用,而且出错时很难发现出错原因和解决方法。

具体操作:打开"控制面板"→"用户账户和家庭安全"→"用户账户",再单击"更改用户账户控制设置",然后设为最低。

3)更改计算机名称

安装用友 U8 时,计算机名中不能含有"－、♯、¥、‰"等特殊字符。右击桌面的"计算机"图标,执行快捷菜单中的"属性"命令,在该窗口中选择计算机名的"更改设置"功能完成修改。

4）日期分隔符设置

用友 U8 要求日期分隔符为"－"。具体操作：打开"控制面板"，选择"日期和时间"，设置短日期的格式为 yyyy－mm－dd 格式即可。

5）安装 IIS（Internet Information Services，互联网信息服务）

IIS 是由微软公司提供的基于运行 Windows 的互联网基本服务，默认安装不完全，需要手动添加安装。具体操作过程：

①打开控制面板，选择"程序和功能"→"打开或关闭 Windows 功能"，如图 P9－1 所示。

图 P9－1 打开或关闭 Windows 功能

②在打开的"Windows 功能"对话框中选择"Internet 信息服务"，将其所有项目都展开，选取可选的所有项目，直到所有的项目前均为"√"，如图 P9－2 所示。单击"确定"按钮，系统会自动完成 IIS 的安装，然后重新启动计算机。

图 P9－2 Internet 信息服务

3.安装数据库 SQL Server

用友 U8 系统需要使用微软的 SQL Server 数据库,本实训使用 SQL Server 2000 SP4 版本。具体过程如下：

1)安装 SQL Server 2000 数据库

①打开 SQL 2000 文件夹,双击 setup. exe 安装程序安装数据库。在安装过程中,系统可能会提示"此程序存在已知的兼容性问题"对话框,不用理睬,选择"运行程序"继续安装。在后续安装中遇到类似提示,也按照这种方式处理。

②进入安装界面后,选中"我接受许可条款和条件"复选框,单击"下一步"按钮,选择"安装 SQL Server 2000 组件"链接,如图 P9-3 所示。

图 P9-3 安装 SQL

③选择"安装数据库服务器"。若弹出"程序兼容性助手"提示框,可直接单击"运行程序"按钮,直到出现如图 P9-4 所示的"SQL Server 2000 安装向导"的欢迎界面,单击"下一步"按钮。

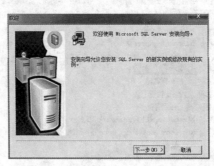

图 P9-4 SQL Server 2000 安装向导

④依次选择"本地计算机"和"创建新的 SQL Server 实例,或安装客户端工具"选项,单击"下一步"按钮,可以采用默认的用户信息,也可修改用户信息。然后,接受软件许可证协议。单击"下一步"按钮,弹出"安装定义"对话框,进行如图 P9-5 所示的选择。

⑤数据库实例名选择"默认",安装类型选择"典型"安装。单击"浏览"按钮可改变程序

文件和数据文件保存的位置,如图 P9-6 所示。

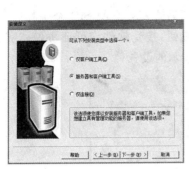

图 P9-5 安装定义

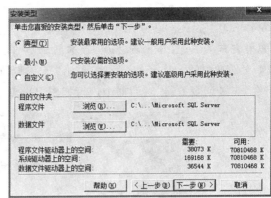

图 P9-6 安装类型

⑥单击"下一步"按钮,在"服务帐户"对话框中进行如图 P9-7 所示的设置,单击"下一步"按钮,选择身份验证模式为混合模式,勾选"空密码"复选框,如图 P9-8 所示。

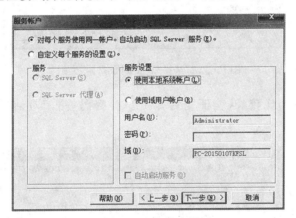

图 P9-7 服务帐户设置

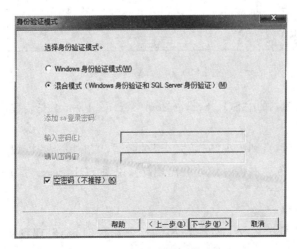

图 P9-8 身份验证模式

⑦单击"下一步"按钮开始复制文件,结束后单击"完成"按钮,完成 SQL Server 2000 的安装。

2)安装 SQL Server 2000 SP4 补丁程序

①如果安装的 SQL Server 2000 版本低于 SP4,则需要安装它的 SP4 补丁程序。打开 SQL SP4 文件夹中的 setup.exe 程序,单击"下一步"按钮,接受软件许可证协议;"实例名"为默认;在"连接到服务器"对话框中进行如图 P9 - 9 所示的设置。

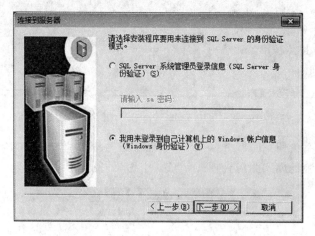

图 P9 - 9　选择"连接到服务器"类别

验证用户信息时间比较长,验证完后弹出"SA 密码警告"对话框,设置如图 P9 - 10 所示。

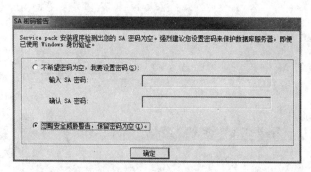

图 P9 - 10　SA 密码警告

②单击"确定"按钮,弹出"SQL Server 2000 service Pack 4 安装程序"对话框,设置如图 P9 - 11 所示。

③单击"继续"按钮,直到出现"安装完毕"对话框,单击"完成"按钮,完成数据库的安装,重新启动计算机,在任务栏右侧托盘处会出现 ，说明 SQL Sever 服务管理器安装成功。

4.安装用友 U8 软件

1)设置 MDAC 组件参数

在 Windows 7 下安装用友 U872 软件,当检测组件时,会出现没有安装 MDAC 组件的提示。这是因为 Windows 7 所带的 MDAC 软件版本太高,用友 U8 无法检测到。可在注册

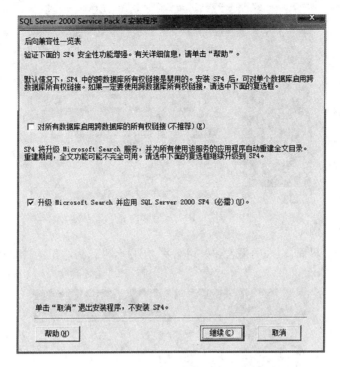

图 P9-11 安装程序

表中将这个版本号进行修改,具体操作如下:

单击"开始"菜单按钮或按 Windows+R 快捷键直接打开"运行"对话框,输入修改注册表命令"regedit",单击"确定"按钮,打开注册表编辑器。在窗口左侧,选中 HKEY_LOCAL_MACHINE/SOFTWARE/Microsoft/DataAccess 项,将 FullInstallVer 和 Version 的值由"6.1.7600.16385"(版本不同,数值可能不同)均修改为"2.82.3959.0",如图 P9-12 所示。当用友软件全部安装完成后再改回原值。

图 P9-12 更改 FullInstallVer 和 Version 的值

2)安装 U872 财务软件

①打开 U8 的安装文件 setup.exe,进入安装欢迎界面,接受其许可证协议,如图 P9-13所示。

②单击"下一步"按钮,系统会首先检测是否存在历史版本的 U8 产品,如果存在历史版本或其残留内容,系统会进行提示并进行清除。

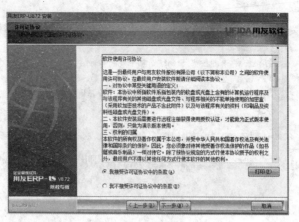

图 P9 – 13　安装向导

③在"客户信息"界面，输入用户名和公司名称，用户名默认为本机的计算机名，如图 P9 – 14 所示。

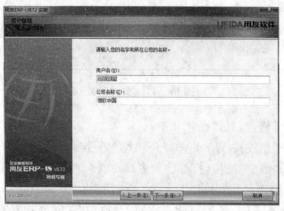

图 P9 – 14　输入用户名和公司名称

④单击"下一步"按钮，选择安装文件的目的位置，也可单击"更改"按钮改变 U8 软件安装路径，如图 P9 – 15 所示。

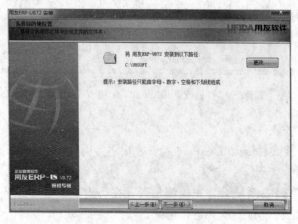

图 P9 – 15　选择安装文件的位置

⑤选择安装类型。这里选择"全产品",即安装应用服务器、数据库服务器、Web 服务器的相关文件,如图 P9-16 所示。

图 P9-16 选择安装类型

⑥单击"下一步"按钮,在"环境检测"界面,单击"检测"按钮进行系统环境检查,如图 P9-17所示。

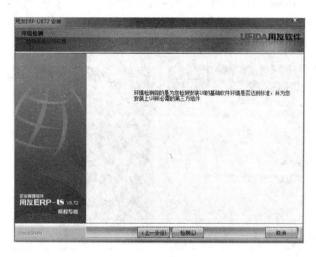

图 P9-17 环境检测

⑦若基础环境不符合要求,则需要退出当前安装环境,手动安装所需要的软件和补丁;若某个缺省组件没有安装,可以单击"安装缺省组件"按钮自动安装,也可单击其后的信息链接进行安装。只有两者都符合要求,安装才能继续进行,如图 P9-18 所示。

⑧单击"确定"按钮,检测报告以记事本打开并显示检测结果。单击"下一步"按钮,选择是否记录安装每一个 MSI 包的详细日志,默认不勾选,如图 P9-19 所示。

⑨单击"安装"按钮进行 U872 安装,直到系统提示安装成功。重新启动计算机,在任务栏托盘处会出现数据库主机图标和 U872 应用服务管理器图标。

图 P9-18 基础环境与组件

⑩安装应用服务器。进行数据源配置时,数据库名为"."(英文句点),SA 口令为空,如图 P9-20 所示。单击"测试连接"按钮,如显示"测试成功"则说明数据库已连接上。单击"完成"按钮,根据提示重启计算机,直到出现 U872 的登录界面,至此完成安装。

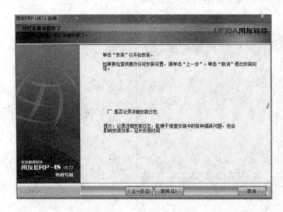

图 P9-19 开始安装   图 P9-20 数据源配置

2.2 用友 ERP-U872 的卸载

1.卸载用友 U872

打开控制面板中的"程序和功能"项目,在列表框中右击已安装的 U872 程序图标,在弹出的菜单中执行"卸载"命令,按照提示进行删除即可。

2.完全卸载 SQL Server 2000

按以下步骤进行操作:

(1)用 360 或者在控制面板中卸载 SQL Server 2000。

（2）在 Program Files 文件夹中，把安装时产生的"Microsoft SQL Server"文件夹删掉。

（3）打开注册表，把 HKEY_CURRENT_USER\Software\Microsoft\Microsoft SQL Server 和 HKEY_LOCAL_MACHINE\SOFTWARE\Microsoft\Microsoft SQL Server 全部删掉（注意：删除整个文件夹），然后重启计算机即可。

实训 10 网络常见故障及排除

一、实训目的和要求

(1)掌握本地网络连接受限制或有叹号的解决方法。

(2)掌握笔记本无线网络图标消失的解决方法。

(3)掌握安卓手机不能连接无线网络的解决方法。

二、实训内容与步骤

1.本地网络连接受限制或有叹号时的解决方法

很多时候我们正在上网会突然断线,然后再也无法连接上,并且计算机右下角的本地连接图标上会出现一个叹号,提示网络连接受限制或无连接,有时候点击修复即可以解决此问题,但很多时候无法修复。无法修复情况下网络被限制的原因及解决方法:

(1)在运行中输入 CMD,执行 ipconfig/all 命令,如图 P10-1 所示。查看当前计算机 IP 及相关服务启用情况,如果 IP 地址为 169 开头,说明计算机根本没有与 DHCP 服务器连接成功,可能由以下原因造成:

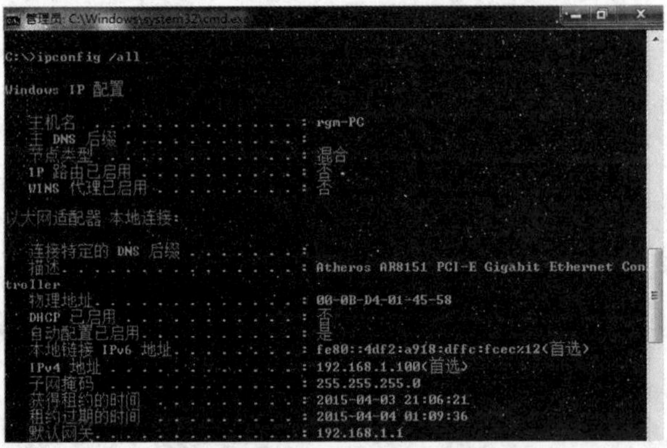

图 P10-1 执行 ipconfig/all 结果

①防火墙阻碍了电脑与 DHCP 服务器通信,设置防火墙或关闭防火墙。

②网卡驱动出现问题,此时自己的 MAC 地址全部为 0,需要重新安装网卡驱动。

③线路或网卡连接问题,如果是这个问题而又未显示网络电缆已拔出,说明网线在和电脑、路由器或中间连接位置出现接触不良,则要逐一检查。

④硬件问题,网线或者网卡出现问题。此时需要更换出现问题的相关硬件。

(2)如果 DHCP 服务器出现异常,也会造成网络受限制或无连接,在这种情况下,点击"开始"→"控制面板"→"网络和 Internet"→"网络和共享中心"中找到"本地连接",点击"属性",在常规选项卡中选择"Internet 协议版本 4(TCP/IPv4)",如图 P10-2 所示,将自动获取 IP 改为手动设置,具体 IP 地址或者相关参数咨询网络管理员,如图 P10-3 所示。

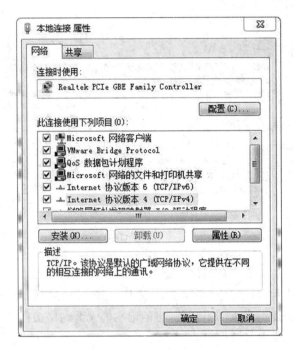

图 P10-2　选择"Internet 协议版本 4(TCP/IPv4)"

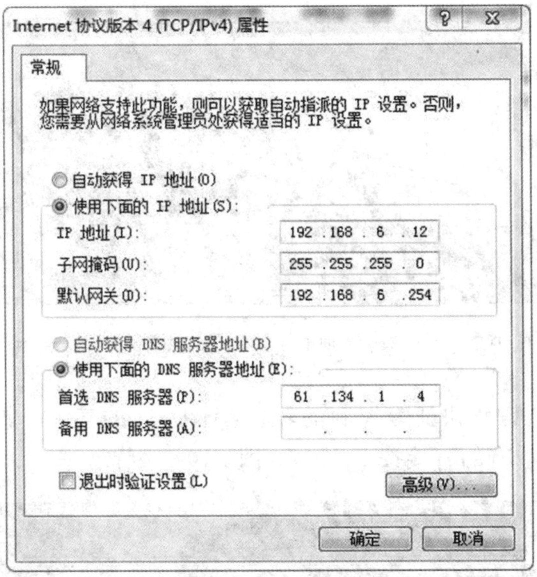

图 P10-3　设置 IP 地址

(3)由于本机 DHCP 服务未启动或异常关闭,造成网络受限制或无连接的情况,可以鼠标右键点击"计算机",依次选择"管理"→"服务和应用程序"→"服务",将 DHCP Client 服务设置为重启动此服务,如图 P10-4 所示。然后重启计算机,在自动获取 IP 情况下会获得 IP重置。

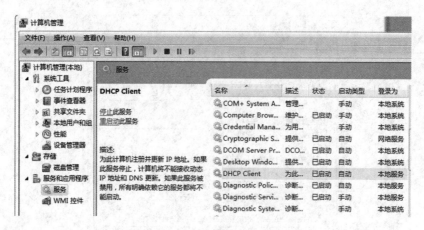

图 P10-4　开启 DHCP 服务

2.笔记本无线网络图标消失的解决方法

在使用笔记本无线网络过程中,经常会出现无线网络图标突然消失的情况。其原因大多是用户无意中按下快捷键或拨动了开关,将笔记本的无线网络关闭,因此只需要检查笔记本电脑的无线网络开关是否打开即可。

(1)对于用物理开关控制无线网络的笔记本,检查开关是否切换到网络打开状态,如图 P10-5 所示。

图 P10-5　检查物理开关是否切换到网络打开状态

(2)无线网络开关是键盘快捷键控制的,通常是在 Fx 的某一个键(x 是 0~9 的一个数值),有的按 Fn 加 Fx 键,有的直接按 Fx 键,如图 P10-6 所示。

图 P10-6　键盘快捷键控制无线网络开关

3.安卓系统手机不能连接无线网络的解决方法

使用智能手机的用户经常会遇到这样的问题,当手机进行 WiFi 无线网络连接时,在信号非常好的情况下,却无法连接到无线网络进行上网。其原因大多是由于 WiFi 的设置出了问题。以最常见的安卓系统手机为例,介绍上述问题的原因和解决方法。

(1)关闭并重启 WiFi,手机中会保留一个由 WiFi 连接分配的网络 IP 地址,它会被应用到当前 WiFi 中,如果没有出现 IP 地址冲突,就不用担心,如果有冲突就得关闭并重启 WiFi 连接。打开手机菜单,进入"设置"栏,选择"无线和网络"设置,进入"Wi-Fi 设置"项目,在新窗口中选择"关闭 Wi-Fi",如图 P10-7 所示。在完成关闭操作后,重新进入该项目,选择"打开 Wi-Fi",即可重启 WiFi 连接,获得自动分配的 IP 地址。

(2)如果(1)的做法没有起作用,就选择让安卓设备忽略该网络,并重新进行添加操作。移动到需要忽略网络的覆盖范围之外,选择忽略该网络,再返回到覆盖范围之中,等待网络自动显示出来,然后输入网络密码重新登入。这样安卓手机就应该可以获得新的地址,并正常工作了如图 P10-8 所示。

图 P10-7　关闭 Wi-Fi

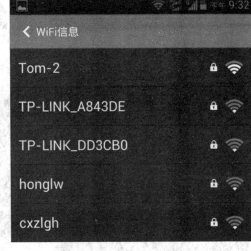

图 P10-8　正常连接

(3)有时为了安全性的考虑,管理员会经常更改无线网络的连接密码,但是手机却不会自动更新,所以出现无法连接的情况。因此只需要手动更新 WiFi 的密码(图 P10-9),即可解决上述问题。

(4)有时候需要连接的无线路由器上可能存在 DHCP 地址分配方面的问题,或者设备获得了错误的地址。可以通过设置静态 IP 地址来解决,则需要进入静态 IP 地址设置栏,将信息输入进去。因此在连接无线网络输入密码窗口中勾选"显示高级选项",如图 P10-10 所示,并点击"IP 设置"下的"DHCP",调出"静态"这个选项,如图 P10-11 所示。

(5)将 IP 地址、网关、子网掩码、DNS 等信息填入相应的输入框,最后点击保存,这样 Wi-Fi 静态 IP 就设置好了,如图 10-12 所示。

图 P10 - 9　密码设置

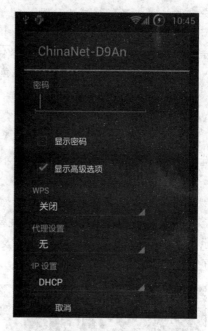

图 P10 - 10　勾选"显示高级选项"

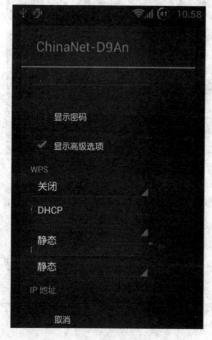

图 P10 - 11　设置静态 IP 地址

图 P10 - 12　IP 等参数设置

实训11　安装网卡驱动程序

一、实训目的和要求

(1)掌握从网上下载网卡驱动程序并安装的方法;

(2)掌握使用驱动精灵安装网卡驱动程序的方法。

二、实训内容与步骤

我们经常会碰到计算机用系统盘重装系统后,会出现无法上网的情况。一般这种情况属于系统盘里面的系统没有网卡驱动或者网卡驱动不兼容。无法联网的话,就没法安装或更新网卡驱动,因此需要从别的电脑上下载网卡驱动来安装。

1.从网上下载网卡驱动程序并安装

(1)官网上下载与计算机型号相匹配的网卡驱动 (以联想计算机为例)。登录联想的官网后,点击"驱动程序下载"中的"驱动下载首页",如图 P11 - 1 所示。进入驱动下载页面后,如果知道电脑的序列号可在搜索区域输入主机编号后点击"搜索",如图 P11 - 2 所示。主机编号由字母及数字组成(一般贴在电脑底部或背面);如果只知道电脑的类型和型号,可以手动选择产品,如图 P11 - 3、图 P11 - 4 所示。

图 P11 - 1　驱动下载首页

图 P11 - 2　通过主机编号搜索驱动

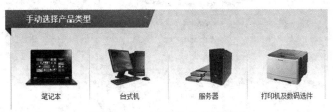

图 P11 - 3　手动选择产品类型

图 P11 - 4　手动选择产品型号

（2）下载网卡驱动。此时一定要注意下载的驱动程序是否与你的电脑操作系统相匹配，比如你的电脑是 64 位操作系统，那么就应该下载 64 位的网卡驱动程序。选择好网卡驱动或无线网卡驱动，点击下载即可，图 P11－5、P11－6 所示。

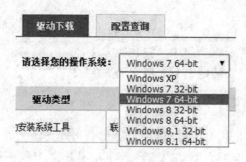

图 P11－5　选择操作系统

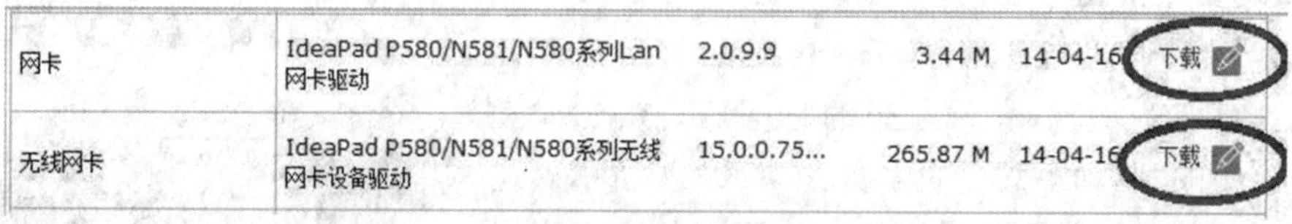

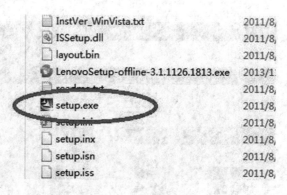

图 P11－6　选择相应网卡下载驱动

（3）解压下载文件并安装驱动。下载下来的一般是一个压缩包，需要将其通过 U 盘拷贝到待安装的计算机上并解压。

文件	日期
InstVer_WinVista.txt	2011/8,
ISSetup.dll	2011/8,
layout.bin	2011/8,
LenovoSetup-offline-3.1.1126.1813.exe	2013/1
readme.txt	2011/8,
setup.exe	2011/8,
setup.ini	2011/8,
setup.inx	2011/8,
setup.isn	2011/8,
setup.iss	2011/8,

图 P11－7　setup.exe 安装文件

（4）安装网卡驱动。双击 setup.exe（图 P11－7）后会弹出安装界面，安装时注意安装信息，如图 P11－8 所示。点击"接受协议"后单击"下一步"即可安装网卡驱动，如图 P11－9、P11－10 所示。安装时系统会自动检测是否已经安装驱动，如果已经安装会提示拆卸重新安装，如果有更新的版本就会终止安装。安装时不需要更改安装的路径，直接安装到 C 盘中即可。

（5）重启计算机。完成安装时如果还要继续安装其他的驱动程序的话，那么点击"稍后重启"，如果不安装其他驱动那么直接点击"重启计算机"即可。安装完成后可以在"设备管

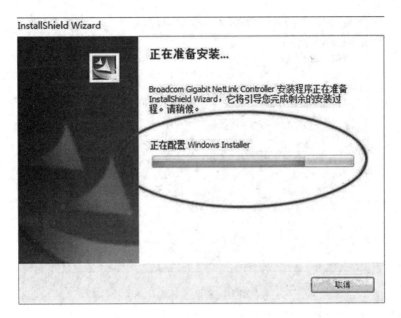

图 P11-8 准备安装

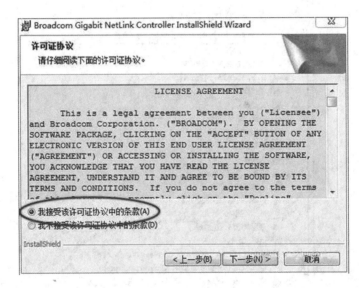

图 P11-9 接受协议

理器"中查看网卡驱动是否正常,如图 P11-11 显示为驱动程序正常网卡的信息。

2.使用驱动精灵安装网卡驱动程序

(1)找一台能上网的电脑,打开浏览器并输入 http://www.drivergenius.com/,登陆驱动精灵官方网站并下载万能网卡版,如图 P11-12 所示。

(2)下载软件,然后用 U 盘拷贝到需要安装网卡驱动的电脑上,并安装驱动精灵。安装完成后,启动软件会提示第一次检测电脑硬件故障,图 P11-13 所示。

它会自动检测电脑的硬件,帮助用户选择合适的网卡驱动,然后安装即可。绝大部分都

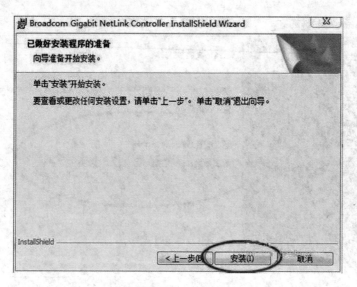

图 P11 - 10　安装

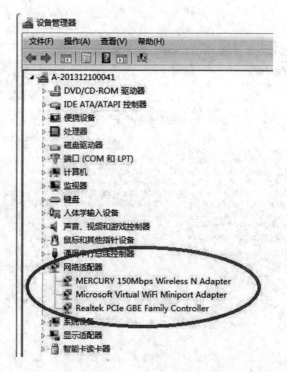

图 P11 - 11　查看网卡驱动

可以一次成功,如果没有检测出来,可以重启尝试或重新安装。

(3)通过以上几步,一般都可以成功安装网卡驱动,但是有些电脑还是存在网卡驱动不兼容的故障,这时可以用驱动精灵来检测电脑硬件,根据硬件型号,去下载相应的网卡驱动,图 P11 - 14 所示。

图 P11-12　万能网卡版

图 P11-13　第一次检测电脑硬件故障

图 P11-14　驱动精灵硬件信息检测

实训12　网上银行的使用—在线充值

一、实训目的和要求

(1)熟悉手机网上充值的一般流程。

(2)掌握网上银行的在线支付方法。

二、实训内容和步骤

(1)将U盾插入计算机,打开IE,登录中国移动网上营业厅,输入手机号和密码,登录个人网上营业厅,如图P12-1所示。

(2)点击"充话费"→"网厅交费",如图P12-2所示。

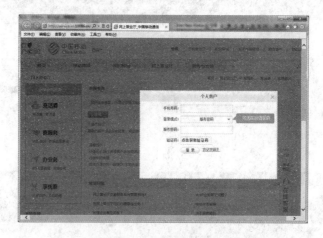

图 P12-1　个人网上营业厅

图 P12-2　网厅交费

（3）输入需要充值的手机号码，选择缴费金额，点击"开始充值"，如图 P12-3 所示。

图 P12-3　输入充值手机号与金额

（4）在支付方式里，选择储蓄卡—网银支付，选择自己开通网银的银行名称（这里以中国工商银行为例），单击"下一步"，如图 P12-4 所示。

图 P12-4　支付方式

（5）在打开的工行网银支付页面中，输入银行卡卡号，单击"下一步"，如图 P12-5 所示。

（6）核对预留信息，如无误，单击"付款"，如图 P12-6 所示。

（7）核对订单及支付信息，确认无误，选择"提交"，如图 P12-7 所示。

（8）确认系统页面显示的支付信息和 U 盾显示屏上显示的信息一致，无误，在 U 盾上按

图 P12-5 输入银行卡卡号

"OK"进行确认，如图 P12-8 所示。

图 P12-6 核对预留信息

图 P12-7 核对订单及支付信息

图 P12-8 核对支付信息和 U 盾信息

(9)系统提示"交易成功",如图 P12-9 所示,同时手机收到中国移动发来的缴费成功短信,缴费结束。最后关掉 IE,拔下 U 盾。

图 P12-9 交易成功

实训 13　电子商务综合模拟实训

一、实训目的和要求

(1)熟悉 B2C 及 B2B 中各个模拟角色的任务要求。

(2)掌握 B2C 及 B2B 交易流程。

二、实训内容和步骤

2.1　B2C 模拟实训

1.实验准备

(1)在陕西财经职业技术学校网站实训平台,点击"电子商务教学实验系统",打开博星卓越电子商务教学实验系统,或在地址栏输入 http://192.168.2.69:8888/bxDianZi/,如图 P13-1 所示。

(2)教师通过管理员账号,创建班级"会电 1 班",并且将该班级分配给实训教师(此步骤由实训指导教师完成)。

(3)点击登录页面中的"用户注册"按钮,选择"学生注册",注册新用户。注意登录名中不能出现空格、标点符号及其他特殊字符。在班级选择里选择"会电 1 班",单击"确定"按钮,等待老师激活,如图 P13-2 所示。

图 P13-1　电子商务教学实验系统

图 P13-2　用户注册

(4)教师通过教师账号,对申请加入班级的学生进行批量激活,如图 P13-3 所示。

(5)教师选择"上课",部署实训内容——B2C,按每组至少 7 人对学生进行分组,并提醒学生注意自己同组的学生和每个人模拟的角色,如图 P13-4 所示。

(6)学生登录自己各自账号,进入实验系统。单击左边黄色的"上课"按钮,查看自己所模拟角色的实验内容,开始交易流程。下面是正常订单的处理流程(各角色全部任务及流程见附录)。

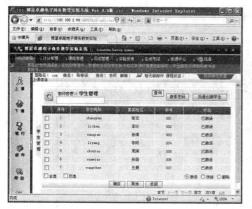

图 P13-3　激活

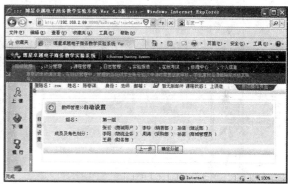

图 P13-4　学生分组与模拟的角色

2. 正常订单的处理

(1)商城用户首先需要在系统的模拟商城中注册,才能购买商品。单击"注册"按钮,并"同意注册",如图 P13-5 所示。

图 P13-5　模拟商城中注册

(2)系统提示需要先注册虚拟银行,单击"注册银行",填写相关信息,如图 P13-6 所示。

(3)返回用户注册界面,填写相关信息,如图 P13-7 所示。

(4)注册成功后,登录网上商城,浏览选择商品,如图 P13-8 所示。

(5)以购买 2 台海尔空调为例。打开空调页面,选择"我要购买",如图 P13-9 所示。

(6)将商品数量改为"2",并单击"修改",选择"收银台付账",如图 P13-10 所示。

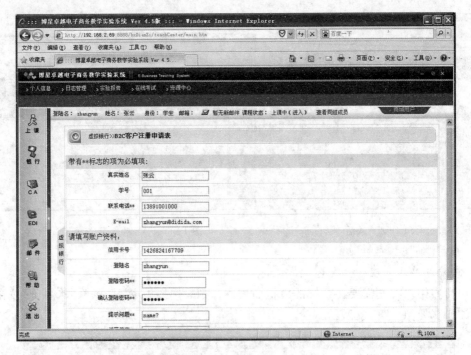

图 P13-6　注册银行

图 P13-7　用户填写相关信息

图 P13-8 选择商品

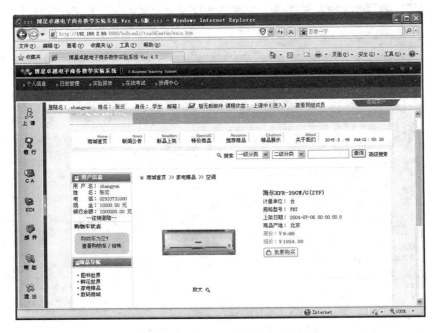

图 P13-9 购买商品

(7)在支付模式中选择"手动支付模式",支付方式选择"银行转账",并将运货方式由"自提"改为"物流公司送货",最后选择"确认支付",如图 P13-11 所示。

(8)在手动转账中选择"确认转账",系统提示转账成功,如图 P13-12 所示。

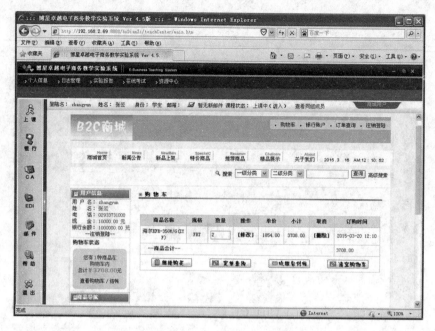

图 P13-10　选择付账方式

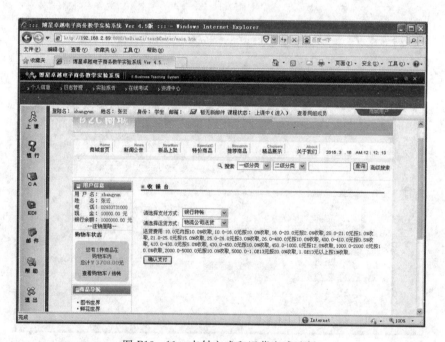

图 P13-11　支付方式和运货方式选择

（9）订单转向销售部，销售部点击"客户订单"，查看订单信息，如图 P13-13 所示。

（10）选择"受理订单"，并将订单设置为"付款未确认订单"，如图 P13-14 所示。

（11）选择"生成财务单"，订单转向财务部，如图 P13-15 所示。

图 P13-12　确认转账

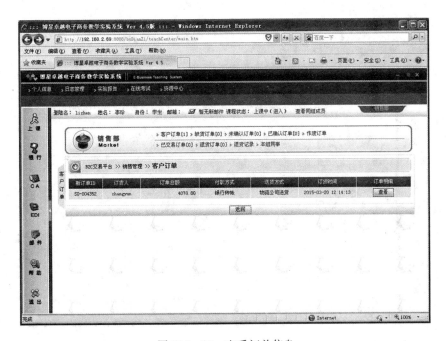

图 P13-13　查看订单信息

(12)财务部打开"用户订单",选择"查看",确定受理订单,如图 P13-16 所示。

(13)在财务账单明细中选择"确定",进行入账处理,如图 P13-17 所示。

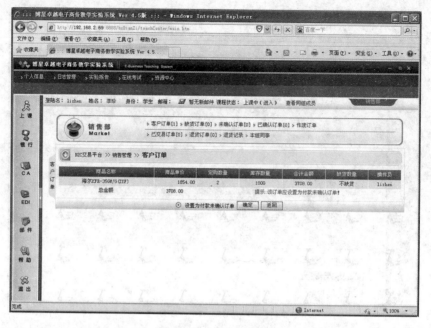

图 P13-14 订单设置

图 P13-15 生成财务单

(14)在订单号下拉列表中,选择订单号,系统会自动生成电子单据,选择"发送",如图 P13-18 所示。

图 P13-16 财务部确定受理订单

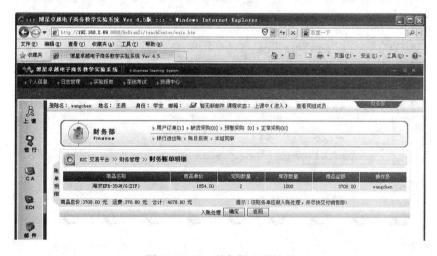

图 P13-17 财务部入账处理

(15)订单转回销售部。销售部在已确认订单中,点击"查看",并生成储运单,如图 P13-19 所示。

(16)订单转向储运部。储运部在付款用户运输中,选择"查看",如图 P13-20 所示。

(17)确认订单信息,选择物流公司后,单击"立即配送",如图 P13-21 所示。

(18)订单转向物流部,物流部在发货订单中,单击"查看",如图 P13-22 所示。

(19)在订单处理中,选择"立即送货",进行货物配送,如图 P13-23 所示。

图 P13－18　生成电子单据

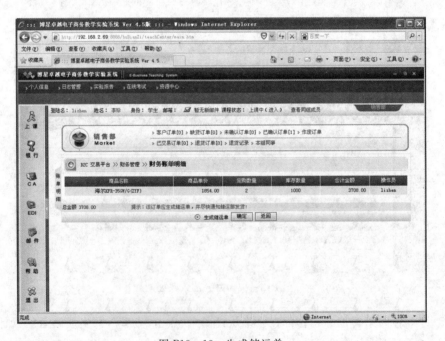

图 P13－19　生成储运单

　　(20)订单转向商城用户,准备收货。商城用户打开"订单查询",单击"收货",如图 P13－24 所示。

　　(21)在收到的新单据中,单击"解密数据",打开单据,选择"签收",如图 P13－25 所示。

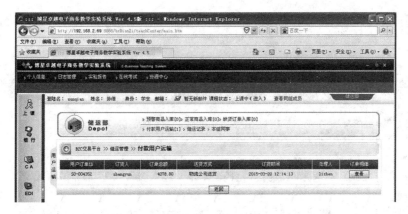

图 P13-20　储运部查看付款用户订单

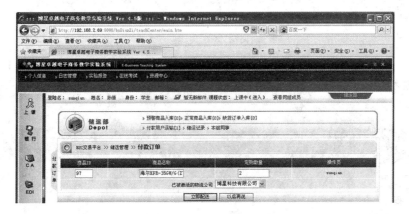

图 P13-21　配送

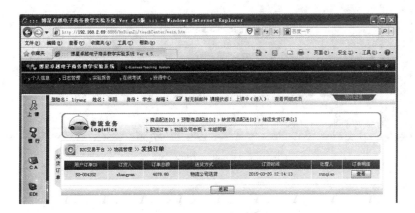

图 P13-22　物流部查看发货订单

（22）系统提示单据签收成功，单击"确定"，交易完成，如图 P13-26 所示。

图 P13-23 货物配送

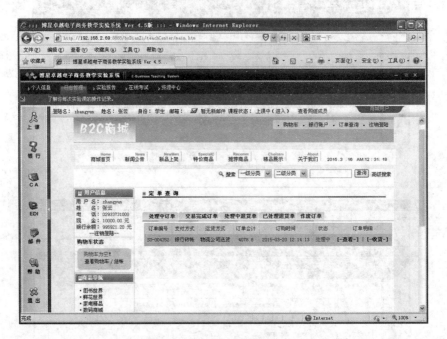

图 P13-24 商城用户订单查询

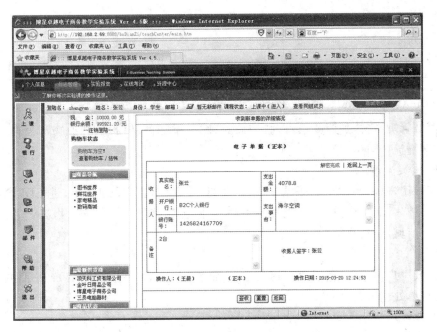

图 P13-25 单据签收

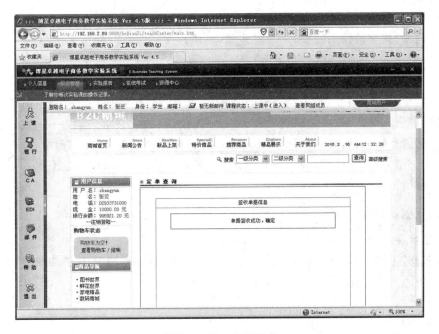

图 P13-26 交易完成

附：订单流程

1. 正常消费流程

A. 初始信息设置

商城管理员（添加商城信息、添加商品种类、添加商品信息、开通物流公司）和物流用户（物流公司申报）

B. 购买流程

商城用户（注册、登录、采购）——销售部——财务部（受理订单、进 EDI 填开发票）——销售部（确认单据、生成发货单）——储运部（配送产品）——物流业务部（配送）——商城用户（收货）

2. 退货流程

商城用户（登录、查看订单、退货）——销售部（同意/不同意退货）——商城用户（查看订单处理情况）

3. 正常采购

采购部（提交正常采购单）——财务部（审核）——采购部（确认采购单）——物流业务部（配送）——储运部（产品入库）

4. 预警采购

采购部（提交预警采购单）——财务部（审核）——采购部（确认采购单）——物流业务部（配送）——储运部（产品入库）

5. 缺货采购

商城用户（注册、登录、采购）——销售部（受理生成缺货单）——采购部（生成缺货采购单）——财务部（通过缺货采购单）——采购部（确认缺货采购）——物流部（缺货商品配送）——储运部（缺货单入库）——销售部（生产财务单）——财务部（确认付款单）——销售部（生成储运单）——储运部（配送产品）——物流部（配送）——商城用户（收货）

2.2 B2B 模拟实训

1. 实验准备

教师选择"上课"，部署实训内容——B2B，每组 4 人，分别模拟 B2B 管理员、货场及企业用户，如图 P13-27 所示。

2. 实验过程

实验过程与 B2C 大体类似。

商城用户 1（供货方）

商城用户 2（购货方）

1）正常流程

商城用户 2（登录、浏览、购买、等待签收合同）——商城用户 1（在 EDI 中根据订单号开、发送合同）——商城用户 2（签收合同）——货场（处理新订单，催款）——商城用户 2（付

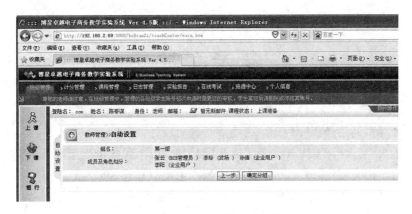

图 P13-27　分组与角色

款)——商城用户1(在 EDI 中根据订单开发票)——货场(发货)——商城用户2(查看发票回执并收货)

2)缺货流程

商城用户2(登录、浏览、购买、等待签收合同)——商城用户1(在 EDI 中根据订单号开、发送合同)——商城用户2(签收合同)——货场(生成缺货订单)——商城用户1(处理缺货订单)——货场(新订单处理,生成正常订单,催款)——商城用户2(付款)——商城用户1(在 EDI 中根据订单开发票)——货场(发货)——商城用户2(查看发票回执并收货)

参考文献

[1] 高传善.计算机网络教程[M].北京:高等教育出版社,2008.

[2] 陈鸣,贾永兴,等,译.TCP/IP 指南(卷 1)[M].北京:人民邮电出版社,2008.

[3] 李荆洪.电子商务概论[M].北京:中国水利水电出版社,2005.

[4] 刘丽华,潘伟强.电子商务概论[M].长沙:湖南师范大学出版社,2014.

[5] 杨志立,杨武剑,周苏.电子商务实务[M].北京:中国铁道出版社,2013.

[6] 李琪.电子商务概论[M].北京:高等教育出版社,2009.

[7] 柯新生.网络支付与结算[M].2 版.北京:电子工业出版社,2010.

[8] 财政部.企业会计信息化工作规范(财会〔2013〕20 号).http://kjs.mof.gov.cn/zheng-
wuxinxi/zhengcefabu/201312/t20131216_1025312.html.

[9] 臧波,施政.网络管理技术[M].北京:清华大学出版社,2005.

[10] 孟宗洁,吴强.计算机网络安全技术[M].哈尔滨:哈尔滨工业大学出版社,2013.

[11] 宋文官,蔡京玫.网络应用与实训[M].北京:高等教育出版社,2008.

[12] 王达.网管员必读:网络基础[M].北京:电子工业出版社,2013.

[13] 网络管理.http://baike.baidu.com/view/2523209.htm.

[14] http://jingyan.baidu.com/article/02027811b113e71bcc9ce5b8.html.

[15] 传输介质.http://baike.baidu.com/.

[16] 综合布线系统.http://www.cabling-system.com/html/2008-10/11490.html.
http://www.doc88.com/p-1186888668659.html.

[17] 局域网技术、网络安全等.http://www.diangon.com/zhishi/jsj/.

[18] 网络操作系统.http://jpkc.nwpu.edu.cn/jp2005/09/main/multibook/7/7-2.htm.

[19] 中国互联网络发展状况统计报告.http://www.cnnic.net.cn/.

[20] 艾瑞咨询.电子商务统计数据.http://www.iresearch.com.cn/.